U0397078

高等职业教育酿酒技术专业系列教材

白酒生产综合实训指导

辜义洪　兰小艳　主编

中国轻工业出版社

图书在版编目（CIP）数据

白酒生产综合实训指导／辜义洪，兰小艳主编.--
北京：中国轻工业出版社，2020.11
高等职业教育酿酒技术专业系列教材
ISBN 978-7-5184-3178-6

Ⅰ.①白… Ⅱ.①辜… ②兰… Ⅲ.①白酒—酿酒—
高等职业教育—教材 Ⅳ.①TS262.3

中国版本图书馆 CIP 数据核字（2020）第 173566 号

策划编辑：江 娟
责任编辑：江 娟 靳雅帅 责任终审：劳国强 封面设计：锋尚设计
版式设计：砚祥志远 责任校对：方 敏 责任监印：张 可

出版发行：中国轻工业出版社（北京东长安街 6 号，邮编：100740）
印 刷：北京君升印刷有限公司
经 销：各地新华书店
版 次：2020 年 11 月第 1 版第 1 次印刷
开 本：720×1000 1/16 印张：20.75
字 数：400 千字
书 号：ISBN 978-7-5184-3178-6 定价：48.00 元
邮购电话：010-65241695
发行电话：010-85119835 传真：85113293
网 址：http://www.chlip.com.cn
Email：club@ chlip.com.cn
如发现图书残缺请与我社邮购联系调换
200165J2X101ZBW

高等职业教育酿酒技术专业（白酒类）系列教材

编委会

本书编写人员

主　编

辜义洪（宜宾职业技术学院）

兰小艳（宜宾职业技术学院）

副主编

张敬慧（宜宾职业技术学院）

江　鹏（宜宾职业技术学院）

陆　兵（宜宾职业技术学院）

编　者

李秀萍（宜宾职业技术学院）

彭春芳（宜宾职业技术学院）

陈　卓（宜宾职业技术学院）

前　言

中国作为世界公认的三大蒸馏酒起源地之一，是酒的故乡和王国。中国白酒以其独具风味的酒体特征和独特的酿造技艺，在世界酒林中独树一帜，与白兰地、威士忌、伏特加、朗姆酒、金酒并列为"世界六大蒸馏酒"，在世界烈性酒类产品中散发着熠熠光彩。

根据职业教育立德树人的人才培养模式改革要求，专业教学坚持中国特色社会主义办学方向，全面贯彻党的教育方针，以习近平教育思想为指导，全面坚持贯彻全员、全方位、全过程育人，在强化学生职业道德和职业精神培养的培养目标指导下，按照培养全面发展的中国特色社会主义合格建设者和可靠接班人的规格，根据高职高专职业教育的特点和内涵。本实训指导内容包含酿酒微生物培养与检测、白酒生产原辅料质量控制、培菌制曲和曲药质量检测、白酒酿造和基酒质量检测、白酒勾调和白酒包装几大部分。全书突出应用性和针对性，具有很强的职业性、实践性和操作性。

本教材由宜宾职业技术学院辜义洪副教授担任主编，负责项目五的编写及统稿工作；由宜宾职业技术学院兰小艳任主编，负责项目二的编写工作和审稿工作；由宜宾职业技术学院张敬慧、江鹏、陆兵担任副主编，主要负责项目一、项目三、项目四和项目六的编写和审稿工作。由宜宾职业技术学院陈卓、李秀萍、彭春芳等从事专业教学的教师分别参与其余各部分资料的收集和整理。

由于编者水平有限，本书难免存在错漏之处，敬请读者批评指正！

编者
2020 年 8 月

目　录

项目一　酿酒微生物实训

项目目标

　　本项目的任务是教会学生利用光学显微镜观察各种酿酒微生物，学会从自然界和酿酒环境中分离纯化培养酿酒微生物，学会鉴别酿酒微生物和对酿酒环境中的微生物数目的测定。

（一）总体目标

　　根据职业教育立德树人的人才培养模式改革要求，专业教学坚持中国特色社会主义办学方向，全面贯彻党的教育方针，以习近平教育思想为指导，全面坚持贯彻全员、全方位、全过程育人，强化学生职业道德和职业精神培养的培养目标指导。按照培养全面发展的中国特色社会主义合格建设者和可靠接班人的规格，根据高职高专职业教育的特点和内涵，项目课程以培养微生物职业技术能力为目标，按照微生物行业技术领域相关职业岗位（食品检验、白酒酿造、培菌制曲）的任职要求，以国家相关职业标准为基准进行课程重构，强化微生物培养和检验技能的培养与训练，对学生完成白酒酿造操作工、食品检验、制曲职业资格考试起主要支撑作用，同时也为后续课程的学习和未来的持续发展奠定"必须、够用"的微生物基础知识，促进学生对微生物与食品生产和人类生活的认识，促进学生学习科学研究的基本方法，形成科学的自然观和严谨求实的科学态度，形成良好的职业素养。

（二）能力目标

通过操作训练，使学生具备以下能力。
1. 会进行无菌操作。
2. 会正确使用显微镜进行酿酒微生物的形态观察。

3. 能通过形态初步识别酿酒微生物的种类。

4. 会制作特定培养基，会进行培养条件的合理选择，会正确使用培养箱进行微生物培养。

5. 会进行平板菌落计数并会计算，会显微镜直接计数并会判断测定环境中微生物的数量。

6. 会根据分离纯化的目的正确选择分离方法，并能分离出特定目的菌株。

7. 会进行酿酒环境中微生物的数量检测和种类鉴别。

8. 能领会酿酒微生物应用的基本要求，会判断微生物与大曲品质的关系，并能为生产提出合理化的意见和建议。

（三）知识目标

1. 了解国家职业资格标准有关白酒酿造工、食品检验工、微生物检定工、培菌制曲工等的基本规定。

2. 知道白酒酒曲制作工艺及白酒酿造工艺，理解白酒酿造条件与微生物的关系。

3. 知道微生物的基本概念和生物学特性。

4. 了解酿酒微生物的研究对象及主要来源。

5. 理解酿酒微生物生长繁殖的基本规律及特点。

6. 掌握酿酒微生物无菌操作技术的基本要求。

7. 掌握酿酒功能性微生物的种类及基本特性。

8. 掌握酿酒微生物酿酒微生物的分离纯培养技术。

9. 掌握酿酒微生物的生长测定技术。

10. 掌握酿酒微生物的纯化及鉴定技术。

11. 掌握酿酒环境微生物的检测技术。

（四）素质目标

1. 培养学生具有正确的世界观、人生观、价值观，讲诚信；遵纪守法；强烈的事业心，保证社会生活、学习活动得以顺利完成。

2. 培养学生具有良好的道德素质，有艰苦创业的实干作风。

3. 培养学生具有良好的人文素质，爱岗敬业，具有较好的语言表达能力和沟通交流能力。

4. 培养学生树立正确的职业态度，求真务实和自主学习的学风以及创新意识，具备进一步学习和创业的能力。

5. 培养学生具有一定的生产观点、经济观点、全面观点及团结协作的精神。

6. 培养学生发现问题、提出问题并创造性地解决问题的能力。具有较强的心理调控能力应对挫折和适应环境变化发展，具有良好的心理状态，积极向上的生活态度，使其成为一个身心健康的高素质技术技能型高职大专学生。

7. 树立责任意识、安全意识，环保意识，培养学生继续学习、善于从生产实践中学习和创新精神。

任务一 无菌操作技术

一、本任务在课程中的定位

本任务是酿酒微生物操作训练中的基础训练项目，按照国家食品检验工及微生物检定工等微生物实验操作的基本技术，贯穿每一个微生物实验操作项目。本任务为培养学生认知无菌操作重要性而进行的无菌操作训练。

二、本任务与国家（或国际）标准的契合点

本任务是按照食品检验工及微生物检定工国家职业资格标准进行的训练。

三、教学组织及运行

本实训任务按照教师讲解、教师演示、学生训练方式进行，通过训练过程考核检验教学效果。

四、实训内容及要求

（一）实训目标

1. 知识目标
（1）理解无菌操作的基本原理。
（2）掌握无菌操作技术的基本步骤。
（3）熟悉消毒灭菌的常用方法。
2. 能力目标
（1）能识别无菌操作室或超净工作台的基本结构，会选择性地使用各功能。
（2）会选择合适的方法进行无菌操作室或超净工作台的消毒灭菌。
（3）能选择合适的方法对各种微生物操作工具进行消毒灭菌。
（4）会正确进行无菌操作。

（二）实训重点及难点

1. 实训重点

无菌挑菌及转接。

2. 实训难点

消毒灭菌方法的选择。

（三）实训材料及设备

1. 实训材料

（1）菌种：酵母菌营养琼脂斜面和平板培养物；液体牛肉膏蛋白胨酵母菌培养物（试管中）。

（2）无菌培养基：营养琼脂斜面和平板；液体牛肉膏蛋白胨培养基。

（3）无菌水。

2. 设施设备

无菌操作室、超净工作台。

3. 仪器和其他用品

接种环、酒精灯、试管架、记号笔、无菌玻璃吸管和洗耳球等。

（四）实训内容及步骤

1. 实训准备

（1）准备每人一组试验器材：酵母菌营养琼脂斜面和平板培养物；液体牛肉膏蛋白胨酵母菌培养物（试管中）；营养琼脂斜面和平板；液体牛肉膏蛋白胨培养基、无菌水各一配套。

（2）已消毒灭菌的无菌操作室；超净工作台若干。

（3）准备每人一套：接种环、酒精灯、记号笔等。

2. 操作规程

操作步骤1：认识无菌操作室和超净工作台

标准与要求：

（1）熟知无菌操作室的布局及功能区分布。

（2）熟悉超净工作台的主要功能及操作。

操作步骤2：用接种环转接菌种

（1）用记号笔分别标记3支营养琼脂斜面A（接菌）、B（接无菌水）、C（非无菌操作）和3支液体培养基为D（接菌）、E（接无菌水）、F（不接种）。

（2）左手持酵母菌斜面培养基，右手持接种环，将接种环进行火焰灼烧灭菌，然后火焰旁打开斜面培养物的试管帽，并将管口在火焰上烧一下。

（3）在火焰旁，将接种环轻轻插入斜面培养物试管的上半部，至少冷却 5s 后，挑起少许培养物后，再烧一下管口，盖上管帽并将其放回试管架中。

（4）用左手迅速从试管架上取出 A 管，在火焰旁取下管帽，管口在火焰上烧一下，将沾有少量菌苔的接种环迅速放进 A 管斜面的底部并从下到上划一直线，然后再从其底部开始向上做蛇形划线接种。完毕后，同样烧一下试管口，盖上管帽，将接种环在火焰灼烧后放回原处。如果是向盛有液体培养基的试管和三角烧瓶中接种，则应将挑有菌苔的接种环首先在液体表面的管内壁上轻轻摩擦，使菌体分散从环上脱开，进入液体培养基中。

（5）按上述方法从盛无菌水的试管中取一环无菌水于 B 管中，同样划线接种。

（6）以非无菌操作作为对照：在无酒精灯或煤气灯的条件下，用未经灭菌的接种环从另一盛有无菌水的试管中取一环水划线接种到 C 管中。

标准与要求：

（1）超净工作台操作正确。

（2）手持接种环、斜面和平板姿势正确。

（3）划线接种成功。

（4）培养成功。

操作步骤 3：用吸管转接菌液

（1）轻轻摇动盛菌液的试管，暂放回试管架上。

（2）从已灭菌的吸管筒针中取出一支吸管，将其插入吸气器下端，然后按无菌操作要求，将吸管插入已摇匀的菌液中，吸取 0.5mL 并迅速转移至 D 管中。

（3）取下吸气管，将用过的吸管放入废物筒中，筒底必须垫有泡沫塑料等软垫，以防吸管破损。

（4）换另一支无菌吸管，按上述同样方法从盛有无菌水的试管中吸取 0.5mL 水转移至 E 管中。在使用吸管操作过程中，手指不要接触其下端。

操作步骤 4：培养

将标有 A、B、C 的 3 支试管置于 37℃静默培养，将标有 D、E、F 的试管置于 37℃振荡培养。经过夜培养后，观察各管生长情况。

标准与要求：

（1）无菌接种成功。

（2）培养成功。

五、实训考核方法

学生练习过程中进行分单项技能考核结合培养结果考核以及实验报告考核

的方式进行项目考核，具体考核表和评分标准如下。

1. 实验结果

将观察结果填入下表。

试管	A	B	C	D	E	F
生长状况						
简要说明						

2. 实验报告单的书写

六、课外拓展任务

1. 说明本实验中除了 A 管和 D 管接菌以外，其他各管起什么作用？你从中又体会到什么？

2. 从理论上分析，A、B、C、D、E、F 各管经培养后，其正确结果应该是怎样的？你的实验结果与此相符吗？请作相应的解释或体会。

3. 为什么接种完毕后，接种环还必须灼烧后再放回原处，吸管也必须放进废物筒中？

七、知识链接

有害微生物的控制

防腐：理化因素防止或抑制微生物生长。

消毒：杀死或灭活所有病原微生物。

灭菌：杀死包括芽孢在内的所有菌。

化疗：选择毒性化学物质对生物体内部感染组织或细胞进行治疗，对机体本身无毒害作用。

抑制：亚致死剂量因子作用使生长停止。

任务二　显微镜技术

一、本任务在课程中的定位

本任务是酿酒微生物操作训练中的基础训练项目，按照国家食品检验工及微生物检定工等微生物实验操作的基本技术，应用于酿酒中主要微生物形态观察、鉴别及直接计数等。本任务为培养学生认知显微镜的结构和功能，掌握显微镜的使用方法。

二、本任务与国家（或国际）标准的契合点

本任务是按照食品检验工及微生物检定工国家职业资格标准进行的训练。

三、教学组织及运行

本实训任务按照教师讲解、教师演示、学生训练方式进行，通过训练过程考核检验教学效果。

四、实训内容及要求

（一）实训目标

1. 知识目标
（1）熟悉普通光学显微镜的构造及各部分的功能。
（2）理解显微镜成像的基本原理。
（3）掌握显微镜使用的基本步骤：从低倍到高倍，由粗调到微调。
（4）学习并掌握油镜的原理和使用方法。
2. 能力目标
（1）能识别显微镜的基本结构。
（2）会选择性地使用和调节各部件进行微生物的观察。
（3）会正确进行显微镜操作。

（二）实训重点及难点

1. 实训重点
显微镜的基本操作步骤。
2. 实训难点
油镜的使用。

（三）实训材料及设备

1. 实训材料
酵母菌标本或金黄色葡萄球菌染色标本、枯草芽孢杆菌染色标本、大肠杆菌标本、乳酸菌标本。
2. 仪器和其他用品
显微镜、擦镜纸、二甲苯、香柏油。

（四）实训内容及步骤

1. 实训准备

（1）准备每人一组试验器材：酵母菌标本或金黄色葡萄球菌染色标本、枯草芽孢杆菌染色标本各一片或大肠杆菌染色标本、乳酸菌染色标本各一片。

（2）准备每人（组）一套：显微镜一台、擦镜纸、二甲苯、香柏油。

2. 操作规程

操作步骤1：认识显微镜的构成及各部件功能

标准与要求：

（1）熟知显微镜的构成及各部件功能。

（2）熟悉显微镜的操作步骤及各部件的调节方法。

操作步骤2：用显微镜观察标本

（1）观察前的准备 置显微镜于平稳的实验台上，镜座距实验台边沿3～4cm。镜检者姿势要端正，一般用左眼观察，右眼便于绘图或记录，两眼必须同时睁开，以减少疲劳，也可练习左右眼均能观察。

调节光源，对光时应避免直射光源，因直射光源影响物像的清晰，损坏光源装置和镜头，并刺激眼睛。如阴暗天气，可用日光灯或显微镜灯照明。

调节光源时，先将光圈完全开放，升高聚光镜至与载物台同样高，否则使用油镜时光线较暗。然后转下低倍镜观察光源强弱，调节反光镜，光线较强的天然光源宜用平面镜；光线较弱的天然光源或人工光源宜用凹面镜。在对光时，要使全视野内为均匀的明亮度。凡检查染色标本时，光线应强；检查未染色标本时，光线不宜太强。可通过扩大或缩小光圈、升降聚光器、旋转反光镜调节光线。

（2）低倍镜观察 低倍镜一般指物镜倍数在40倍以下。检查的标本需先用低倍镜观察，因为低倍镜视野较大，易发现目标和确定检查的位置。

将微生物染色标本置镜台上，用标本夹夹住，移动推动器，使观察对象处在物镜正下方，转动粗调节器，使物镜降至距标本约0.5cm处，由目镜观察，此时可适当地缩小光圈，否则视野中只见光亮一片，难见到目的物，同时用粗调节器慢慢升起镜筒，直至物像出现后再用细调节器调节到物像清楚时为止，然后移动标本，认真观察标本各部位，找到合适的目的物，并将其移至视野中心，准备用高倍镜观察。

（3）高倍镜观察 将高倍镜转至正下方，在转换物镜时，需用眼睛在侧面观察，避免镜头与玻片相撞。然后由目镜观察，并仔细调节光圈，使光线的明亮度适宜，同时用粗调节器慢慢升起镜筒至物像出现后，再用细调节器调节至物像清晰为止，找到最适宜观察的部位后，将此部位移至视野中心，准备用油镜观察。

（4）油镜观察 用粗调节器将镜筒提起约 2cm，将油镜转至正下方。在玻片标本的镜检部位滴上一滴香柏油。从侧面注视，用粗调节器将镜筒小心地降下，使油镜浸在香柏油中，其镜头几乎与标本相接，应特别注意不能压在标本上，更不可用力过猛，否则不仅压碎玻片，也会损坏镜头。从目镜内观察，进一步调节光线，使光线明亮，再用粗调节器将镜筒徐徐上升，直至视野出现物像为止，然后用细调节器校正焦距。如油镜已离开油面而仍未见物像，必须再从侧面观察，将油镜降下，重复操作至物像看清为止。

观察完毕，上旋镜筒。先用擦镜纸拭去镜头上的油，然后用擦镜纸蘸少许二甲苯（香柏油溶于二甲苯）擦去镜头上残留油迹，最后再用干净擦镜纸擦去残留的二甲苯。切忌用手或其他纸擦镜头，以免损坏镜头。用绸布擦净显微镜的金属部件。

将各部分还原，反光镜垂直于镜座，将接物镜转成"八"字形，再向下旋。同时把聚光镜降下，以免接物镜与聚光镜发生碰撞危险。

标准与要求：

（1）显微镜操作基本步骤正确。

（2）油镜使用正确。

（3）观察标本成功。

（4）绘图成功。

五、实训考核方法

学生练习过程中进行分单项技能考核结合培养结果考核以及实验报告考核的方式进行项目考核，具体考核表和评分标准如下。

1. 过程评价

评价项目	认识显微镜结构（2）	正确使用显微镜（2分）	油镜的使用（3分）	正确取放标本（1分）	学习态度（2分）
分值					

2. 结果评价

绘制示意图及实验报告书写。

六、课外拓展任务

1. 在使用油镜时，在载玻片和镜头之间添加香柏油有什么作用？

2. 为什么在使用高倍镜及油镜应特别注意避免粗调节器的误操作？

3. 影响显微镜分辨率的因素有哪些?

4. 根据你的实验体会，说说应如何根据所观察微生物的大小选择不同的物镜进行有效的观察。

七、知识链接

显微镜的保养和维护

显微镜的光学元件对于光学显微镜成像质量极其重要，所以在显微镜整理和日常保养中，一定要注意保持显微镜光学元件的清洁。显微镜用完后一定要用防尘罩罩住。当光学元件表面有灰尘或者污垢时，应当先用吹气球吹去灰尘或用软毛刷刷去污垢，然后再进行擦拭。当对显微镜的外壳进行清洗时，可以用乙醇或者肥皂水来清洗，但要避免这些清洗液渗入显微镜内部，否则易造成显微镜内部电子元件短路甚至烧坏。在使用时发现光学元件表面有雾状霉斑等不良情况时应当立即联系专业人士对显微镜进行维护保养。

任务三　酿酒细菌的单染色

一、本任务在课程中的定位

本任务是酿酒微生物操作训练中的基础训练项目，为培养学生认知常见细菌的基本形态而进行的标本制作与观察训练。

二、本任务与国家（或国际）标准的契合点

本任务是按照微生物学科对微生物进行研究的基本技能要求进行的训练。

三、教学组织及运行

本实训任务按照教师讲解、教师演示、学生训练方式进行，通过训练过程考核检验教学效果。

四、实训内容及要求

（一）实训目标

1. 知识目标

（1）熟悉细菌标本制作常规染色方法　细菌体积小，较透明，如未经染色常不易识别，而经着色后，与背景形成鲜明的对比，使易于在显微镜下进行

观察。

所谓单染色法是利用单一染料对细菌进行染色的一种方法。此法操作简便，适用于菌体一般形态的观察。在中性、碱性或弱酸性溶液中，细菌细胞通常带负电荷，所以常用碱性染料进行染色。碱性染料并不是碱，和其他染料一样是一种盐，电离时染料离子带正电，易与带负电荷的细菌结合而使细菌着色。例如，美蓝（亚甲蓝）实际上是氯化亚甲蓝盐（缩写为 MBC），它可被电离成正、负离子。带正电荷的染料离子可使细菌细胞染成蓝色。常用的碱性染料除美蓝外，还有结晶紫、碱性复红、番红（又称沙黄）等。

（2）掌握细菌单染色的基本步骤　取片→灭菌→滴加生理盐水→无菌挑菌→涂布→干燥→固定→染色→水洗→干燥→镜检→清理。

2. 能力目标

（1）会进行无菌操作。

（2）会对细菌样品进行涂片、染色操作。

（3）会正确进行显微镜操作。

（二）实训重点及难点

1. 实训重点

细菌的染色标本制作。

2. 实训难点

涂片、染色适宜。

（三）实训材料及设备

1. 实训材料

（1）菌种：金黄色葡萄球菌、枯草芽孢杆菌的营养琼脂试管斜面培养物或大肠杆菌、乳酸菌营养琼脂试管斜面培养物。

（2）嗜碱性美蓝染色液、石炭酸复红染色液。

2. 仪器和其他用品

显微镜、酒精灯、载玻片、接种环、双层瓶、擦镜纸、生理盐水等。

（四）实训内容及步骤

1. 实训准备

（1）准备每人一组试验器材：金黄色葡萄球菌、枯草芽孢杆菌的营养琼脂试管斜面培养物或大肠杆菌、乳酸菌营养琼脂试管斜面培养物各一套。

（2）显微镜、载玻片，盖玻片，解剖针、酒精灯、擦镜纸等。

2. 操作规程

操作步骤 1：细菌标本制作

（1）涂片　取两块干净的载玻片，各滴一小滴生理盐水于载玻片中央，用无菌操作，分别挑取两种菌置于两张载玻片的水滴中（每一种菌制一片），调匀并涂成薄膜。注意滴生理盐水时不宜过多，涂片必须均匀。

（2）干燥　于室温中自然干燥或烘干。

（3）固定　涂片面向上，于火焰上通过 2~3 次，使细胞质凝固，以固定细菌的形态，并使其不易脱落。但不能在火焰上烤，否则细菌形态将毁坏。

操作步骤 2：细菌单染色

（1）染色　放标本于水平位置，滴加染色液于涂片薄膜上，染色时间长短随不同染色液而定。吕氏碱性美蓝染色液染 2~3min，石炭酸复红染色液染 1~2min。

（2）水洗　染色时间到后，用自来水冲洗，直至载玻片上冲下之水无色时为止。注意冲洗水流不宜过急、过大，水由玻片上端流下，避免直接冲在涂片菌斑处。冲洗后，将用吸水纸吸干或标本晾干或用吹风机吹干，待完全干燥后才可置于油镜下观察。

标准与要求：

（1）手持接种环、试管姿势正确。

（2）涂片均匀。

（3）染色均匀。

（4）无菌操作正确。

操作步骤 3：显微镜观察细菌形态

（1）将染色好的标本干燥后置于显微镜下先用低倍镜观察，再换高倍镜进行细菌形态观察。

（2）当看到清晰图像时，进一步用油镜进行观察，并绘示意图。

标准与要求：

（1）显微镜操作正确。

（2）用油镜成功观察细菌形态。

五、实训考核方法

学生练习过程中进行分单项技能考核结合培养结果考核以及实验报告考核的方式进行项目考核，具体考核表和评分标准如下。

1. 实验结果

（1）绘示意图，展示所观察到的细菌形态特征。

（2）对比你所观察到的经单染色的两种细菌形态。

2. 过程评价

评价项目	显微镜的使用（2分）	涂片（1分）	染色（2分）	形态观察（3分）	学习态度（2分）
评分					

3. 实验报告单的书写

六、课外拓展任务

1. 根据实验体会，你认为制备染色标本时，应注意哪些事项？
2. 制片为什么要完全干燥后才能用油镜观察？

七、知识链接

大曲中的芽孢杆菌

大曲中的芽孢杆菌主要有枯草芽孢杆菌和梭状芽孢杆菌，其中以枯草芽孢杆菌最多，它有厌氧和好氧两种，一般适宜生长温度为 30~37℃，最适宜生长温度为 37℃，但在 50~60℃尚能生存。最适 pH 为 6.7~7.2，其芽孢在 121℃下灭菌 15min 才能杀死。在固体培养基上菌落圆形，较薄，呈乳白色，表面干燥，不透明，边缘整齐。营养细胞杆状，大小一般为（0.7~0.8）μm×（2~3）μm，杆端半圆形，单个或成短链。在细胞中央部位形成芽孢。细胞有鞭毛，能运动。培曲刚开始时芽孢杆菌不多，在大曲的高温、高水分、曲块软的区域繁殖较快，此时枯草芽孢杆菌大量生长。枯草芽孢杆菌具有分解蛋白质和水解淀粉的能力，它是生成酒体的芳香类物质如双乙酰等的菌源，是大曲和酿酒不可缺的微生物。

任务四 酿酒细菌的革兰染色

一、本任务在课程中的定位

本任务是酿酒微生物操作训练中的重点训练项目，也是国家食品检验工及微生物检定工等微生物实验操作的基本技能。本任务为培养学生掌握简单的细菌鉴别方法而进行的标本制作与观察训练。

二、本任务与国家（或国际）标准的契合点

本任务是按照食品检验工及微生物检定工国家职业资格标准进行的训练。

三、教学组织及运行

本实训任务按照教师讲解、教师演示、学生训练方式进行，通过训练过程考核检验教学效果。

四、实训内容及要求

（一）实训目标

1. 知识目标

（1）熟悉革兰染色原理　革兰染色反应是细菌分类和鉴定的重要性状。它是 1884 年由丹麦医师 Gram 创立的。革兰染色法不仅能观察到细菌的形态而且还可将所有细菌区分为两大类：染色反应呈蓝紫色的称为革兰阳性细菌，用 G^+ 表示；染色反应呈红色（复染颜色）的称为革兰阴性细菌，用 G^- 表示。细菌对于革兰染色的不同反应，是由于它们细胞壁的成分和结构不同而造成的。革兰阳性细菌的细胞壁主要是由肽聚糖形成的网状结构组成的，在染色过程中，当用乙醇处理时，由于脱水而引起网状结构中的孔径变小，通透性降低，使结晶紫-碘复合物被保留在细胞内而不易脱色，因此，呈现蓝紫色；革兰阴性细菌的细胞壁中肽聚糖含量低，而脂类物质含量高，当用乙醇处理时，脂类物质溶解，细胞壁的通透性增加，使结晶紫-碘复合物易被乙醇抽出而脱色，然后又被染上了复染液（番红）的颜色，因此呈现红色。

（2）掌握革兰染色的基本步骤　初染→媒染→脱色→复染。

2. 能力目标

（1）会制作革兰染色标本。

（2）能判别革兰染色结果。

（3）会正确进行显微镜操作。

（二）实训重点及难点

1. 实训重点

革兰染色标本制作。

2. 实训难点

染色结果的正确判别。

（三）实训材料及设备

1. 实训材料

（1）菌种 大肠杆菌、金黄色葡萄球菌的营养琼脂试管斜面培养物。

（2）革兰染色液。

2. 仪器和其他用品

显微镜、载玻片、生理盐水、接种环、酒精灯、擦镜纸、香柏油、二甲苯等。

（四）实训内容及步骤

1. 实训准备

（1）准备每人一组试验器材：大肠杆菌、金黄色葡萄球菌的营养琼脂试管斜面培养物各一套。

（2）显微镜、载玻片、生理盐水、接种环、酒精灯、擦镜纸、香柏油、二甲苯等。

2. 操作规程

操作步骤1：革兰染色

（1）制片 用培养14~16h的枯草芽孢杆菌和培养24h的大肠杆菌分别做涂片（注意涂片切不可过于浓厚），干燥、固定。固定时通过火焰1~2次即可，不可过热，以载玻片不烫手为宜。

（2）初染 加草酸铵结晶紫一滴，覆盖住菌体染色1~2min，再进行水洗，载玻片上流下水无色。

（3）媒染 用碘液冲去残留的水液，再滴加碘液并覆盖菌斑1~2min，再进行水洗，载玻片上流下水无色。

（4）脱色 在衬以白背景的情况下，用95%酒精漫洗至流出酒精无色时为止，约20~30s，不能超过30s并立即用水冲净酒精。

（5）复染 用番红液洗去残留水，再滴加番红覆盖菌斑染2~3min，水洗，载玻片上流下水无色。

（6）镜检 用吸水纸吸去残留水，等干燥后，置油镜下观察。革兰阴性菌呈现以红色调为主的颜色或红色，革兰阳性菌呈现以紫色调为主的颜色或紫色。但要注意以分散开的细菌的革兰染色反应为准，过于密集的细菌，常常呈假阳性。

同法在另一载玻片上以大肠杆菌与枯草芽孢杆菌混合制片，做革兰染色对比。

标准与要求：

（1）手持接种环、试管姿势正确。

（2）涂片均匀。

（3）染色步骤正确。

（4）染色结果正确。

操作步骤2：显微镜观察革兰染色标本

（1）将染色干燥的标本置于显微镜下先用低倍镜观察，再换高倍镜以及油镜进行观察。

（2）当看到清晰图像时，并绘示意图。

（3）判定染色结果为革兰阳性还是阴性。

标准与要求：

（1）显微镜操作正确。

（2）染色结果观察成功。

（3）革兰染色结果判别正确。

五、实训考核方法

学生练习过程中进行分单项技能考核结合培养结果考核以及实验报告考核的方式进行项目考核，具体考核表和评分标准如下。

1. 实验结果

（1）结果评价　绘出油镜下观察的混合区菌体图像并填表。

染色结果记录表

菌名	菌体颜色	细菌形态	结果（G⁺/G⁻）
大肠杆菌			
金黄色葡萄球菌			

（2）过程评价

评价项目	制片 （1分）	无菌操作 （2分）	染色操作 （4分）	油镜使用 （2分）	学习态度 （1分）
得分					

2. 实验报告单的书写

六、课外拓展任务

1. 在你所做的革兰染色制片中，大肠杆菌和枯草芽孢杆菌各染成何色？它们是革兰阴性菌还是革兰阳性菌？

2. 做革兰染色涂片为什么不能过于浓厚？其染色成败的关键一步是什么？

3. 当你对一株未知菌进行革兰染色时，怎样能确证你的染色技术操作正确、染色结果正确？

七、知识链接

革兰染色为什么用大肠杆菌和金黄色葡萄球菌？

大肠杆菌是革兰阴性杆状细菌，金黄色葡萄球菌是革兰阳性球状细菌，经过革兰染色两者着上不同颜色，在显微镜下便于区别，同时，由于二者具有不同的个体形态，在对它们的混合涂片进行革兰染色后，根据菌体颜色和形态差异，可以判断染色是否成功。

任务五　酿酒酵母菌的形态观察及死活细胞鉴别

一、本任务在课程中的定位

本任务是酿酒微生物操作训练中的重点训练项目，也是国家食品检验工及微生物检定工等微生物实验操作的重要技能。本任务为培养学生认知常见酵母菌的基本形态而进行的标本制作与观察训练。

二、本任务与国家（或国际）标准的契合点

本任务是按照食品检验工及微生物检定工国家职业资格标准进行的训练。

三、教学组织及运行

本实训任务按照教师讲解、教师演示、学生训练方式进行，通过训练过程考核检验教学效果。

四、实训内容及要求

（一）实训目标

1. 知识目标

（1）熟悉酵母菌标本制作的常用方法　酵母菌是多形的、不运动的单细胞微生物，细胞核与细胞质已有明显的分化，菌体比细菌大。主要采用制作水浸片的方式来观察生活的酵母形态和出芽生殖方式。

（2）熟悉酵母菌形态观察和死活细胞鉴别原理　实验通过用美蓝染色制成水浸片，和水-碘水浸片来观察生活的酵母形态和出芽生殖方式。美蓝是一种无毒性染料，它的氧化型是蓝色的，而还原型是无色的，用它来对酵母的活细胞进行染色，由于细胞中新陈代谢的作用，使细胞内具有较强的还原能力，能使美蓝从蓝色的氧化型变为无色的还原型，所以酵母的活细胞无色，而对于死细胞或代谢缓慢的老细胞，则因它们无此还原能力或还原能力极弱，而被美蓝染成蓝色或淡蓝色。因此，用美蓝水浸片不仅可观察酵母的形态，还可以区分死、活细胞。但美蓝的浓度、作用时间等均有影响，应加以注意。

（3）掌握酵母菌形态观察的基本步骤。

2. 能力目标

（1）会制作酵母菌的水浸片标本。

（2）能识别酵母菌的典型形态及出芽特征。

（3）会正确进行显微镜操作。

（二）实训重点及难点

1. 实训重点

酵母的水浸片标本制作。

2. 实训难点

识别酵母菌的典型形态及出芽特征。

（三）实训材料及设备

1. 实训材料

（1）菌种：酿酒酵母或卡尔酵母的试管斜面培养物。

（2）0.05%、0.1%吕氏碱性美蓝染液，革兰染色用的碘液。

2. 仪器和其他用品

显微镜、载玻片、盖玻片、解剖环、酒精灯、擦镜纸等。

（四）实训内容及步骤

1. 实训准备

（1）准备每人一组试验器材：酿酒酵母或卡尔酵母的豆芽汁琼脂试管斜面培养物各一套。

（2）显微镜、载玻片、盖玻片、解剖针、酒精灯、擦镜纸等。

2. 操作规程

操作步骤1：水浸片的制作

（1）加一滴生理盐水或 0.1%吕氏碱性美蓝染液在载玻片中央，注意量不能过多也不能过少，以免盖上盖玻片时溢出或留有气泡。然后按无菌操作法取在豆芽汁琼脂斜面上培养 48h 酿酒酵母少许，放在吕氏碱性美蓝染液中，涂布使菌体与染液均匀混合。

（2）用镊子夹盖玻片一块，小心地盖在液滴上。盖片时应注意，不能将盖玻片平放下去，应先将盖玻片的一边与液滴接触，然后将整个盖玻片慢慢放下，这样可以避免产生气泡。将制好的水浸片放置 3~5min 后镜检。

标准与要求：

（1）手持接种环、试管姿势正确。

（2）菌体细胞分散均匀无气泡或少量气泡。

（3）无菌操作正确。

操作步骤 2：显微镜观察酵母菌形态

（1）将制好的水浸片放置 3~5min 后镜检。先用低倍镜观察，然后换用高倍镜观察酿酒酵母的形态和出芽情况，同时可以根据是否染上颜色来区别死、活细胞。

（2）染色 30min 后，再观察死细胞数是否增加。

（3）用 0.05%吕氏碱性美蓝染液重复上述的操作。

标准与要求：

（1）显微镜操作正确。

（2）酵母基本形态观察成功。

（3）细胞死活鉴别成功。

五、实训考核方法

学生练习过程中进行分单项技能考核结合培养结果考核以及实验报告考核的方式进行项目考核，具体考核表和评分标准如下。

1. 实验结果

（1）结果评价

酵母菌死活菌鉴别结果记录表

吕氏碱性美蓝浓度	0.1%		0.05%	
作用时间	3min	30min	3min	30min
每视野活细胞数/个				
每视野死细胞数/个				

（2）过程评价

考核项目	显微镜的使用	酵母菌制片	无菌操作	实验态度
评分	5	2	5	8

2. 实验报告单的书写

六、课外拓展任务

1. 为什么将菌体与染液混合时不能剧烈涂抹？

2. 绘图说明所观察到的酵母菌的形态特征。除了这种，酵母菌还有哪些形态特征？

3. 说明观察到的吕氏碱性美蓝染液浓度和作用时间对死活细胞数的影响。

七、知识链接

酵母菌

酵母菌直径一般为 $2\sim5\mu m$，长度为 $5\sim30\mu m$，最长可达 $100\mu m$，一般比细菌粗约 10 倍，一般情况下成熟的细胞大于幼龄的细胞，液体培养的细胞大于固体培养的细胞。而且菌体的大小还与环境、菌龄等有关系；有些种的细胞大小、形态极不均匀，而有些种的酵母则较为均匀。

酵母菌菌落呈圆形、光滑湿润、表面有黏性、菌落大而厚、颜色单调、易挑起、质地均匀、正反面和边缘、中央部位的颜色都很均一，菌种不同菌落颜色也会不同，常见乳白色、土黄色、红色，个别为黑色，菌落还会有酒香味。

任务六　霉菌的形态观察与种类鉴别

一、本任务在课程中的定位

本任务是酿酒微生物操作训练中的重点训练项目，也是国家食品检验工及微生物检定工等微生物实验操作的基本技能。本任务为培养学生认知常见霉菌的基本形态而进行的标本制作与观察训练。

二、本任务与国家（或国际）标准的契合点

本任务是按照食品检验工及微生物检定工国家职业资格标准进行的训练。

三、教学组织及运行

本实训任务按照教师讲解、教师演示、学生训练方式进行，通过训练过程考核检验教学效果。

四、实训内容及要求

（一）实训目标

1. 知识目标

（1）熟悉霉菌标本制作的常用方法　霉菌菌丝较粗大，细胞易收缩变形，而且孢子很容易飞散，所以制标本时常用乳酸石炭酸棉蓝染色液。霉菌自然生长状态下的形态，常用载玻片观察，此法是接种霉菌孢子于载玻片上的适宜培养基上，培养后用显微镜观察。此外，为了得到清晰、完整、保持自然状态的霉菌形态，还可利用玻璃纸透析培养法进行观察。此法是利用玻璃纸的半透膜特性及透光性，将霉菌生长在覆盖于琼脂培养基表面的玻璃纸上，然后将长菌的玻璃纸剪取一小片，贴放在载玻片上用显微镜观察。

（2）掌握霉菌观察的基本步骤。

2. 能力目标

（1）会制作霉菌的水浸片标本。

（2）能识别各种霉菌的典型特征。

（3）会正确进行显微镜操作。

（二）实训重点及难点

1. 实训重点

霉菌的水浸片标本制作。

2. 实训难点

识别各种霉菌的典型特征。

（三）实训材料及设备

1. 实训材料

（1）菌种：曲霉、青霉、根霉、毛霉的马铃薯平板培养物。

（2）乳酸石炭酸棉蓝染色液或生理盐水、察氏培养基平板、马铃薯培养基。

2. 仪器和其他用品

显微镜、载玻片、盖玻片、解剖针、酒精灯、擦镜纸等。

（四）实训内容及步骤

1. 实训准备

（1）准备每人一组试验器材：曲霉、青霉、根霉、毛霉的马铃薯平板培养物各一套。

（2）显微镜、载玻片、盖玻片、解剖针、酒精灯、擦镜纸等。

2. 操作规程

操作步骤1：水浸片的制作

（1）于洁净载玻片上，滴一滴乳酸石炭酸棉蓝染色液或生理盐水。

（2）用解剖针从霉菌菌落的边缘处取小量带有孢子的菌丝置染色液中，再细心地将菌丝挑散开。

（3）小心地盖上盖玻片，注意不要产生气泡。

标准与要求：

（1）手持接种环、平板姿势正确。

（2）菌丝分散均匀无气泡或少量气泡。

（3）无菌操作正确。

操作步骤2：显微镜观察霉菌形态

（1）将盖上盖玻片的标本置于显微镜下先用低倍镜观察，再换高倍镜进行霉菌形态观察。

（2）当看到清晰图像时，移动视野找寻霉菌典型形态特征，并根据这些典型特征进行霉菌种类鉴别，并绘示意图。

标准与要求：

（1）显微镜操作正确。

（2）霉菌基本形态观察成功。

（3）鉴别成功。

五、实训考核方法

学生练习过程中进行分单项技能考核结合培养结果考核以及实验报告考核的方式进行项目考核，具体考核表和评分标准如下。

1. 实验结果

（1）绘示意图，展示所观察到的霉菌形态特征。

（2）根据示意图说明所观察的霉菌种类。

2. 过程评价

评价项目	显微镜的 使用（2分）	制片 （1分）	观察 （2分）	种类鉴别 （3分）	学习态度 （2分）
评分					

3. 实验报告单的书写

六、课外拓展任务

1. 为什么将菌体与染液混合时不能剧烈涂抹？
2. 盖玻片时为什么不能直接盖上去，要缓慢倾斜覆盖？
3. 分析比较细菌、放线菌、酵母菌和霉菌形态上的异同。

七、知识链接

（一）大曲中微生物的分布情况

1. 不同的环境气候条件下，微生物的种类和数量不同

大曲中微生物群主要受季节、生产控制技术参数的影响，在春秋两季，自然界的微生物中酵母的比例较大，这时的气温、空气湿度、春天的花草和秋天的果实等都给酵母的生长繁殖创造了良好的自然环境条件；夏季空气微生物数量最多，其次是春秋季节，冬季最少，这是因为夏季气温高，空气湿润，较有利于各种微生物繁殖活动，冬季气温低，空气干燥，微生物活性降低。

因季节的不同，自然界的微生物数量的不同，因此一年四季生产的大曲中微生物有所不同，从而大曲的质量也不同，这种差异性只能通过调节搭配才能实现酿酒的均衡生产和质量控制。

2. 不同的点位、同一块曲坯中的微生物的种类和数量不同

在一块大曲中，微生物的分布一般受到各种微生物的生活习性的影响，无论在哪一种培养基上，曲皮部位的菌数都明显高于曲心部分。曲皮部位的是好气性菌及少量的兼性嫌气性菌，霉菌含量较高，如梨头霉、黄曲霉、根霉等；曲心部位的是兼性嫌气性菌，细菌含量最高，细菌以杆菌居多，也有一定数量的红曲霉；曲皮和曲心之间的部位以兼性嫌气性菌，酵母含量较多，以假丝酵母为最多。因一块大曲不同部位微生物数量就有差异，不同香型白酒的大曲中的微生物差距就更大。

3. 在培菌的不同温度阶段，微生物的种类和数量不同

在大曲的生产过程中，微生物菌群在入发酵室后的前、中期受温度的影响

比较大，在后期则受曲坯含水量的影响比较大。

随着大曲培菌的开始，各种微生物首先从曲坯的表面开始繁殖，在 30～35℃期间微生物的数量达到最高峰，这时霉菌、酵母菌比例比较大；随着温度的逐步上升，曲坯的水分蒸发、曲坯中含氧量（发酵室内空气含氧量）的减少，耐温微生物的比例显著上升，当达到 55～60℃时，大部分的微生物菌类被高温淘汰，微生物菌数大幅减少，这时曲坯中霉菌、细菌类中的少数耐温菌株成为优势，酵母菌衰亡幅度很大；当达到 63℃以上时，只有耐高温的芽孢类的霉菌和细菌能生长，特别是高温期间，酵母几乎为零。

4. 随培菌过程中曲坯的含水量、氧气含量的变化，微生物的种类和数量不同

随着曲坯内水分的逐步蒸发，微生物的繁殖由表及里向水分较高的曲心前进，曲心相对含氧较少，导致一些好气性微生物被淘汰；顶温期过后，一些兼性嫌气性菌如酵母和细菌，在曲坯内部又开始繁殖；到培菌管理的后期，曲坯水分大量蒸发，曲心部位的透气性增加，但曲心部位的水分蒸发相对要少些，为适宜的好气性菌、兼性嫌气性菌创造了生长条件。

通气情况下影响大曲的微生物群变化的因素主要是氧气的进入、二氧化碳的排出。大曲的通气主要是靠翻曲来实现的，增加氧气的同时，也排出二氧化碳和发酵室内空气中的水分。

（二）制曲生产的周边环境微生物的分布状况

曲房是制曲的重要场地，又是菌类的栖息场所，曲房也是菌种的贮存库。曲坯上生长出来的菌类主要来自附着于制曲原料上的菌种，一部分靠接入的母曲（老曲）菌种；一部分由地面及工具上接触而感染上的。当菌种从曲房和空气中散落下来，就相当于接种于曲坯原料上而萌发生长。所以说老曲房积累的菌种多，新曲房积累的菌种少，老曲房制曲比新曲房制曲好，就是这个道理。

1. 曲房中的微生物种群及数量，在不同程度和不同部位中，并不是均一分布的，而是存在差异的。在大曲的不同培养阶段，曲房上、中、下层空气中微生物种群与数量不同，大曲质量也存在差异。

空曲房、制曲前期、后期的上、中、下层微生物的比较

曲房	来源	微生物			
		细菌	酵母菌	霉菌	放线菌
空曲房	上	1.5979	2.2348	2.2526	0.8483
	中	1.6062	2.2578	2.2649	1.5798
	下	1.5800	2.2200	2.1497	1.0807

续表

曲房	来源	微生物			
		细菌	酵母菌	霉菌	放线菌
制曲前期	上	1.4650	1.2690	1.5116	
	中	1.7381	1.8289	2.6100	
	下	2.0182	2.0510	1.7040	
制曲后期	上	1.0197	1.5039	1.4466	
	中	1.2411	1.2291	1.3694	
	下	1.3785	1.3960	1.2859	

2. 曲坯入房前,空曲房下层的霉菌数量低于上层,放线菌上层显著低于中下层。曲坯发酵前期,下层酵母菌及细菌数量明显高于中层,而中层又高于上层。霉菌数量在各层之间的差别不大。若酸度大则下层最高,中层与下层之间不甚明显。

3. 不同季节室外及新、老曲房内的微生物变化情况

不同季节室外及新、老曲房内的微生物变化

菌别	季节	室外	新曲房	老曲房
细菌	春	12	20	47
	夏	10	20	87
	秋	8	49	50
	冬	3	37	39
酵母菌	春	5	9	15
	夏	9	21	30
	秋	3	13	17
	冬	1	7	9
霉菌	春	27	37	51
	夏	30	101	117
	秋	13	52	57
	冬	3	47	40

上表说明了四季中微生物的数量变化,室外因受阳光、湿度的影响,其变化尤为明显。春夏秋菌数较多,冬季大为下降。所以制曲要充分利用季节变化。古人非常注意踩曲的季节。例如《齐民要术》"大凡作曲七月(阴历)最

良……"夏季气温高，湿度大，空气中微生物数量多，是制曲的最佳季节。

4. 曲坯各层次间的微生物的分布状况

曲坯各层次间的微生物的分布状况

项目	曲侧表层	曲包表层	曲底表层	曲包心	曲心
细菌（万/g）	72	90	125	110	168
霉菌（万/g）	487	314	40	28	32
酵母（万/g）	4	2.4	2.4	1.6	1.7

由上表可知，曲侧表层和曲包表层以霉菌为主，曲底表层、曲包心和曲心以细菌为主，酵母菌在曲包表层略高于曲心，但各层中酵母菌在 3 大类微生物中均为最少。

任务七　丁酸菌的培养

一、本任务在课程中的定位

本任务是酿酒微生物操作训练中的基础训练项目，结合酒企业对微生物培养方法、国家食品检验工及微生物检定工等微生物实验操作的基本技术，本任务为培养学生认知显微镜直接计数法测微生物数量的操作而进行操作训练。

二、本任务与国家（或国际）标准的契合点

本任务是按照酒企业对微生物培养方法、微生物检定工国家职业资格标准进行的训练。

三、教学组织及运行

本实训任务按照教师讲解、教师演示、学生训练方式进行，通过训练过程考核检验教学效果。

四、实训内容及要求

（一）实训目标

1. 知识目标

丁酸菌为厌氧菌，在牛肉膏蛋白胨培养基和基本培养基上不生长，但在较

低的氧化还原电位下生长良好，运用封石蜡凡士林法和焦性没食子酸法厌氧培养的长势都很好，在改良牛肉膏蛋白胨培养基、完全培养基和磷酸缓冲液培养基上均能生长，其中磷酸缓冲液培养基为最佳培养基。

2. 能力目标

（1）掌握丁酸菌培养的步骤和方法。

（2）观察发酵现象对丁酸菌培养液发酵状态进行初步鉴别。

（3）正确进行无菌操作技术。

（二）实训重点及难点

1. 实训重点

丁酸菌培养方法。

2. 实训难点

厌氧培养箱的使用。

（三）实训材料及设备

1. 实训材料

葡萄糖、蛋白胨、氯化钠、硫酸镁、牛肉汁、氯化铁、碳酸钙、磷酸氯二钾、玉米面、麸皮、磷酸钙、硫酸铵等；菌种：丁酸菌。

2. 设施设备

无菌操作室、超净工作台、高压蒸汽灭菌锅、厌氧培养箱、卡氏罐等。

（四）实训内容及步骤

1. 实训准备

（1）准备每人一组试验器材：丁酸菌培养物（试管中）、无菌水各一配套。

（2）培养基。

2. 操作规程

操作步骤1：试管培养

（1）液体培养基：葡萄糖 30g，蛋白胨 0.15g，氯化钠 5g，硫酸镁 0.1g，牛肉汁 15g（或牛肉膏 8g），氯化铁 0.5g，碳酸钙 5g（单独灭菌，接种前加入），磷酸氯二钾 1g，水 1000mL。

（2）培养步骤：沙土管菌种→活化→35~37℃的温度下，接入液体试管 24~36h→液面出现一层菌膜，但无大量气泡产生→移入另一只液体试管→同样培养活化 1~2 次→转入三角瓶。

标准与要求：

（1）正确进行培养基配备。

（2）正确使用厌氧培养箱培养出丁酸菌。

操作步骤2：三角瓶培养

（1）培养基：同试管液体培养基。

（2）培养步骤：300mL三角瓶装培养基250mL，灭菌→冷却后接种10%→在嫌气条件下培养，温度为35～37℃，培养24～36h（为保证嫌气条件，三角瓶可塞一带玻璃管的橡皮塞，玻璃管的另一端通入另一个装水的三角瓶中，进行水封）。

标准与要求：

（1）正确进行培养基配备。

（2）正确使用厌氧培养箱培养出丁酸菌。

操作步骤3：卡氏罐培养

玉米面加麸皮10%，加水7～10倍，常压糊化1h→冷至50～60℃时，加麸曲10%，保温糖化3～4h→糖化后加1%磷酸钙，0.25%硫酸铵，糖度7～8°Bx，装入卡氏罐→1.2kg/cm^2，灭菌30min→冷至35～37℃，接种10%，配上水封装置→35～37℃培养24～36h。

标准与要求：

（1）正确进行培养基制备。

（2）正确使用卡氏罐培养出丁酸菌。

操作步骤4：种子罐培养（方法同卡氏罐）

操作步骤5：发酵（开放式或密闭式都可以）

发酵前将罐洗净，1.2～1.5kg/cm^2 蒸汽灭菌25～30min→装入经煮沸灭菌的7～8°Bx玉米糖化液→冷至35～37℃时，加1%碳酸钙，接种，进行发酵→在发酵过程中，再分次加入碳酸钙，总量不超过6%→每4h搅拌一次，发酵13～14d→发酵的丁酸菌培养液，液面应有白色浮膜，但不得有大量鼓泡现象，更不得有发黑变质及恶臭。

标准与要求：

（1）正确进行发酵培养基配备。

（2）正确使用发酵罐进行丁酸菌的培养，并正确判断培养效果。

五、实验结果与讨论

发酵的丁酸菌培养液，液面是否有白色浮膜，有无大量鼓泡现象，有无发黑变质及恶臭。

六、实验评价方法

1. 结果评价：实验报告书写质量。

2. 过程评价

评价项目	试管培养 （2分）	三角瓶培养 （2分）	卡氏罐培养 （2分）	种子罐培养 （2分）	发酵结果 （2分）
评分					

任务八　显微镜直接计数法测微生物数量

一、本任务在课程中的定位

本任务是酿酒微生物操作训练中的基础训练项目，按照国家食品检验工及微生物检定工等微生物实验操作的基本技术，本任务为培养学生认知显微镜直接计数法测微生物数量的操作而进行操作训练。

二、本任务与国家（或国际）标准的契合点

本任务是按照微生物检定工国家职业资格标准进行的训练。

三、教学组织及运行

本实训任务按照教师讲解、教师演示、学生训练方式进行，通过训练过程考核检验教学效果。

四、实训内容及要求

（一）实训目标

1. 知识目标

（1）熟悉微镜直接计数法的原理　利用血球计数板在显微镜下直接计数，是一种常用的微生物计数方法。此法的优点是直观、快速。将经过适当稀释的菌悬液（或孢子悬液）放在血球计数板载玻片与盖玻片之间的计数室中，在显微镜下进行计数。由于计数室的容积是一定的（$0.1mm^3$），所以可以根据在显微镜下观察到的微生物数目来换算成单位体积内的微生物总数目。由于此法计得的是活菌体和死菌体的总和，故又称为总菌计数法。

（2）掌握血球计数板进行微生物计数的基本步骤。

2. 能力目标

（1）能识别显微镜的基本结构；会选择性地使用各功能。

（2）能理解血球计数板的构成和计数原理。

（3）能用显微镜进行血球计数板计数。

（4）能根据显微镜观察结果正确计算微生物总数。

（二）实训重点及难点

1. 实训重点

显微镜血球计数板法的操作步骤。

2. 实训难点

血球计数板的计数原理和计算微生物总数。

（三）实训材料及设备

1. 实训材料

（1）菌种：酿酒酵母菌悬液（试管中）。

（2）无菌水。

2. 设施设备

无菌操作室、超净工作台。

3. 仪器和其他用品

显微镜、血球计数板、盖玻片、无菌的细口滴管等。

（四）实训内容及步骤

1. 实训准备

（1）准备每人一组试验器材：酿酒酵母菌悬液（试管中）、无菌水、无菌的细口滴管各一配套。

（2）显微镜、已消毒灭菌的血球计数板、盖玻片。

2. 操作规程

操作步骤 1：认识血球计数板及其计数原理

血球计数板，通常是一块特制的载玻片，其上由四条槽构成三个平台。中间的平台又被一短横槽隔成两半，每一边的平台上各刻有一个方格网，每个方格网共分九个大方格，中间的大方格即为计数室，微生物的计数就在计数室中进行。

（1）计数室的刻度一般有两种规格，K25 或 K16。K16 是一个大方格分成 16 个中方格，而每个中方格又分成 25 个小方格；K25 是一个大方格分成 25 个中方格，而每个中方格又分成 16 个小方格。但无论是哪种规格的计数板，每一个大方格中的小方格数都是相同的，即 $16 \times 25 = 400$ 小方格。每一个大方格边长为 1mm，则每一大方格的面积为 $1mm^2$，盖上盖玻片后，载玻片与盖玻片之间的高度为 0.1mm，所以计数室的容积为 0.1mm³，即约为 10^{-4}mL。

（2）在计数时，通常数五个中方格的总菌数，然后求得每个中方格的平均值，再乘以 16 或 25，就得出一个大方格中的总菌数，然后再换算成 1mL 菌液中的总菌数。

标准与要求：

（1）熟知血球计数板的构造。

（2）能辨别不同规格的血球计数板，并能区分血球计数板中的大格、中格、小格。

（3）明白血球计数板的计数原理，并能正确计算。

操作步骤 2：菌悬液稀释

将酿酒酵母菌悬液进行适当稀释，菌液如不浓，可不必稀释。

标准与要求：

（1）能根据培养时间大概判断酿酒酵母菌悬液的浓度。

（2）酿酒酵母菌悬液稀释时要无菌操作，避免染菌。

操作步骤 3：镜检前准备

在加样前，先对计数板的计数室进行镜检。若有污物，则需清洗后才能进行计数。

标准与要求：

（1）能熟悉操作显微镜，以免损伤镜头和血球计数板。

（2）若有污物，则清洗后，还需再次镜检。

操作步骤 4：加样品

将清洁干燥的血球计数板盖上盖玻片，再用无菌的细口滴管将稀释的酿酒酵母菌液由盖玻片边缘滴一小滴，让菌液沿缝隙靠毛细渗透作用自行进入计数室，一般计数室均能充满菌液。

标准与要求：

（1）酿酒酵母菌液不宜过多。

（2）菌液应充满计数室不可有气泡产生。

操作步骤 5：显微镜计数

静止 5min 后，将血球计数板置于显微镜载物台上，先用低倍镜找到计数室所在位置，然后换成高倍镜进行计数。在计数前若发现菌液太浓或太稀，需重新调节稀释度后再计数。一般样品稀释度要求每小格内约有 5~10 个菌体为宜。每个计数室选 5 个中格（可选 4 个角和中央的中格）中的菌体进行计数。位于格线上的菌体一般只数上方和左边线上的。如遇酵母出芽，芽体大小达到母细胞的一半时，即作两个菌体计数。计数一个样品要从两个计数室中计得的值来计算样品的含菌量。

标准与要求：

（1）静止时间充足，以方便计数。

（2）能识别血球计数板的大格、中格、小格。

（3）能识别出芽状态的酵母。

操作步骤 6：计算

使用血球计数器计数时，K25 型的一般测定 5 个中方格（即 80 个小格）的微生物数量，求其平均值，再乘以 25，就得到一个大方格的总菌数，然后再换算成 1mL 菌液中微生物的数量。5 个中方格中的总菌数为 A，菌液稀释倍数 B，则：

$$1mL 菌液中的总菌数 = \frac{A}{5} \times 25 \times 10^4 \times B = 5 \times 10^4 \times A \times B（25 个中方格）$$

$$或 1mL 菌液中的总菌数 = \frac{A}{80} \times 400 \times 10^4 \times B（25 个中方格）$$

K16 型的一般测定 4 个中方格（即 100 个小格）的微生物数量，求其平均值，再乘以 16，就得到一个大方格的总菌数，然后再换算成 1mL 菌液中微生物的数量。4 个中方格中的总菌数为 A，菌液稀释倍数 B，则：

$$1mL 菌液中的总菌数 = \frac{A}{4} \times 16 \times 10^4 \times B = 3.2 \times 10^4 \times B（16 个中方格）$$

$$或 1mL 菌液中的总菌数 = \frac{A}{100} \times 400 \times 10^4 \times B（16 个中方格）$$

标准与要求：

（1）计算公式选择正确。

（2）计算过程准确且结果正确。

操作步骤 7：清洗血球计数板

使用完毕后，血球计数板使用后，用自来水冲洗，切勿用硬物洗刷，洗后自行晾干或用吹风机吹干，或用 95% 的乙醇、无水乙醇、丙酮等有机溶剂脱水使其干燥。通过镜检观察每小格内是否残留菌体或其他沉淀物。若不干净，则必须重复清洗直到干净为止。

标准与要求：

（1）清洗血球计数板时，不可用硬物进行刷洗，以免刮花。

（2）血球计数板必须清洗干净，以免影响下次使用。

五、实训考核方法

学生练习过程中进行分单项技能考核结合培养结果考核以及实验报告考核的方式进行项目考核，具体考核表和评分标准如下。

1. 实验结果

将观察结果填入下表。

	各中格中菌数					A	B	菌数/mL（g）	二室平均值
	1	2	3	4	5				
第一室									
第二室									

注：A 表示 5 个或 4 个中方格中的总菌数；B 表示菌液稀释倍数。

2. 实验报告单的书写

六、课外拓展任务

1. 根据你的实验体会，说明用血球计数板计数的误差主要来自哪些方面？
2. 如何在计数中尽量减少误差，力求准确？

七、知识链接

血球计数板

血球计数板是一块特制的厚型载玻片，载玻片上有四个槽构成三个平台。中间的平台较宽，其中间又被一短横槽分隔成两半，每个半边上面各刻有一小方格网，每个方格网共分九个大方格，中央的一大方格作为计数用，称为计数区。计数区的刻度有两种：一种是计数区分为 16 个中方格（大方格用三线隔开），而每个中方格又分成 25 个小方格；另一种是一个计数区分成 25 个中方格（中方格之间用双线分开），而每个中方格又分成 16 个小方格。但是不管计数区是哪一种构造，它们都有一个共同特点，即计数区都由 400 个小方格组成。计数区边长为 1mm，则计数区的面积为 $1mm^2$，每个小方格的面积为 $1/400mm^2$。盖上盖玻片后，计数区的高度为 0.1mm，所以每个计数区的体积为 $0.1mm^3$，每个小方格的体积为 $1/4000mm^3$。

使用血球计数板计数时，先要测定每个小方格中微生物的数量，再换算成每毫升菌液（或每克样品）中微生物细胞的数量。

不足之处：血球计数板在显微镜下直接进行测定。它观察在一定的容积中的微生物的个体数目，然后推算出含菌数，简便快捷。但是在计数时包括死活细胞均被计算在内，还有微小杂物也被计算在内。这样得出的结果往往偏高，因此适用于对形态个体较大的菌体或孢子进行计数。

误差来源：血细胞计数的误差分别来源于技术误差和固有误差。其中由于操作人员采样不顺利，器材处理、使用不当，稀释不准确，细胞识别错误等因素造成的误差属技术误差；而由于仪器（计数板、盖片、吸管等）不够准确与精密带来的误差称仪器误差，由于细胞分布不均匀等因素带来的细胞计数误差属于分布误差或计数域误差（filed error）。仪器误差和分布误差统称为固有误差或系统误差。技术误差和仪器误差可通过规范操作、提高熟练程度和校正仪器而避免或纠正，但细胞分布误差却难以彻底消除。因此，搞好红细胞计数的质量控制一般需采用以下措施。

1. 避免技术误差，纠正仪器误差

（1）所用器材均应清洁干燥，计数板、盖片、微量吸管及刻度吸管的规格应符合要求或经过校正。

①计数板的鉴定：要求计数室的台面光滑、透明，划线清晰，计数室划线面积准确。必要时采用严格校正的目镜测微计测量计数室的边长与底面积，用微米千分尺测量计数室的深度。美国国家标准局（NBS）规定每个大方格边长的误差应小于1%，即（1±0.01）mm，深度误差应小于2%，即（0.1±0.002）mm。若超过上述标准，应弃之不用。

②盖片应具有一定的重量，平整、光滑、无裂痕，厚薄均匀一致，可使用卡尺多点测量（至少在9个点），不均匀度在0.002mm之内。必要时采用平面平行仪进行测量与评价，要求呈现密集平行的直线干涉条纹。最简单的评价方法是将洁净的盖片紧贴于干燥的平面玻璃上，若能吸附一定的时间不脱落，落下时呈弧线形旋转，表示盖片平整、厚薄均匀。同时，合格的盖片放置在计数室表面后，与支持柱紧密接触的部位可见到彩虹。精选出的盖片与其他盖片紧密重合后，在掠射光线下观察，如见到完整平行的彩虹条纹则表示另一枚盖片质量也符合要求。

（2）细胞稀释液应等渗、新鲜、无杂质微粒。

（3）严格操作，每个步骤都应规范，尤其应注意的是样品稀释及充池时既要做到充分混匀，又要防止剧烈震荡破坏细胞。必须一次性充满计数室，防止产生气泡，充入细胞悬液的量以不超过计数室台面与盖片之间的矩形边缘为宜。

（4）报告法定计量单位。

2. 缩小计数域误差及分布误差

由于细胞在充入计数室后呈随机分布或称Poisson分布，而我们所能计数的细胞分布范围是有限的，由此造成的计数误差称为计数域误差或分布误差。缩小这种误差的有效方法就是尽量扩大细胞计数范围和计数数目，一般先进行误差估计，然后决定所需计数的数目和计数范围，只要能将误差控制在允许范围内即可。

Berkson 指出，当使用同一支吸管、同一面计数室，计数 $0.2mm^2$ 面积的细胞数，有望将 CV 控制在可接受的 7% 以内。对于红细胞计数而言，由于红细胞数量较多，在计数室中显得比较"拥挤"，根据 Poisson 公式推断。欲将误差控制在变异百分数 5% 以内，至少需要在计数室中计数 400 个红细胞，因此要求计数五个中方格的红细胞。事实上 Berkson 还通过实验证明，红细胞的计数域误差为 $s = 0.92$，较理论误差（Poisson 分布误差）要小。

3. 降低异常标本的干扰误差

白细胞数量在正常范围时，相对于红细胞数量来讲，其影响可忽略，但如白细胞过高（$>100×10^9$/L），则应对计数结果进行校正。方法是：①实际 RBC = 计得 RBC - WBC。如当红细胞换算后为 $3.5×10^{12}$/L、白细胞换算后为 $100×10^9$/L 时，病人实际红细胞数应为 $3.4×10^{12}$/L。②在高倍镜下计数时，避开有核细胞。有核细胞体积比正常红细胞大，中央无凹陷，无草黄色折光，可隐约见到细胞核。

任务九　多管发酵法测定酿酒用水中大肠杆菌群数量

一、本任务在课程中的定位

本任务是酿酒微生物操作训练中的综合应用训练项目，按照国家食品检验工微生物实验操作技术。本任务为培养学生认知多管发酵法测定酿酒用水中大肠杆菌群数量的操作而进行的操作训练。

二、本任务与国家（或国际）标准的契合点

本任务是按照食品检验工国家职业资格标准进行的训练。

三、教学组织及运行

本实训任务按照教师讲解、教师演示、学生训练方式进行，通过训练过程考核检验教学效果。

四、实训内容及要求

（一）实训目标

1. 知识目标

（1）理解多管发酵法的基本原理　发酵法又称多管发酵法或三步发酵法。①初发酵（推测试验）：将两种稀释度的样品，接种在含有乳糖等糖类

的培养液中（3 倍或 1 倍乳糖液），置于 37℃ 下培养 24h 后，观察是否出现产酸产气现象，培养基内加有溴甲酚紫作为 pH 指示剂，若细菌在培养时产酸，紫色培养基就会转变成黄色，用以进行初步判断样品中是否含有大肠菌群。

②平皿分离（证实试验）：由于水体样品中不仅只有大肠菌群能发酵糖类产酸、产气，其他某些细菌也具有这个能力，因此在初发实验的基础上需要再通过平皿分离实验进一步证实。首先将初发酵中呈阳性的试管菌液接种在伊红美兰培养基上，置于 37℃ 条件下培养 24h 后，观察结果。如果出现菌落特征为带核心的、有金属光泽的深紫色菌落，则可挑取出来制片，经革兰染色镜检观察，进一步证实是否为大肠杆菌群。

③复发酵试验（完成实脸）：经平皿分离结果中疑似大肠菌群的菌落，需进一步转接入 1 倍乳糖培养液中，在 37℃ 下培养 24h 后，观察结果。如果同样表现出产酸、产气的现象，记为阳性反应，即可证明为大肠菌群，说明水样被污染。反之，不出现产酸、产气现象的记为阴性反应。最后，根据实验结果中阳性管的数量，查 MPN（最可能数）表即可计算出水体样品中大肠菌群的含量。

（2）熟悉测定水中大肠菌群数量的多管发酵法。

（3）明白大肠菌群的数量在酿造用水中的重要性。

2. 能力目标

（1）能掌握多管发酵法的基本步骤。

（2）会使用多管发酵法测定水中大肠菌群的数量。

（3）掌握查 MPN 表的方法并计数。

（二）实训重点及难点

1. 实训重点

多管发酵法的基本步骤。

2. 实训难点

查 MPN 表的方法并计数。

（三）实训材料及设备

1. 实训材料

（1）无菌培养基　乳糖蛋白胨发酵管（内有倒置小套管）、三倍浓乳糖蛋白胨发酵管（瓶）（内有倒置小套管）、伊红美蓝琼脂平板。

（2）酿酒用水水样。

（3）无菌水。

2. 设施设备

无菌操作室、超净工作台。

3. 仪器和其他用品

载玻片、灭菌带玻璃塞空瓶、灭菌吸管、灭菌试管等。

（四）实训内容及步骤

1. 实训准备

（1）准备每人一组试验器材：乳糖蛋白胨发酵管、三倍浓乳糖蛋白胨发酵管、伊红美蓝琼脂平板、酿酒用水水样、无菌水各一套。

（2）已消毒灭菌的无菌操作室、超净工作台若干。

（3）准备每人一套：载玻片、灭菌带玻璃塞空瓶、灭菌吸管、灭菌试管等。

2. 操作规程

操作步骤 1：水样的采集

标准与要求：

（1）正确选择待测水源。

（2）正确采集并处理水样。

操作步骤 2：初发酵实验

（1）样品稀释　将样品分稀释为 10^{-1} 与 10^{-2}。

（2）接种　分别吸取 $1mL\ 10^{-2}$、10^{-1} 和原水样接入装有 10mL 普通浓度乳糖蛋白胨发酵管；另取 10mL 原水样接入有 5mL 三倍浓缩乳糖蛋白胨发酵管，混匀后，37℃培 24h，24h 未产气的继续培养 48h。在配制乳糖含量较高的培养基时，乳糖需单独灭菌，灭菌条件为 112℃、30min，待冷却后再与其他成分混合；接种时切勿用力摇晃试管，以确保杜氏管在培养前不进空气。

标准与要求：

（1）样品稀释准确。

（2）发酵过程观察现象仔细。

操作步骤 3：平板分离

将培养 24h 以及 48h 出现产酸产气结果发酵管，全部划线接种在伊红美蓝琼脂平板上，接好种后，倒置在培养箱中在条件为 37℃下培养 18~24h，观察结果，挑取菌落进行革兰染色时，应挑取靠近菌落中间的位置，如有符合以下特征的菌落则进行染色镜检。

（1）深紫黑色，有金属光泽。

（2）紫黑色，不带或略带金属光泽。

（3）淡紫红色，中心颜色较深。

标准与要求：

（1）正确识别伊红美蓝琼脂培养基上菌落的形态。

（2）正确进行革兰染色并准确判断结果。

操作步骤4：复发酵试验

镜检呈 G$^-$ 的无芽孢杆菌的菌体，将继续进行复发酵试验，实验步骤同初发酵实验。并根据发酵管试验的阳性管查表，即得大肠菌群数。

标准与要求：

（1）革兰染色步骤参考"酿酒细菌的简单染色和革兰染色"。

（2）按要求查看大肠菌群最可能数（MPN）检索表。

五、实训考核方法

学生练习过程中进行分单项技能考核结合培养结果考核以及实验报告考核的方式进行项目考核，具体考核表和评分标准如下。

1. 实验结果

将观察结果填入下表中。

发酵管管号	1mL 原水样	1mL10^{-1} 水样	1mL10^{-2} 水样	10mL 原水样
初发酵产气				
伊红美蓝培养基上菌落形态				
革兰染色镜检结果				
复发酵产气				
每升水样中总大肠杆菌菌群数				

2. 实验报告单的书写

六、课外拓展任务

1. 大肠菌群的概念是什么？它主要包括哪些细菌属？

2. 为什么伊红美蓝培养基的琼脂平板能够作为检测大肠菌群的鉴定平板？

七、知识链接

大肠菌群

大肠菌群并非细菌学分类命名，而是卫生细菌领域的用语，它不代表某一个或某一属细菌，而指的是具有某些特性的一组与粪便污染有关的细菌，这些细菌在生化及血清学方面并非完全一致，其定义为：需氧及兼性厌氧、在37℃能分解乳糖产酸产气的革兰阴性无芽孢杆菌。一般认为该菌群细菌可包括大肠埃希菌、柠檬酸杆菌、产气克雷伯菌和阴沟肠杆菌等。

大肠菌群主要包括肠杆菌科中的埃希菌属、柠檬酸杆菌属、克雷伯菌属和肠杆菌属。这些属的细菌均来自于人和温血动物的肠道，需氧与兼性厌氧，不形成芽孢；在35~37℃条件下，48h内能发酵乳糖产酸、产气，革兰阴性。大肠菌群中以埃希菌属为主，埃希菌属俗称为典型大肠杆菌。大肠菌群都是直接或间接地来自人和温血动物的粪便。本群中典型大肠杆菌以外的菌属，除直接来自粪便外，也可能来自典型大肠杆菌排出体外7~30d后在环境中的变异。所以食品中检出大肠菌群表示食品受人或温血动物的粪便污染，其中典型大肠杆菌为粪便近期污染，其他菌属则可能为粪便的陈旧污染。

大肠菌群是作为粪便污染指标菌提出来的，主要是以该菌群的检出情况来表示食品中有否粪便污染。大肠菌群数的高低，表明了粪便污染的程度，也反映了对人体健康危害性的大小。粪便是人类肠道排泄物，其中有健康人粪便，也有肠道患者或带菌者的粪便，所以粪便内除一般正常细菌外，同时也会有一些肠道致病菌存在（如沙门菌、志贺菌等），因而食品中有粪便污染，则可以推测该食品中存在着肠道致病菌污染的可能性，潜伏着食物中毒和流行病的威胁，必须看作对人体健康具有潜在的危险性。

水样中大肠菌群数目的表示方法，一般指1L水样中能检出的大肠菌群数。我国地面水环境质量标准（GB 3838—2002）规定第一级地面水大肠菌群≤200个/L，第二级≤2000个/L，第三级≤10000个/L。我国生活饮用水质标准（GB 5749—2006）规定生活饮用水总大肠菌群为3个/L，细菌总数为100个/mL。

任务十 平板菌落计数法测定微生物总数

一、本任务在课程中的定位

本任务是酿酒微生物操作训练中的应用训练项目，按照国家食品检验工的微生物实验操作的基本技术，本任务为培养学生认知平板菌落计数法测定微生物总数的操作而进行的操作训练。

二、本任务与国家（或国际）标准的契合点

本任务是按照《食品检验工国家职业资格标准》（GB 4789.2—2016）进行的训练。

三、教学组织及运行

本实训任务按照学生自学、教师讲解、教师演示、学生训练方式进行，通过训练过程考核检验教学效果。

四、实训内容及要求

（一）实训目标

1. 知识目标

（1）理解平板菌落法测定微生物总数的基本原理 平板菌落计数法是根据微生物在固体培养基上所形成的一个菌落是由一个单细胞繁殖而成的现象进行的，也就是说一个菌落即代表一个单细胞。计数时，先将待测样品做一系列稀释，再取一定量的稀释菌液接种到培养皿中，使其均匀分布于平皿中的培养基内，经培养后，由单个细胞生长繁殖形成菌落，统计菌落数目，即可换算出样品中的含菌数。

（2）熟悉平板菌落计数法测定微生物总数的基本步骤。

（3）了解梯度稀释原理，掌握梯度稀释流程。

2. 能力目标

（1）能对各种微生物操作工具进行高压蒸汽灭菌。

（2）会选择性地使用超净工作台的各功能进行无菌操作。

（3）能进行菌液的梯度稀释。

（4）会用平板菌落计数法正确计算微生物总数。

（二）实训重点及难点

1. 实训重点

平板菌落法测定微生物总数的基本步骤。

2. 实训难点

菌液的梯度稀释及微生物总数的计算。

（三）实训材料及设备

1. 实训材料

（1）菌种 大肠杆菌悬液或其他样品。

（2）平板计数琼脂培养基。

（3）磷酸盐缓冲液。

（4）无菌生理盐水。

2. 设施设备

恒温培养箱、恒温水浴箱、天平、超净工作台、高压蒸汽灭菌锅、均质器、振荡器等。

3. 仪器和其他用品

无菌吸管：1mL（具0.01mL刻度）、10mL（具0.1mL刻度）或微量移液器及吸头、无菌锥形瓶：容量250mL和500mL、无菌培养皿：直径90mm、pH计或pH比色管或精密pH试纸、放大镜和/或菌落计数器等。

（四）实训内容及步骤

1. 实训准备

（1）准备每组试验器材　大肠杆菌悬液或样品、琼脂培养基、无菌生理盐水各一套。

（2）已消毒灭菌的无菌操作室、超净工作台若干。

（3）准备每组一套：酒精灯、记号笔等。

2. 菌落总数的检验程序（图1-1）

操作步骤1：编号

取无菌平皿9套，根据微生物含量分别用记号笔标明三个连续稀释度对应平皿各3套6个，每个稀释度下平行2个。另取盛有9mL无菌水的试管若干，排列于试管架上，依次标明 10^{-1}、10^{-2}、10^{-3}、10^{-4}、10^{-5}、10^{-6}……

标准与要求：

（1）编号应明显清晰，并写在操作中不经常触及的地方；且不遮挡观察视线。

（2）编号后的平皿与试管应按顺序排列整齐，以防操作中拿错。

操作步骤2：样品的稀释

（1）固体和半固体样品　称取25g样品置于盛有225mL磷酸盐缓冲液或生理盐水的无菌均质杯内，8000~10000r/min均质1~2min，或放入盛有225mL稀释液的无菌均质袋中，用拍击式均质器拍打1~2min，制成1∶10的样品匀液。

（2）液体样品　以无菌吸管吸取25mL样品置盛有225mL磷酸盐缓冲液或生理盐水的无菌锥形瓶（瓶内预置适当数量的无菌玻璃珠）中，充分混匀，制成1∶10的样品匀液。

标准与要求：

（1）稀释器材必须无菌。

（2）稀释操作在超净工作台进行，防止污染。

（3）稀释浓度准确。

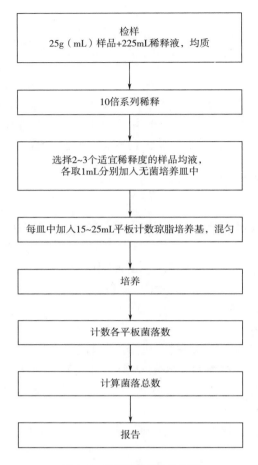

图1-1 菌落总数的检验程序

操作步骤3：菌悬液梯度稀释

用1mL无菌吸管精确地吸取1mL大肠杆菌悬液或已稀释的样品菌悬液放入10^{-1}的试管中，注意吸管尖端不要碰到液面，以免吹出时，管内液体外溢。然后仍用此吸管将管内悬液来回吸、吹三次，吸时伸入管底，制备10倍系列稀释样品匀液。每递增稀释一次，换用1次1mL无菌吸管或吸；头吹时离开水面，使其混合均匀。另取一支吸管自10^{-1}试管吸1mL放入10^{-2}试管中，吸吹三次，……其余依次类推。

标准与要求：

（1）整个过程应在无菌操作台内操作，以免染菌。

（2）每次吸取菌悬液时均应先混合均匀。

操作步骤4：取样

　　根据对样品污染状况的估计，选择 2~3 个适宜稀释度的样品匀液（液体样品可包括原液），在进行 10 倍递增稀释时，吸取 1mL 样品匀液于对号放入编好号的无菌培养皿中内，每个稀释度做 2 个平皿。同时，分别吸取 1mL 空白稀释液加入两个无菌平皿内作空白对照。

　　标准与要求：

　　（1）取样有代表性。

　　（2）吸取稀释菌液的编号要与无菌培养皿上的编号一致。

　　操作步骤 5：倒平板

　　于上述盛有不同稀释度菌液的培养皿中，将 15~20mL 冷却至 46℃ 左右的平板计数琼脂培养基（可放置于 46℃±1℃ 恒温水浴箱中保温）倾注平皿，并转动平皿使其混合均匀。

　　标准与要求：

　　（1）平板计数琼脂培养基应冷却至 46℃ 左右，用手触摸瓶壁不烫手即可。

　　（2）倾倒至培养皿内的培养基不宜过多或过少，10~15mL 即可。

　　（3）倾倒培养基后应迅速摇动使培养基与菌悬液充分混合均匀。

　　操作步骤 6：培养

　　（1）待琼脂凝固后，将平板翻转，（36±1）℃ 培养（48±2）h。水产品则在（30±1）℃ 培养（72±3）h。

　　（2）如果样品中可能含有在琼脂培养基表面弥漫生长的菌落时，琼脂培养基（约 4mL）凝固后翻转平板，按（1）条件进行培养。

　　标准与要求：

　　（1）培养时皿底要向上放置培养。

　　（2）添加琼脂培养基要均匀。

　　操作步骤 7：菌落计数

　　（1）可用肉眼观察，必要时用放大镜或菌落计数器，记录稀释倍数和相应的菌落数量。菌落计数以菌落形成单位（colony-formingunits，CFU）表示。

　　（2）选取菌落数在 30~300CFU、无蔓延菌落生长的平板计数菌落总数。低于 30CFU 的平板记录具体菌落数，大于 300CFU 的可记录为多不可计。每个稀释度的菌落数应采用两个平板的平均数。

　　（3）其中一个平板有较大片状菌落生长时，则不宜采用，而应以无片状菌落生长的平板作为该稀释度的菌落数；若片状菌落不到平板的一半，而其余一半中菌落分布又很均匀，即可计算半个平板后乘以 2，代表一个平板菌落数。

（4）当平板上出现菌落间无明显界线的链状生长时，则将每条单链作为一个菌落计数。

标准与要求：

（1）一般选择每个平板上长有 30~300 个菌落的稀释度计算每毫升的菌数最为合适。

（2）同一稀释度的两个重复的菌数相差不能很大。

（3）三个连续稀释度计算出的每毫升菌液中总活菌数也不能相差很大，如相差较大，表示试验不精确。

操作步骤 8：结果与报告

（1）菌落总数的计算方法

①若只有一个稀释度平板上的菌落数在适宜计数范围内，计算两个平板菌落数的平均值，再将平均值乘以相应稀释倍数，作为每 g（mL）样品中菌落总数结果。

②若有两个连续稀释度的平板菌落数在适宜计数范围内时，按下式计算：

$$N = \frac{\sum C}{(n_1 + 0.1n_2)d}$$

式中　N——样品中菌落

　　　C——平板（含适宜范围菌落数的平板）菌落数之和

　　　n_1——第一稀释度（低稀释倍数）含适宜范围菌落数的平板个数

　　　n_2——第二稀释度（高稀释倍数）含适宜范围菌落数的平板个数

　　　d——稀释因子（第一稀释度）

③若所有稀释度的平板上菌落数均大于 300CFU，则对稀释度最高的平板进行计数，其他平板可记录为多不可计，结果按平均菌落数乘以最高稀释倍数计算。

④若所有稀释度的平板菌落数均小于 30CFU，则应按稀释度最低的平均菌落数乘以稀释倍数。

⑤若所有稀释度（包括液体样品原液）平板均无菌落生长，则以小于 1 乘以最低稀释倍数计算。

⑥若所有稀释度的平板菌落数均不在 30~300CFU，其中一部分小于 30CFU 或大于 300CFU 时，则以最接近 30CFU 或 300CFU 的平均菌落数乘以稀释倍数计算。

（2）菌落总数的报告

①菌落数小于 100CFU 时，按"四舍五入"原则修约，以整数报告。

②菌落数大于或等于 100CFU 时，第 3 位数字采用"四舍五入"原则修约后，取前 2 位数字，后面用 0 代替位数；也可用 10 的指数形式来表示，按"四舍五入"原则修约后，采用两位有效数字。

③若所有平板上为蔓延菌落而无法计数，则报告菌落蔓延。

④若空白对照上有菌落生长，则此次检测结果无效。

⑤称重取样以 CFU/g 为单位报告，体积取样以 CFU/mL 为单位报告。

标准与要求：

（1）计算方法选择要正确且计算正确。

（2）菌落总数报告描述正确且合理，单位正确。

五、实训考核方法

学生练习过程中进行分单项技能考核结合培养结果考核以及实验报告考核的方式进行项目考核，具体考核表和评分标准如下。

1. 实验结果

将计数结果填入下表。

3 个连续稀释度	稀释度 1			稀释度 2			稀释度 3		
	平皿 1	平皿 2	平均值	平皿 1	平皿 2	平均值	平皿 1	平皿 2	平均值
菌落数									
每毫升总菌数									

2. 实验报告单的书写

六、课外拓展任务

1. 为什么溶化后的培养基要冷却至 45℃左右才能倒平板？

2. 要使平板菌落计数准确，需要掌握哪几个关键？为什么？

3. 同一种菌液用血球计数板和平板菌落计数法同时计数，所得结果是否一样？为什么？

4. 试比较平板菌落计数法和显微镜下直接计数法的优、缺点。

七、知识链接

血球计数法与平板菌落计数法的比较

血球计数法是种统计培养液中微生物的多少的方法，而平板菌落法是一种接种方法。

1. 血球计数法

血球计数法是在显微镜下直接进行测定，方便快捷并且仪器损耗较小。缺点是在一定的容积中的微生物的个体数目包括死、活细胞均被计算在内，还有微小杂物也被计算在内。这样得出的结果往往偏高。这种方法常用于形态个体较大的菌体或孢子，若是观测细菌或是霉菌，就要换成油镜。

适用范围：个体较大的细胞或颗粒，如血球、酵母菌等，不适用于细菌等个体较小的细胞，因为：①细菌细胞太小，不易沉降；②在油镜下看不清网格线，超出油镜工作距离。

优点：快速，准确，对酵母菌可同时测出芽率，或在菌悬液中加入少量美蓝可以区分死、活细胞。

缺点：死的、活的都要进行计数，因为用肉眼无法区分。

2. 平板菌落计数法

平板菌落计数法将待测样品制成均匀的系列稀释液，尽量使样品中的微生物细胞分散开，使其成单个细胞存在（否则一个菌落就不只是代表一个细胞），再取一定稀释度、一定量的稀释液接于培养基至平板中，使其均匀分布于平板中的培养基内。经培养后，由单个细胞生长繁殖形成菌落。

适用范围：中温、好氧和兼性厌氧，能在营养琼脂上生长的微生物。

注意事项：每一支吸管只能用于一个稀释度；样品混匀处理；倾注平板时的培养基温度。

误差：多次稀释造成的误差是主要来源，其次还有样品内菌体分布不均匀以及不当操作。

3. 涂布平板法

平板菌落计数法的操作除本项目介绍的以外，还可用涂布平板的方法进行。二者操作基本相同，所不同的是涂布平板法是先将牛肉膏蛋白胨琼脂培养基溶化后倒平板，待凝固后编号，并于37℃温室中烘烤30min左右，使其干燥，然后用无菌吸管吸取0.2mL菌液对号接种于不同稀释度编号的培养皿中的培养基上，再用无菌玻璃刮棒将菌液在平板上涂布均匀，平放于实验台上20~30min，使菌液渗透入培养基内，然后再倒置于37℃的温室中培养。

任务十一 酿酒微生物的分离纯化

一、本任务在课程中的定位

本任务是酿酒微生物操作训练中的综合训练项目，本任务为培养学生认知纷繁复杂的酿酒微生物群而进行的分离纯化操作，通过训练可锻炼学生分离鉴别目的菌的能力。

二、本任务与国家（或国际）标准的契合点

本任务是结合食品检验工、微生物检定工国家职业资格标准以及酿酒行业检验和研究而进行的训练。

三、教学组织及运行

本实训任务按照学生预习、撰写方案、教师讲解、教师演示、学生训练方式进行，通过训练过程考核检验教学效果。

四、实训内容及要求

（一）实训目标

1. 知识目标
（1）理解不同的微生物分离纯化方法的原理。酿酒环境及自然条件下的微生物往往是不同种类微生物的混合体。为了研究某种微生物的特性或者要大量培养和使用某种微生物，必须从这些混杂的微生物群落中获得纯培养，这种获得纯培养的方法称为微生物的分离与纯化。
（2）熟悉微生物分离纯化的各种方法。
（3）掌握不同的微生物分离纯化方法的基本步骤。
2. 能力目标
（1）能理解微生物分离纯化的基本原理。
（2）会根据不同的微生物或不同的情况选择合适的分离纯化方法。
（3）会用平板划线分离法和稀释平板法进行酿酒微生物的分离纯化。

（二）实训重点及难点

1. 实训重点
平板划线分离法和稀释平板法。
2. 实训难点
分离纯化方法的选择及鉴别。

（三）实训材料及设备

1. 实训材料
（1）曲或窖泥。

（2）无菌培养基。

（3）无菌水。

2. 设施设备

无菌操作室、超净工作台、高压蒸汽灭菌锅、恒温培养箱、显微镜等。

3. 仪器和其他用品

接种环、酒精灯、试管、培养皿、记号笔、无菌玻璃吸管和洗耳球等。

（四）实训内容及步骤

1. 实训准备

（1）准备每组试验器材：无菌培养基或平板培养基、无菌水各一套。

（2）已消毒灭菌的无菌操作室、超净工作台若干。

（3）准备每组一套：无菌玻璃吸管若干和洗耳球、接种环、试管、酒精灯、记号笔等。

2. 操作规程

操作步骤1：认识平板划线分离法

（1）倒平板　将溶化的培养基冷却至45℃左右，在酒精灯火焰旁，以右手的无名指及小指夹持棉塞，左手打开无菌培养皿盖的一边，右手持三角瓶向平皿里注入10~15mL培养基。将培养皿稍加旋转摇动后，置于水平位置待凝。

（2）划线分离　在酒精灯火焰上灼烧接种环，待其冷却后，以无菌操作取一环待分离菌悬液。划线时，平板可放在台面上也可以持在手中。左手握平板，在火焰上方稍抬起皿盖，右手持接种环伸入皿内，在平板上第一个区域沿"Z"字形来回划线。划线时，使接种环与平板表面成30~40°轻轻接触，以腕力使接种环在琼脂表面做轻快地滑动，勿划破表面。灼烧接种环，待其冷却后，将手中平皿旋转约70°，用接种环在划过的第一区域接触一下，然后在第二区域进行划线，并依次对第三和第四区域进行划线。

（3）划线完毕后，在平皿底用记号笔注明样品名称、日期、姓名（或学号），将整个平皿倒置放入28~30℃恒温培养箱中培养。18~24h后观察单菌落，并结合镜检鉴别判断菌种名称。直至获得纯化的目的菌培养物为止。

标准与要求：

（1）在琼脂平板上划线时要注意接种环的方向和力度，以防划破表面。

（2）划线时应注意分区，严格按分区划线，保证有单一菌落产生。

操作步骤2：认识倾注平板法

（1）编号　取 n 支盛有9mL无菌水的试管排列于试管架上，依次标上

10^{-1}，10^{-2}，10^{-3}……字样。

（2）稀释　按 10 的梯度法稀释到合适的浓度，见任务九平板菌落计数法测定微生物总数中样品的稀释。

（3）加样　用 1mL 无菌吸管分别吸取 3 个合适的连续稀释度中的稀释液 1mL，注入已编号的对应无菌培养皿中。

（4）倾注平板　将溶化后冷至 45℃左右的无菌培养基，向加有稀释液的各培养皿中分别倒入 10～15mL，迅速旋转培养皿，使培养基和稀释液充分混合，水平放置，待其凝固后，倒置于 28～30℃恒温箱中培养。18～24h 后观察单菌落，并结合镜检鉴别判断菌种名称。直至获得纯化的目的菌培养物为止。

标准与要求：

（1）试管与培养皿编好号后应按顺序排列，以免拿错。

（2）每根 1mL 无菌吸管只能用一次。

（3）倾注平板时，培养基温度要适宜，并快速与菌悬液混合均匀。

操作步骤 3：涂布平板法

（1）平板制备　制备 3 套无菌平板，并分别写上适宜的 3 个连续稀释度编号。

（2）稀释　同上述倾注平板法。

（3）加样　用无菌吸管分别吸取适宜的 3 个连续稀释度下的稀释液 0.1mL，对号注入编好号的无菌平板中。

（4）涂布　用无菌棒在各平板表面进行均匀涂布。待涂布的菌液干后，将培养皿倒置于 28～30℃恒温培养箱中培养。18～24h 后观察单菌落，并结合镜检鉴别判断菌种名称。直至获得纯化的目的菌培养物为止。

标准与要求：涂布平板法与倾注平板法相似，不同的是涂布平板法中菌悬液不与培养基混合，而是涂布于培养基表面上。

五、实训考核方法

学生练习过程中进行分单项技能考核结合分离纯化培养结果考核以及实验报告考核的方式进行项目考核，具体考核表和评分标准如下。

1. 实验结果

（1）将平板划线分离法观察结果填入下表。

平板分区	一区	二区	三区	四区
生长状况				
简要说明				

（2）将倾注平板法与涂布平板法观察结果填入下表中。

方法　　稀释梯度		10^{-1}	10^{-2}	10^{-3}
倾注平板法	生长状况			
	分离菌种			
涂布平板法	生长状况			
	分离菌种			

2. 实验报告单的书写

六、课外拓展任务

1. 为什么要把培养皿倒置培养？
2. 用各种方法分离纯化微生物时，怎样才能更好地保证不被杂菌污染？

七、知识链接

微生物分离纯化方法

除了平板划线分离法、倾注平板法和涂布平板法以外，微生物分离纯化还有以下方法。

1. 用液体培养基分离和纯化

大多数细菌和真菌，用平板法分离通常是满意的，因为它们的大多数种类在固体培养基上长得很好。然而迄今为止并不是所有的微生物都能在固体培养基上生长，例如一些细胞大的细菌、许多原生动物和藻类等，这些微生物仍需要用液体培养基分离来获得纯培养。稀释法是液体培养基分离纯化常用的方法。接种物在液体培养基中进行顺序稀释，以得到高度稀释的效果，使一支试管中分配不到一个微生物。如果经稀释后的大多数试管中没有微生物生长，那么有微生物生长的试管得到的培养物可能就是纯培养物。如果经稀释后的试管中有微生物生长的比例提高了，得到纯培养物的概率就会急剧下降。因此，采用稀释法进行液体分离，必须在同一个稀释度的许多平行试管中，大多数（一般应超过95%）表现为不生长。

2. 单细胞（孢子）分离

只能分离出混杂微生物群体中占数量优势的种类是稀释法的一个重要缺点。在自然界，很多微生物在混杂群体中都是少数。这时，可以采取显微分离法从混杂群体中直接分离单个细胞或单个个体进行培养以获得纯培养，称为单细胞（或单孢子）分离法。单细胞分离法的难度与细胞或个体的大小成反比，较大的微生物如藻类、原生动物较容易，个体很小的细菌则较难。

较大的微生物，可采用毛细管提取单个个体，并在大量的灭菌培养基中转移清洗几次，除去较小微生物的污染。这项操作可在低倍显微镜，如解剖显微镜下进行。对于个体相对较小的微生物，需采用显微操作仪，在显微镜下用毛细管或显微针、钩、环等挑取单个微生物细胞或孢子以获得纯培养。在没有显微操作仪时，也可采用一些变通的方法在显微镜下进行单细胞分离，例如将经适当稀释后的样品制备成小液滴在显微镜下观察，选取只含一个细胞的液体来进行纯培养物的分离。单细胞分离法对操作技术有比较高的要求，多限于高度专业化的科学研究中采用。

3. 选择分离法

没有一种培养基或一种培养条件能够满足一切微生物生长的需要，在一定程度上，所有的培养基都是选择性的。如果某种微生物的生长需要是已知的，也可以设计特定环境，使之适合这种微生物的生长，因而能够从混杂的微生物群体中把这种微生物选择培养出来，尽管在混杂的微生物群体中这种微生物可能只占少数。这种通过选择培养进行微生物纯培养分离的技术称为选择培养分离，特别适用于从自然界中分离、寻找有用的微生物。自然界中，在大多数场合微生物群落是由多种微生物组成的，从中分离出所需的特定微生物是十分困难的，尤其当某一种微生物所存在的数量与其他微生物相比非常少时，单采用一般的平板稀释法几乎是不可能的。要分离这种微生物，必须根据该微生物的特点，包括营养、生理、生长条件等，采用选择培养分离的方法。或抑制使大多数微生物不能生长，或造成有利于该菌生长的环境，经过一定时间培养后使该菌在群落中的数量上升，再通过平板稀释等方法对它进行纯培养分离。

任务十二　己酸菌筛选实验

一、本任务在课程中的定位

本任务是酿酒微生物操作训练中的综合训练项目，培养学生分离筛选己酸菌，通过训练可锻炼学生分离鉴别厌氧菌的能力。

二、本任务与国家（或国际）标准的契合点

本任务是结合食品检验工、微生物检定工国家职业资格标准以及酿酒行业检验和研究而进行的训练。

三、教学组织及运行

本实训任务按照学生预习、撰写方案、教师讲解、教师演示、学生训练方式进行，通过训练过程考核检验教学效果。

四、实训内容及要求

（一）实训目标

1. 知识目标

（1）理解厌氧微生物分离纯化原理。酿酒环境中的厌氧微生物往往是一类特殊微生物的混合体。为了研究某种厌氧微生物的特性或者要大量培养和使用某种微生物，必须从这些混杂的微生物群落中获得纯培养，从而获得目的菌。

（2）熟悉厌氧微生物分离纯化的方法。

（3）掌握厌氧微生物分离纯化的基本步骤。

2. 能力目标

（1）能理解厌氧微生物分离纯化的基本原理。

（2）会根据不同的厌氧微生物选择合适的分离纯化方法。

（3）会用进行实验室或生产环境己酸菌的分离纯化。

（二）实训重点及难点

1. 实训重点

实验室筛选己酸菌的方法。

2. 实训难点

厌氧培养箱的使用。

（三）实训材料及设备

1. 实训材料

乙酸钠、酵母膏、25%硫酸镁-5%硫酸钠、4%磷酸氢二钾、0.05%硫酸钙、5mg/L生物素、自来水、琼脂、2%酒精。

2. 设施设备

无菌操作室、超净工作台、高压蒸汽灭菌锅、恒温培养箱、显微镜等。

3. 仪器和其他用品

接种环、酒精灯、试管、培养皿、记号笔、无菌玻璃吸管和洗耳球等。

（四）实训内容及步骤

1. 实训准备

实验前应先制作以下培养基。

①乙酸钠改良培养基配方如下。

乙酸钠改良培养基配方

配方	乙酸钠/g	酵母膏/g	25%硫酸镁-5%硫酸钠/mL	4%磷酸氢二钾/mL	0.05%硫酸钙/mL	5mg/L生物素/mL	自来水/mL
用量	5	1	10	10	20	1	100

调整 pH6.0~6.5，于 0.11MPa 高压灭菌 30min，接种前加乙醇 20mL。

②固体乙酸纳改良培养基：先按配方配制液体培养基，在沸腾的培养液中添加 2%琼脂，溶化后过滤分装于小三角瓶中，于 0.1MPa 灭菌 30min，使用前加乙醇 2%。

③固体斜面试管制作：在液体培养基中加琼脂 4%，加热溶化后过滤分装 10mL 至小试管，包扎后 0.11MPa 灭菌 30min，无菌室冷却至 60℃ 左右时加入 2%酒精，趁热搁置斜面，待凝固后置真空干燥器中抽真空至 0.08MPa 以上，于 33℃恒温培养 3d，取出观察斜面染菌状况。

④己酸菌的最佳生长条件见下表。

己酸菌的最佳生长条件

温度/℃	水分/%	pH	酒精含量/%	腐殖质/%	氨态氮/（mg/100g）	有效磷/（mg/100g）	有效钾/（mg/100g）	钙/%
32~35	≥35	6.0~6.8	2~3	≥4.5	150~350	100~150	120~150	≤0.2

由于己酸菌适应温度在 32~35℃、水分在 35%以上的自然环境，所以，因地域不同，己酸菌的生长繁殖条件有很大差异。

2. 操作规程

操作步骤 1：己酸菌的培养

（1）富集培养 用无菌吸管吸取 5mL 己酸菌种子液加入细颈试管中，用乙酸钠改良培养基填充至细颈处，80℃热水浴处理 5min，迅速冷却后于 33℃培养 5d。

（2）平板分离 用无菌吸管吸取己酸菌液 1.0mL，放入盛有 9mL 无菌水的试管中，用 10 倍法稀释至 10^{-7}，取 $10^{-5} \sim 10^{-7}$ 稀释度各 1mL 加入无菌空皿中，用倾注法接种，待凝固后放入真空干燥器中，抽真空至 0.08MPa 于 33℃ 培养 3d。

（3）斜面转接 无菌转接菌种，填好编号，将试管置真空干燥器中，抽真空于 33℃ 培养 3~5d。

标准与要求：

（1）培养基制作必须要求无菌，试剂添加顺序不要随意改变。

（2）培养过程应该要严格无菌。

（3）正确使用厌氧培养箱进行培养，达到预期效果。

操作步骤 2：己酸菌的筛选

（1）初筛 当培养出的菌落呈乳黄色或乳白色，凝脂状，平薄地铺在斜面培养基表面时，用无菌的接种针挑取少许菌落，置于滴有无菌水的载玻片上，置于显微镜下观察，从中选择游动活泼、长杆状或短杆状、最好带有鼓槌状芽孢的菌落作为初筛菌株。

（2）复筛 用接种环挑取菌落一环在充满乙酸钠改良培养液至细颈处的无菌细颈试管内，于 33℃ 培养 5d，采用显微镜直接计数法和平板菌落计数法两种方式测定己酸菌数。继续培养至 7~10d，用 DDC 显色法测定己酸含量，从中挑选细胞数在 1 亿个/mL 以上、己酸含量在 8000mg/mL 以上的菌株为复筛菌株。

（3）DDC 显色法 用硫酸将己酸发酵液调至 pH2~3 后，将酸化液稀释 10 倍后取 2mL 置于分液漏斗中，再加入铜试剂 3mL，再加入氯仿 5mL，抽提 2min，静置分层，接着用水洗氯仿层 5mL，用 400r/min 离心 5min，取离心后的氯仿层 5mL，加 DDC 溶液 0.5mL，混匀后于 450nm 波长下比色，由工作曲线计算己酸钠含量。

（4）工作曲线的绘制 取 0.1000g 己酸，用氯仿溶解定容至 100mL，吸取该标准己酸氯仿液 0.2、0.4、0.6、0.8、1.0mL 分别加入铜试剂 3mL（同上述操作），补足氯仿 5mL，抽提 2min，静置分层后水洗，分层后倾去水，离心 5min，取离心后的氯仿层 5mL，加入 DDC 溶液 0.5mL，混匀后于 450nm 波长下比色，将所得数据绘制成标准曲线。

（5）计算公式

己酸量（mg/1000mL）＝所得毫克数×100/2×10＝所得毫克数×500

标准与要求：

（1）正确使用显微镜进行初筛菌的挑选。

（2）培养过程应该要严格厌氧且无菌。

（3）显色收集数据和标准曲线绘制正确。

（4）正确进行计算并获得筛选出的己酸菌。

五、实训考核方法

学生练习过程中进行分单项技能考核结合分离纯化培养结果考核以及实验报告考核的方式进行项目考核，具体考核表和评分标准如下。

1. 实验结果：

绘出分离纯化己酸菌示意图

（1）己酸菌单一菌株情况。

（2）己酸菌纯培养物情况。

2. 实验报告单的书写

六、课外拓展任务

讨论影响己酸菌分离纯化的主要因素。

七、知识链接

己酸菌是浓香型白酒生产中非常重要的产酸微生物，由它代谢产生的己酸与大曲发酵产生的酒精生成己酸乙酯，是浓香型大曲酒的主体香成分。己酸菌培养液可广泛应用于浓香型大曲酒的灌窖、窖池保养、人工窖泥培养、酯化液的制作等，以改善和提高浓香型大曲酒的质量。己酸菌生产周期是一周左右，3~4天时，培养液产气旺盛、菌种健壮活跃，一周后停止产气，进入静止期，8~10天时产酸达最多。由于己酸菌为能生成芽孢的梭状芽孢杆菌，己酸菌孢子有耐热性，而其营养细胞是不耐热的，可采用热处理法淘汰较弱的芽孢，并同时杀灭营养细胞和其他杂菌，使己酸菌株得以纯化。因此，可将分离培养7d后的己酸菌液在85℃恒温处理10min，冷却后再接入新的培养液中培养，以达到纯化己酸菌的目的。

将不加琼脂的分离培养基于0.1MPa高压灭菌20min，冷却后加入碳酸钙和乙醇，按15%接种量加入己酸菌种子液。为保证实验数据的准确可靠，平行培养12个250mL的小三角瓶和一个2000mL的大三角瓶，同时置于34℃恒温培养箱中培养12d。

对培养的己酸菌液每天观察产气变化，并进行取样分析。取样方法为每天取一个小三角瓶的培养液分析，间隔两天再从大三角瓶中取20mL样品分析比较，以纠正偶然性因素所带来的分析偏差。

任务十三 酿酒用水中大肠菌群检测

一、本任务在课程中的定位

本任务是酿酒微生物操作训练中的综合应用训练项目，按照 GB 4789.3—2016《食品安全国家标准 食品微生物学检验——大肠菌群计数方法》而进行的微生物实验操作技术。本任务为培养学生对酿酒用水中常见大肠菌群进行计数检测，并能根据标准判断用水的安全性。

二、本任务与国家（或国际）标准的契合点

本任务是按照 GB 4789.3—2016《食品安全国家标准 食品微生物学检验 大肠菌群计数》进行的训练。

三、教学组织及运行

本实训任务按照学生书写检测方案、学生讲授方案、教师更正、教师演示、学生训练方式进行，通过训练过程考核检验教学效果。

四、实训内容及要求

（一）实训目标

1. 知识目标

（1）理解大肠菌群检测的基本原理 MPN 法是统计学和微生物学结合的一种定量检测法。待测样品经系列稀释并培养后，根据其未生长的最低稀释度与生长的最高稀释度，应用统计学概率论推算出待测样品中大肠菌群的最大可能数。适用于大肠菌群含量较低的食品中大肠菌群的计数。

（2）掌握大肠菌群计数检测的基本程序（图 1-2）。

（3）理解 MPN 查表报告大肠菌群的值。

2. 能力目标

（1）能读懂大肠菌群 MPN 计数法的检验程序。

（2）会根据大肠菌群 MPN 计数检验程序检测酿酒用水中大肠菌群的数量。

（3）会根据检验结果进行 MPN 查表书写报告。

（4）会正确书写检验报告，并判断其卫生性。

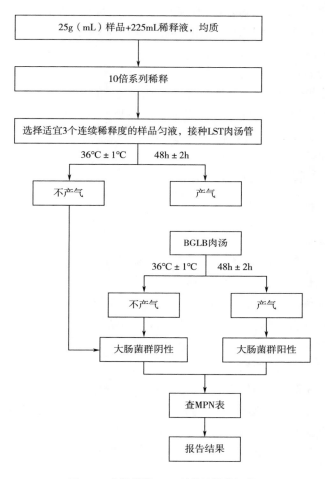

图 1-2 大肠菌群 MPN 计数法检验程序

（二）实训重点及难点

1. 实训重点

大肠菌群的 MPN 计数法检测。

2. 实训难点

MPN 表的查法。

（三）实训材料及设备

1. 实训材料

（1）pH 计或 pH 比色管或精密 pH 试纸。

（2）无菌培养基和试剂　月桂基硫酸盐胰蛋白胨肉汤（LST）、煌绿乳糖胆盐肉汤（BGLB）、无菌磷酸盐缓冲液、无菌生理盐水、1mol/L NaOH 溶液、1mol/L HCl 溶液。

2. 设施设备和材料

恒温培养箱、冰箱、恒温水浴箱、天平、均质器、振荡器、无菌吸管：1mL（具0.01mL刻度）、10mL（具0.1mL刻度）或微量移液器及吸头、无菌锥形瓶：容量500mL、无菌培养皿：直径90mm。

3. 其他用品

酒精灯、试管架、记号笔、洗耳球等。

（四）实训内容及步骤

1. 实训准备

（1）准备每组试验器材：月桂基硫酸盐胰蛋白胨肉汤（LST）、煌绿乳糖胆盐肉汤（BGLB）、无菌水各一套。

（2）高压蒸汽灭菌锅、已消毒灭菌的无菌操作室、超净工作台若干。

（3）准备每组一套：移液管、三角瓶、酒精灯、记号笔等。

2. 操作规程

操作步骤1：样品的稀释

（1）以无菌吸管吸取25mL样品置盛有225mL磷酸盐缓冲液或生理盐水的无菌锥形瓶（瓶内预置适当数量的无菌玻璃珠）或其他无菌容器中充分振摇或置于机械振荡器中振摇，充分混匀，制成1:10的样品匀液。

（2）样品匀液的pH应在6.5~7.5，必要时分别用1mol/L NaOH或1mol/L HCl调节。

（3）用1mL无菌吸管或微量移液器吸取1:10样品匀液1mL，沿管壁缓缓注入9mL磷酸盐缓冲液或生理盐水的无菌试管中（注意吸管或吸头尖端不要触及稀释液面），振摇试管或换用1支1mL无菌吸管反复吹打，使其混合均匀，制成1:100的样品匀液。

（4）根据对样品污染状况的估计，按上述操作，依次制成10倍递增系列稀释样品匀液。每递增稀释1次，换用1支1mL无菌吸管或吸头。从制备样品匀液至样品接种完毕，全过程不得超过15min。

标准与要求：

（1）熟知酿酒用水的种类。

（2）熟练对酿酒用水进行取样和稀释。

操作步骤2：初发酵试验

每个样品选择 3 个适宜的连续稀释度的样品匀液（液体样品可以选择原液），每个稀释度接种 3 管月桂基硫酸盐胰蛋白胨（LST）肉汤，每管接种 1mL（如接种量超过 1mL，则用双料 LST 肉汤），（36±1）℃培养（24±2）h，观察导管内是否有气泡产生，（24±2）h 产气者进行复发酵试验（证实试验），如未产气则继续培养至（48±2）h，产气者进行复发酵试验。未产气者为大肠菌群阴性。

标准与要求：

（1）按检验程序进行检测，并进行现象识别和记录。

（2）正确识别产气现象，并正确选择产气者进行复发酵试验。

操作步骤 3：复发酵试验（证实试验）

用接种环从产气的 LST 肉汤管中分别取培养物 1 环，移种于煌绿乳糖胆盐肉汤（BGLB）管中，（36±1）℃培养（48±2）h，观察产气情况。产气者，计为大肠菌群阳性管。

标准与要求：

（1）按检验程序进行检测，并进行现象识别和记录。

（2）正确识别产气现象，并正确选择产气者进行计算。

操作步骤 4：大肠菌群 MPN 的报告

按操作步骤 3 确证的大肠菌群 BGLB 阳性管数，检索 MPN 表（见下页），报告每 g（mL）样品中大肠菌群的 MPN 值。

标准与要求：

（1）正确查录大肠菌群数量。

（2）正确计算并报告。

五、实训考核方法

学生练习过程中进行分单项技能考核结合培养结果考核以及实验报告考核的方式进行项目考核，具体考核表和评分标准如下。

1. 实验结果

将结果填入下表。

稀释度	稀释度一			稀释度二			稀释度三		
初发酵产气结果									
复发酵产气结果									

2. 查 MPN 表

大肠菌群最可能数（MPN）检索表

阳性管数			MPN	95%可信限		阳性管数			MPN	95%可信限	
0.1	0.01	0.001		下限	上限	0.1	0.01	0.001		下限	上限
0	0	0	<3.0		9.5	2	2	0	21	4.5	42
0	0	1	3.0	0.15	9.6	2	2	1	28	8.7	94
0	1	0	3.0	0.15	11	2	2	2	35	8.7	94
0	1	1	6.1	1.2	18	2	3	0	29	8.7	94
0	2	0	6.2	1.2	18	2	3	1	36	8.7	94
0	3	0	9.4	3.6	38	3	0	0	23	4.6	94
1	0	0	3.6	0.17	18	3	0	1	38	8.7	110
1	0	1	7.2	1.3	18	3	0	2	64	17	180
1	0	2	11	3.6	38	3	1	0	43	9	180
1	1	0	7.4	1.3	20	3	1	1	75	17	200
1	2	0	11	3.6	42	3	1	3	160	40	420
1	2	1	15	4.5	42	3	2	0	93	18	420
1	3	0	16	4.5	42	3	2	1	150	37	420
2	0	0	9.2	1.4	38	3	2	2	210	40	430
2	0	1	14	3.6	42	3	2	3	290	90	1000
2	0	2	20	4.5	42	3	3	0	240	42	1000
2	1	0	15	3.7	42	3	3	1	460	90	2000
2	1	1	20	4.5	42	3	3	2	1100	180	4100
2	1	2	27	8.7	94	3	3	3	>1100	420	—

注 1：本表采用 3 个稀释度 0.1g（mL）、0.01g（mL）和 0.001g（mL），每个稀释度 3 管。

注 2：表内所列检样量如改用 1g（mL）、0.1g（mL）和 0.01g（mL）时，表内数字应相应降低 10 倍；如改用 0.01g（mL）、0.001g（mL）和 0.0001g（mL）时，表内数字应相应增高 10 倍，以此类推。

3. 实验报告单的书写

六、课外拓展任务

1. 说明在进行大肠菌群 MPN 法检测时应注意哪些事项。

2. 从理论上分析大肠菌群 MPN 法检测的可信性。

任务十四　酿酒用水中大肠菌群平板计数法

一、本任务在课程中的定位

本任务是酿酒微生物技术中的综合应用技术，按照国家食品检验工微生物实验操作技术而进行。本任务为培养学生通过平板计数法对酿酒用水中大肠菌群进行检测，并判断酿酒用水的卫生性，用于生产指导。

二、本任务与国家（或国际）标准的契合点

本任务是按照 GB 4789.3—2016《食品安全国家标准　食品微生物学检验　大肠菌群计数》进行的训练。

三、教学组织及运行

本实训任务按照学生书写检测方案、学生讲授方案、教师更正、教师演示、学生训练方式进行，通过训练过程考核检验教学效果。

四、实训内容及要求

（一）实训目标

1. 知识目标

（1）理解大肠菌群检测的基本原理　平板计数法：大肠菌群在固体培养基中发酵乳糖产酸，在指示剂的作用下形成可计数的红色或紫色，带有或不带有沉淀环的菌落。适用于大肠菌群含量较高的样品中大肠菌群的计数。

（2）掌握大肠菌群计数检测的基本程序（图1-3）。

（3）理解大肠菌群计数原理及报告书写。

2. 能力目标

（1）能读懂大肠菌群平板计数法的检验程序。

（2）会根据大肠菌群平板计数检验程序检测酿酒用水中大肠菌群的数量。

（3）会进行大肠菌群菌落计数及计算。

（4）会正确书写检验报告，并判断其卫生性。

（二）实训重点及难点

1. 实训重点

大肠菌群的平板计数法检测。

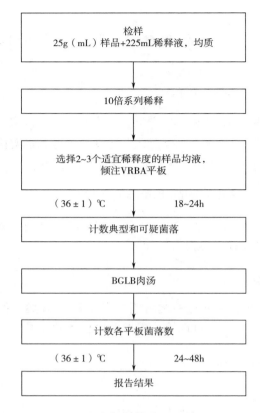

图1-3　大肠菌群平板计数法检验程序

2. 实训难点

大肠菌群平板计数及计算。

（三）实训材料及设备

1. 实训材料

（1）pH 计或 pH 比色管或精密 pH 试纸。

（2）无菌培养基和试剂　结晶紫中性红胆盐琼脂（VRBA）、煌绿乳糖胆盐肉汤（BGLB）、无菌磷酸盐缓冲液、无菌生理盐水、1mol/L NaOH 溶液、1mol/L HCl 溶液。

2. 设施设备和材料

恒温培养箱、冰箱、恒温水浴箱、天平、均质器、振荡器、无菌吸管：1mL（具 0.01mL 刻度）、10mL（具 0.1mL 刻度）或微量移液器及吸头、无菌锥形瓶：容量 500mL、无菌培养皿：直径 90mm。

3. 其他用品

酒精灯、试管架、记号笔、洗耳球等。

（四）实训内容及步骤

1. 实训准备

（1）准备每组试验器材：结晶紫中性红胆盐琼脂（VRBA）、煌绿乳糖胆盐肉汤（BGLB）、无菌水各一套。

（2）高压蒸汽灭菌锅、已消毒灭菌的无菌操作室、超净工作台若干。

（3）准备每组一套：移液管、三角瓶、酒精灯、记号笔等。

2. 操作规程

操作步骤1：样品的稀释

（1）以无菌吸管吸取25mL样品置于盛有225mL磷酸盐缓冲液或生理盐水的无菌锥形瓶（瓶内预置适当数量的无菌玻璃珠）或其他无菌容器中充分振摇或置于机械振荡器中振摇，充分混匀，制成1∶10的样品匀液。

（2）样品匀液的pH应在6.5~7.5，必要时分别用1mol/L NaOH或1mol/L HCl调节。

（3）用1mL无菌吸管或微量移液器吸取1∶10样品匀液1mL，沿管壁缓缓注入9mL磷酸盐缓冲液或生理盐水的无菌试管中（注意吸管或吸头尖端不要触及稀释液面），振摇试管或换用1支1mL无菌吸管反复吹打，使其混合均匀，制成1∶100的样品匀液。

（4）根据对样品污染状况的估计，按上述操作，依次制成10倍递增系列稀释样品匀液。每递增稀释1次，换用1支1mL无菌吸管或吸头。从制备样品匀液至样品接种完毕，全过程不得超过15min。

标准与要求：

（1）熟知酿酒用水的种类。

（2）熟练掌握酿酒用水进行取样和稀释操作。

操作步骤2：平板计数

（1）选取2~3个适宜的连续稀释度，每个稀释度接种2个无菌平皿，每皿1mL。同时取1mL生理盐水加入无菌平皿作空白对照。

（2）及时将15~20mL溶化并恒温至46℃的结晶紫中性红胆盐琼脂（VRBA）倾注于每个平皿中。小心旋转平皿，将培养基与样液充分混匀，待琼脂凝固后，再加3~4mL VRBA覆盖平板表层。翻转平板，置于（36±1）℃培养（18~24）h。

操作步骤3：平板菌落数的选择

选取菌落数在15~150CFU之间的平板，分别计数平板上出现的典型和可疑大肠菌群菌落（如菌落直径较典型菌落小）。典型菌落为紫红色，菌落周围有红色的胆盐沉淀环，菌落直径为 0.5mm 或更大，最低稀释度平板低于 15CFU 的记录具体菌落数。

标准与要求：

（1）会按检验程序进行检测并进行现象识别和记录。

（2）正确记录菌落数。

操作步骤 4：证实试验

从 VRBA 平板上挑取 10 个不同类型的典型和可疑菌落，少于 10 个菌落的挑取全部典型和可疑菌落。分别移种于 BGLB 肉汤管内，36±1℃培养 24～48h，观察产气情况。凡 BGLB 肉汤管产气，即可报告为大肠菌群阳性。

操作步骤 5：大肠菌群平板计数的报告

经最后证实为大肠菌群阳性的试管比例乘以操作步骤 3 中计数的平板菌落数，再乘以稀释倍数，即为每 g（mL）样品中大肠菌群数。例：10^{-4} 样品稀释液 1mL，在 VRBA 平板上有 100 个典型和可疑菌落，挑取其中 10 个接种 BGLB 肉汤管，证实有 6 个阳性管，则该样品的大肠菌群数：$100×6/10×10^4$ 个/g（mL）= $6.0×10^5$CFU/g（mL）。若所有稀释度（包括液体样品原液）平板均无菌落生长，则以小于 1 乘以最低稀释倍数计算。

标准与要求：

（1）会按检验程序进行检测并进行现象识别和记录。

（2）正确进行计算。

五、实训考核方法

学生练习过程中进行分单项技能考核结合培养结果考核以及实验报告考核的方式进行项目考核，具体考核表和评分标准如下。

1. 实验结果

将结果填入下表。

稀释度	稀释度一		稀释度二		稀释度三	
疑似大肠菌群平板菌落计数/个						
证实试验/支						

2. 计算并撰写实验报告

六、课外拓展任务

1. 分析平板计数法检测酿酒用水中大肠菌群的影响因素主要有哪些？

2. 思考在用平板计数法检测大肠菌群时计算的准确性。

七、知识链接

大肠菌群和大肠杆菌的区别

名称	定义	检测方法	检测意义
大肠菌群	是指具有某些特性的一组与粪便污染有关的细菌，即：需氧及兼性厌氧、在37℃能分解乳糖产酸产气的革兰阴性无芽孢杆菌。大肠菌群包含大肠杆菌、柠檬酸杆菌、产气克雷伯菌和阴沟肠杆菌等	MPN计数法或大平板计数法参见 GB 4789.3—2016《食品安全国家标准　食品微生物学检验　大肠菌群计数》	食品标准中一般只规定大肠菌群的含量限制，而对大肠杆菌没有限制。大肠菌群分布较广，在动物粪便和自然界广泛存在。粪便中多以典型大肠杆菌为主，而外界环境中则以大肠菌群其他型别较多。大肠菌群和大肠杆菌是评价卫生质量的重要指标，作为食品中的粪便污染指标。食品中检出大肠菌群，表明该食品有粪便污染，既可能有肠道致病菌存在，因而也就有可能通过污染的食品引起肠道传染病的流行。大肠菌群数的高低，表明了粪便污染的程度，也反映了对人体健康危害性的大小
大肠杆菌（大肠埃希菌）	也称大肠埃希菌，分类于肠杆菌科，归属于埃希菌属，属于细菌。大肠杆菌指革兰阴性无芽孢杆菌、乳糖发酵产酸产气、IMViC试验（靛基质、MR、V-P、柠檬酸盐试验），它分布在自然界中大多数是不致病菌，主要附生在人或动物的肠道里，为正常菌群，少数的大肠杆菌具有毒性，可引起疾病	平板计数法 GB 4789.38—2012《食品安全国家标准　食品微生物学检验　大肠埃希氏菌计数》	

项目二　白酒分析与检测技术实训

（一）总体目标

白酒分析与检测是白酒生产和安全不可缺少的重要组成部分。本项目以白酒生产过程为主线，详细介绍了白酒分析基本能力训练，白酒生产中原料、曲、糟醅、窖泥以及成品酒的分析检验所需仪器、原理、方法、步骤、技能要点及操作中的注意事项。按照白酒行业对白酒分析与检测职业岗位的任职要求，参照国家白酒分析与检测工职业标准对知识和技能进行重构，构建项目化训练内容，为学生参加品酒师、白酒酿造工、食品检测工等职业资格鉴定起重要支撑作用。通过学习培养学生具有：秉公守法、大公无私；客观准确、科学评判；严谨认真、实事求是；联系实际、勇于创新的精神，使学生形成良好的职业素养。

（二）能力目标

通过项目训练，使学生具备以下能力。

1. 能对白酒原辅材料和大曲进行分析与检测。
2. 能进行窖泥成分分析与检测。
3. 能对糟醅进行分析与检测。
4. 能对白酒中微量成分进行分析与检测。
5. 会进行酸碱滴定操作。
6. 会使用电子天平、干燥箱和干燥器。
7. 会进行水浴加热、定容、过滤操作。
8. 会正确使用分光光度计。
9. 会正确使用气相色谱仪。
10. 会绘制标准曲线。

11. 会进行谱图分析。

（三）知识目标

1. 理解生产原料成分的分析方法及基本原理。
2. 掌握白酒原辅料的取样及样品制备方法。
3. 理解白酒原辅料的质量判别方法。
4. 掌握曲坯的理化检测和要求。
5. 掌握酸碱滴定法、酶活力测定法的基本原理、分析方法和结果计算。
6. 掌握分光光度计使用的基本原理，定量分析操作方法。
7. 掌握窖泥土样各成分测定的基本原理和操作方法。
8. 掌握糟醅中水分、酸度、淀粉含量测定的原理、操作步骤和计算方法。
9. 掌握白酒样中微量成分测定的原理和操作方法。
10. 掌握气相色谱仪的基本原理和操作规程。

（四）素质目标

通过该课程的学习培养学生具有：
1. 具有理论联系实际、严谨认真、实事求是的科学态度。
2. 具备分析问题、解决问题的能力。
3. 培养良好的职业道德和正确的思维方式。
4. 培养创新意识和解决实际问题的能力。
5. 树立责任意识、安全意识、环保意识。
6. 培养学生继续学习、善于从生产实践中学习的态度和创新精神。

任务一　白酒原料中水分的测定

一、本任务在课程中的定位

本任务是白酒分析与检测训练中的基础训练项目，按照国家白酒分析与检测专业职业教育培养要求，进行白酒原材料分析——水分的测定任务训练。通过此项训练，培养学生熟悉白酒原辅材料样品的处理，掌握水分测定的基本原理和操作方法，掌握数据处理方法并进行误差分析。

二、本任务与国家（或国际）标准的契合点

本任务是按照食品检验工国家职业资格标准进行的训练。

三、教学组织及运行

本实训任务按照教师讲解、教师演示、学生训练方式进行，最后通过专项实训考核检验教学效果。

四、实训内容及要求

（一）实训目标

1. 知识目标
（1）熟悉小麦等原料水分测定的基本原理和操作方法。
（2）掌握干燥箱的应用和干燥终点的判定方法。
2. 能力目标
（1）熟悉酿酒原料中水分含量采用直接干燥法的测定操作。
（2）掌握电子天平、干燥箱和干燥器等的操作技巧。

（二）实训重点及难点

1. 实训重点
电子天平固定称样法、烘箱的使用方法、干燥器的使用方法、常用样品的水分测定法。
2. 实训难点
样品的正确称量、样品的处理。

（三）实训材料及设备

1. 实训材料
小麦等粮食原料。
2. 实训设备
实验室专用粉碎机40目标准筛、电热恒温干燥箱、分析天平（感量0.001g）、干燥器、备有变色硅胶、铝盒或者玻璃扁形称量瓶（内径4.5cm、高2.0cm）。

（四）实训内容及步骤

1. 生产准备
（1）试样的制备　将用于检验的试样用实验室专用粉碎机反复粉碎并过40目标准筛，最后将少量未能通过筛孔的残物合并于过筛的试样中混合备用，数量应不少于150g，细粉含量达到85%~90%。
（2）定温　使烘箱中温度计的水银球距离烘网2.5cm左右，调节烘箱温度在（105±2）℃。

2. 操作规程

操作步骤 1：烘干

标准与要求：

（1）取干净的空铝盒烘 30min~1h 取出，置于干燥器内冷却至室温，取出称重，再烘 30min。

（2）烘至前后两次质量不超过 0.005g，即为恒重，空铝盒 m_1。

操作步骤 2：称取试样

标准与要求：

（1）用烘至恒重的铝盒 m_3。

（2）称取试样约 2~10g。

操作步骤 3：烘干试样

标准与要求：

（1）在 105℃ 温度下烘 3h 后取出铝盒。

（2）加盖，置于干燥器内冷却至室温，取出称重后，再在 105℃ 温度下烘 3h。

（3）每隔 30min 取出冷却称重一次，烘至前后两次质量不超过 0.005g 为止。

（4）如后一次质量高于前一次质量，以前一次质量计算 m_2。

五、实训考核方法

学生练习完后采用盲评的方式进行项目考核，具体考核表和评分标准如下。

白酒原料分析——水分的测定考核表

两次测定 结果差					
得分					

评分标准：满分 20 分；两次测定结果允许差不超过 0.2%；两次测定结果差超过 0.2% 为不得分；两次测定结果差不超过 0.05%，得 20 分；两次测定结果差在 0.05%~0.2%，得 15 分。

六、课外拓展任务

选用高粱、玉米、豌豆、稻谷等物质，按照本任务进行水分的测定，熟悉水分测定的基本原理和操作方法。

七、知识链接

称量方法

电子天平，用于称量物体质量。电子天平一般采用应变式传感器、电容式传感器、电磁平衡式传感器。应变式传感器，结构简单、造价低，但精度有限。其特点是称量准确可靠、显示快速清晰并且具有自动检测系统、简便的自动校准装置以及超载保护等装置。常用的称量方法有直接称量法、固定质量称量法和递减称量法，现分别介绍如下。

1. 直接称量法

此法是将称量物直接放在天平盘上直接称量物体的质量。例如，称量小烧杯的质量，容量器皿校正中称量某容量瓶的质量，质量分析实验中称量某坩埚的质量等，都使用这种称量法。

2. 固定质量称量法

此法又称增量法，此法用于称量某一固定质量的试剂（如基准物质）或试样。这种称量操作的速度很慢，适于称量不易吸潮、在空气中能稳定存在的粉末状或小颗粒（最小颗粒应小于0.1mg，以便容易调节其质量）样品。

固定质量称量法如下图所示。注意：若不慎加入试剂超过指定质量，应先关闭升降旋钮，然后用牛角匙取出多余试剂。重复上述操作，直至试剂质量符合指定要求为止。严格要求时，取出的多余试剂应弃去，不要放回原试剂瓶中。操作时不能将试剂散落于天平盘等容器以外的地方，称好的试剂必须定量地由表面皿等容器直接转入接受容器，此谓"定量转移"。

固定质量称量法　　　　　　　　　　　　　递减称量法

3. 递减称量法

此法又称减量法，此法用于称量一定质量范围的样品或试剂。在称量过程中样品易吸水、易氧化或易与 CO_2 等反应时，可选择此法。由于称取试样的质量是由两次称量之差求得，故也称差减法。

　　称量步骤如下：从干燥器中用纸带（或纸片）夹住称量瓶后取出称量瓶（注意：不要让手指直接触及称瓶和瓶盖），用纸片夹住称量瓶盖柄，打开瓶盖，用牛角匙加入适量试样（一般为一份试样量的整数倍），盖上瓶盖。称出称量瓶加试样后的准确质量。将称量瓶从天平上取出，在接收容器的上方倾斜瓶身，用称量瓶盖轻敲瓶口上部使试样慢慢落入容器中，瓶盖始终不要离开接收器上方。当倾出的试样接近所需量（可从体积上估计或试重得知）时，一边继续用瓶盖轻敲瓶口，一边逐渐将瓶身竖直，使黏附在瓶口上的试样落回称量瓶，然后盖好瓶盖，准确称其质量。两次质量之差，即为试样的质量。按上述方法连续递减，可称量多份试样。有时一次很难得到合乎质量范围要求的试样，可重复上述称量操作 1~2 次。

任务二　白酒原料中淀粉含量的测定

一、本任务在课程中的定位

　　本任务是白酒分析与检测训练中的基础训练项目，按照国家白酒分析与检测专业职业教育培养要求，进行白酒原材料分析——淀粉含量测定任务训练。通过此项训练，培养学生理解酸水解法测定淀粉的原理及操作要点，掌握酸水解法测定淀粉的基本操作技能，掌握碱性酒石酸铜的配制方法和葡萄糖标准曲线的标定，熟悉研钵、分析天平、水浴锅、移液管、容量瓶及过滤装置的操作。

二、本任务与国家（或国际）标准的契合点

　　本任务是按照食品检验工国家职业资格标准进行的训练。

三、教学组织及运行

　　本实训任务按照教师讲解、教师演示、学生训练方式进行，最后通过专项实训考核检验教学效果。

四、实训内容及要求

（一）实训目标

1. 知识目标
理解酸水解法测定淀粉的原理及操作要点。

2．能力目标

（1）掌握酸水解法测定淀粉的基本操作技能。

（2）掌握碱性酒石酸铜的配制方法和葡萄糖标准曲线的标定。

（3）熟悉研钵、分析天平、水浴锅、移液管、容量瓶及过滤装置的操作。

（二）实训重点及难点

1．实训重点

白酒原辅材料分析——淀粉含量的测定。

2．实训难点

（1）原料的处理和其中脂肪、可溶性还原糖的除去。

（2）碱性酒石酸铜的配制方法和葡萄糖标准曲线的标定。

（3）研钵、分析天平、水浴锅、移液管、容量瓶及过滤装置的操作使用。

（三）实训材料及设备

1．实训材料

第一组：酿酒原料、0.2g/100mL标准葡萄糖液。

第二组：次甲基蓝指示剂、斐林试剂、2g/100mL盐酸溶液、20%氢氧化钠溶液。

第三组：碱性酒石酸铜甲液、碱性酒石酸铜乙液。

2．实训设备

①电热恒温干燥箱；②干燥器，备有变色硅胶；③分析天平（感量0.001g）；④电热恒温水浴锅；⑤滴定管；⑥回流冷却器或1m左右的长玻璃管；⑦吸管。

（四）实训内容及步骤

1．生产准备

（1）准备0.2g/100mL标准葡萄糖液（准确称取于100~105℃烘2h、在干燥器中冷却的无水葡萄糖约2g，精确至0.0002g；由于葡萄糖易吸水，故应该用减量法快速称量。用水溶解，加入5mL浓盐酸，定容至1L）。

（2）准备次甲基蓝指示剂（称取1g次甲基蓝于100mL蒸馏水中加热溶解后，储于棕色滴瓶中备用）。

（3）准备碱性酒石酸铜甲液（称取纯度99%硫酸铜$CuSO_4 \cdot 5H_2O$ 69.3g溶于水，并稀释至1L）、乙液（称取酒石酸钾钠346g，氢氧化钠100g，溶于水，稀释至1L）。

（4）准备碱性酒石酸铜乙液（称取酒石酸钾钠346g，氢氧化钠100g，溶于水，稀释至 1L）。

（5）准备 2g/100mL 盐酸溶液［量取浓盐酸（相对密度 1.19）4.5mL，用水稀释至 100mL］。

（6）准备 20%氢氧化钠溶液（称取 200g 氢氧化钠溶于 1L 水中）。

2. 操作规程

操作步骤 1：样品处理

标准与要求：

（1）准确称取已粉碎好的试样，精确到 0.001g。

（2）除去样品中脂肪　用乙醚提取脂肪，用滤纸过滤除去乙醚，再用乙醚淋洗漏斗中残留物两次，弃去乙醚。

（3）除去可溶性糖类物质　用 85%乙醇溶液 5 次洗涤残渣，除去可溶性糖类物质，再滤干乙醇溶液。

（4）酸水解　沸水浴中回流 2h 后，立即置于流水中冷却待样品水解液冷却后，加入 2 滴甲基红指示液，先以氢氧化钠溶液（400g/L）调至黄色，再以盐酸（1+1）校正至水解液刚变红色为宜。

（5）除铅。

操作步骤 2：标定碱性酒石酸铜溶液

标准与要求：

（1）控制在 2min 内加热至沸。

（2）趁沸以每两秒 1 滴的速度继续滴加葡萄糖或其他还原糖标准溶液。

（3）注意溶液蓝色刚好褪去为滴定终点。

操作步骤 3：样品溶液测定

标准与要求：

（1）准确量取液体体积。

（2）2min 内溶液加热至沸。

项目名称		原料中淀粉含量测定	样品名称	大米中淀粉含量的测定
接样日期			检测日期	
检验依据		GB/T 5009.9—2008 第二法		
锥形瓶标记（标定）		第一份	第二份	第三份
标定	$V_{0初}$			
	$V_{0终}$			
	V_0			

续表

10mL 酒石酸铜溶液相当于葡萄糖的量 $A_1 = \rho_0 \times V_0$			
酒石酸铜溶液当量平均值 A_1			
样品质量 m			
锥形瓶标记（正式滴定）	第一份	第二份	第三份
正式滴定 $V_初$			
正式滴定 $V_终$			
正式滴定 V			
计算公式	$X = \dfrac{(A_1 - A_2) \times 0.9}{m \times \dfrac{V}{500} \times 1000} \times 100$		
样品中淀粉含量（g/100g）			
平均值（g/100g）			
标准规定分析结果的精密度	在重复性条件下获得的两次独立测定结果的绝对差值不得超过 10%。		
本次试验分析结果的精密度			

（3）以每两秒 1 滴的速度滴定，直至蓝色刚好褪去为终点。

五、实训考核方法

学生练习完后采用盲评的方式进行项目考核，具体考核表和评分标准如下。

白酒原料分析——淀粉含量测定考核表

	平行第 1 次	平行第 2 次	平行第 3 次	平均值
结果				
得分				

评分标准：满分 20 分；平行样结果允许差不超过 0.2%；两次测定结果差超过 0.2% 为不得分；两次测定结果差不超过 0.05%，得 20 分；两次测定结果差在 0.05%~0.2%，得 15 分。最后取 3 个平行样得分的平均值。

六、课外拓展任务

选用小麦、高粱、玉米、豌豆、稻谷等物质，按照本任务进行淀粉含量的测定，熟悉水解法测定淀粉的原理及操作要点，掌握碱性酒石酸铜的配制方法和葡萄糖标准曲线的标定，熟悉研钵、分析天平、水浴锅、移液管、容量瓶及过滤装置的操作。

七、知识链接

斐林试剂法测定的是一类具有还原性质的糖，包括葡萄糖、果糖、乳糖、麦芽糖等，只是结果用葡萄糖或其他转化糖的方式表示，所以不能误解为还原糖等于葡萄糖或其他糖。但如果已知样品中只含有某一种糖，如乳制品中的乳糖，则可以认为还原糖等于某糖。分别用葡萄糖、果糖、乳糖、麦芽糖标准品配制标准溶液，分别滴定等量已标定的斐林溶液，所消耗标准溶液的体积有所不同。证明即便同是还原糖，在物化性质上仍有所差别，所以还原糖的结果只是反映样品整体情况，并不完全等于各还原糖含量之和。如果已知样品只含有某种还原糖，则应以该还原糖作标准品，结果为该还原糖的含量。如果样品中还原糖的成分未知，或为多种还原糖的混合物，则以某种还原糖作标准品，结果以该还原糖计，但不代表该糖的真实含量。

任务三　白酒原料中单宁含量的测定

一、本任务在课程中的定位

本任务是白酒分析与检测训练中的基础训练项目，按照国家白酒分析与检测专业职业教育培养要求，进行白酒原材料分析——单宁含量测定任务训练。通过此项训练，培养学生通过此项训练理解单宁的测量原理，掌握标准液的配制方法，熟悉分析天平、水浴锅、移液管、容量瓶和分光光度计的操作。

二、本任务与国家（或国际）标准的契合点

本任务是按照食品检验工国家职业资格标准进行的训练。

三、教学组织及运行

本实训任务按照教师讲解、教师演示、学生训练方式进行，最后通过专项实训考核检验教学效果。

四、实训内容及要求

（一）实训目标

1. 知识目标

（1）能掌握白酒生产原料的取样及样品制备方法。

（2）掌握生产原料成分的分析方法及基本原理。

2. 能力目标

会检测高粱及其他谷物原料中的单宁的含量。

（二）实训重点及难点

1. 实训重点

高粱及其他谷物原料中的单宁的含量的测定。

2. 实训难点

（1）白酒原材料分析——单宁含量测定的目的原理和方法。

（2）分光光度计正确使用。

（三）实训材料及设备

1. 实训材料

第一组：白酒原辅材料、蒸馏水、单宁酸标准溶液。

第二组：8.0g/L 氨溶液、75%（体积分数）二甲基甲酰胺溶液、3.5g/L 柠檬酸铁铵溶液。

2. 实训设备

分光光度计、试管、分析天平（感量 0.001g）、三角瓶、振荡机、移液管、容量瓶。

（四）实训内容及步骤

1. 生产准备

（1）准备单宁酸标准溶液　2.5g 单宁酸溶于水中，定容至 1000mL。该溶液避光、低温保存，一周内稳定。单宁酸标准来源不同，对测定结果有影响。因此，推荐使用分子质量为 1701.25 的单宁酸作为标准品，并且配制 0.3mg/mL 的单宁酸标准溶液，按下页操作步骤 2 测得吸光度值应在 0.45～0.55 范围之内。

（2）准备 8.0g/L 氨溶液　取浓氨水（25%～28%）3.6mL，定容至 100mL。

（3）准备 75%（体积分数）二甲基甲酰胺溶液　取 75mL 二甲基甲酰胺，加水约 20mL，混匀，放至室温，然后定容至 100mL。

（4）准备 3.5g/L 柠檬酸铁铵溶液　柠檬酸铁铵试剂铁的含量在 17%～20%（质量分数）之间；3.5g/L 溶液，使用前 24h 配制。

（5）准备试样　按 GB 5491—1985 取样。样品弃去杂质，用机械粉碎机粉碎，并全部通过 1.0mm 孔径的筛子，充分混匀。粉碎的高粱试样在避光、干燥的条件下最多保存几天。因此，试样粉碎后应尽快测定。

2. 操作规程

操作步骤 1：水分测定

标准与要求：按 GB 5009：3—2016《食品安全国家标准　食品中水分的测定》

操作步骤 2：绘制标准曲线

（1）用移液管准确吸取 0，1.0，2.0，3.0，4.0，5.0mL 单宁酸标准溶液，分别置于 6 个 25mL 容量瓶中，用 75% 二甲基甲酰胺溶液稀释至刻度（标准溶液系列分别相当于 0，0.1，0.2，0.3，0.4，0.5mg/mL 的单宁酸含量）。

（2）用移液管分别吸取以上单宁酸标准溶液系列 1.0mL，置于 6 只试管中，各准确加入 5.0mL 水和 1.0mL 柠檬酸铁铵溶液，振荡均匀，再各加 1.0mL 氨溶液，充分振荡均匀、静置。自加氨水 10min 后，以水作空白，用分光光度计在 525nm 波长处测定吸光度值。

（3）以吸光度值作纵坐标，单宁酸标准溶液系列中单宁酸含量（mg/mL）作横坐标，绘制标准曲线。

标准与要求：

（1）正确使用移液管，读数准确。

（2）准确绘制标准曲线。

操作步骤 3：单宁的提取

标准与要求：

（1）准确称取试样，精确至 0.0001g。

（2）准确加入 50mL 75% 二甲基甲酰胺溶液，加塞子密封，于振荡机上振荡 60min。

（3）用双层滤纸过滤。

操作步骤 4：测定

（1）用移液管吸取提取液 1.0mL，置于试管中，用移液管移加 6.0mL 水和 1.0mL 氨溶液，振荡均匀、静置。自加氨水 10min 后，以水作空白，用分光光度计在 525nm 波长处测定吸光度值。

（2）用移液管吸取提取液 1.0mL，置于试管中，用移液管移加 5.0mL 水和 1.0mL 柠檬酸铁铵溶液，振荡均匀，再加 1.0mL 氨溶液，充分振荡均匀、静置。自加氨水 10min 后，以水作空白，用分光光度计在 525nm 波长处测定吸光度值。

结果为两次测定吸光度值之差。

操作步骤 5：结果计算

高粱单宁含量以干基中单宁酸质量的百分数来表示，按下式计算：

$$单宁（\%）=(5 \times c/m) \times [100/(100-H)]$$

式中　c——试样提取液测定结果，从标准曲线上查得相当的单宁酸含量，mg/mL

　　　m——试样质量，g

　　　H——试样的水分含量,%

标准与要求：

（1）准确量取液体体积。

（2）振荡均匀、静置。

（3）由同一操作者同时或连续两次测定结果的允许误差不超过 0.1%，取两次测定的平均值作为测定结果（保留小数点后第二位）。

五、实训考核方法

学生练习完后采用盲评的方式进行项目考核，具体考核表和评分标准如下。

白酒原材料分析——单宁含量测定考核表

两次测定结果差					
得分					

评分标准：满分 20 分；两次测定结果允许差不超过 0.1%；两次测定结果差超过 0.1% 为不得分；两次测定结果差不超过 0.05%，得 20 分；两次测定结果差在 0.05%~0.1%，得 15 分。

六、课外拓展任务

选用小麦、玉米、豌豆、稻谷等物质，按照本任务进行淀粉含量的测定，熟悉水解法测定淀粉的原理及操作要点，掌握碱性酒石酸铜的配制方法和葡萄糖标准曲线的标定，熟悉研钵、分析天平、水浴锅、移液管、容量瓶及过滤装置的操作。

七、知识链接

单宁是一种天然的酚类物质，存在于自然界中的很多植物中，如葡萄、茶叶、树叶和橡木。单宁有涩味和收敛性，遇铁生成黑色沉淀，并有凝固蛋白质的能力，阻碍酒醅进行糖化和发酵。当单宁含量较多时，会使淀粉酶钝化，出现酒醅发黏、酒体带有苦涩味的现象，以至于降低产量，微量单宁有抑制杂菌的作用，不仅发酵效率高，经蒸煮和发酵后，还能分解出芳香物质——丁香酸，组成白酒的香味成分。

实验原理：用二甲基甲酰胺溶液振荡提取高粱中单宁。过滤后取滤液，在氨存在的条件下，与柠檬酸铁铵形成一种棕色络合物，用分光光度计在525nm波长处测定其吸光度值，与标准系列比较定量。

任务四　大曲中水分及挥发物质的测定

一、本任务在课程中的定位

本任务是白酒分析与检测训练中的基础训练项目，按照国家白酒分析与检测专业职业教育培养要求，进行大曲和小曲水分及挥发物质分析任务训练。通过此项训练，培养学生熟悉酒曲水分测定的原理，掌握烘箱使用、称量瓶洗涤、称重的基本操作技能。

二、本任务与国家（或国际）标准的契合点

本任务是按照食品检验工国家职业资格标准进行的训练。

三、教学组织及运行

本实训任务按照教师讲解、教师演示、学生训练方式进行，最后通过专项实训考核检验教学效果。

四、实训内容及要求

（一）实训目标

1. 知识目标
（1）能掌握曲坯的理化检测和要求。
（2）掌握曲中水分及挥发物的检测原理和方法。
2. 能力目标
（1）会检测曲坯中的水分含量。
（2）会检测成品曲的水分及挥发物质。

（二）实训重点及难点

1. 实训重点
样品的称量、烘箱使用、称量瓶洗涤操作技能。
2. 实训难点
曲水分和挥发物的计算。

（三）实训材料及设备

1. 实训材料

以浓香型或酱香型大曲（二者选一）为原料，测定样品中水分含量，各 3 个平行样（即 4 个样品）。

2. 实训设备

恒温烘箱、分析天平（0.1mg）、称量瓶、干燥箱、药匙。

（四）实训内容及步骤

1. 生产准备（或实训准备）

取称量瓶洗净、烘干、冷却。

2. 操作规程

操作步骤 1：称量瓶（m_0）

标准与要求：取称量瓶洗净、烘干、冷却、准确称重。

操作步骤 2：称样品（m_1）

标准与要求：已称重的称量瓶中放入约 5g 试样，准确称重。

操作步骤 3：称烘干的样品（m_2）

标准与要求：

（1）将电烘箱调节至 105℃，恒温后放入式样烘 3h。

（2）取出，冷却至常温，准确称重（m_2），直至恒重。

五、实训考核方法

学生练习完后采用盲评的方式进行项目考核，具体考核表和评分标准如下。

大曲和小曲水分及挥发物质分析考核表

两次测定结果差	平行第 1 次	平行第 2 次	平行第 3 次	3 个平行样得分平均值
得分				

评分标准：满分 20 分；平行样结果允许差不超过 0.2%；两次测定结果差超过 0.2% 为不得分；两次测定结果差不超过 0.05%，得 20 分；两次测定结果差在 0.05%~0.2%，得 15 分。最后取 3 个平行样得分的平均值。

六、课外拓展任务

以浓香型或酱香型大曲（二者选一）为原料，按照本任务进行曲中水分及挥发物质分析的测定，熟悉酒曲中水分测定的原理，掌握烘箱使用、称量瓶洗涤、称重的基本操作技能。

七、知识链接

大曲和小曲的概念和作用：大曲和小曲是以不同原料、不同培养条件、不同曲块形状及不同微生物种类和数量制成的生产白酒的糖化发酵剂。在自然条件下的培养过程中，各种曲坯微生物在曲坯上生长繁殖，分泌出的酶类使曲子具有液化力、糖化力、蛋白质分解力和发酵力等，并形成各种代谢物，对白酒风味、质量起重要作用。

制曲过程中水分控制的重要性：水分在制曲过程中与菌的生长和酶的生成密切相关，成品曲尤为重要，一般为 12%～13%。严格控制成品曲的水分含量，有利于保证曲子在白酒生产过程中的最优作用效果。

任务五　大曲酸度的测定

一、本任务在课程中的定位

本任务是白酒分析与检测训练中的基础训练项目，按照国家白酒分析与检测专业职业教育培养要求，进行大曲和小曲酸度的分析任务训练。通过此项训练，培养学生熟悉酸度测定原理、氢氧化钠标液配制的原理，掌握酒曲样品的预处理、邻苯二甲酸氢钾及氢氧化钠溶液的配制及滴定等基本操作技能。

二、本任务与国家（或国际）标准的契合点

本任务是按照食品检验工国家职业资格标准进行的训练。

三、教学组织及运行

本实训任务按照教师讲解、教师演示、学生训练方式进行，最后通过专项实训考核检验教学效果。

四、实训内容及要求

（一）实训目标

1. 知识目标

（1）能掌握曲坯的理化检测和要求。

（2）掌握成品曲酸度的检测原理和方法。

2. 能力目标

会检测成品曲的酸度。

（二）实训重点及难点

1. 实训重点

成品曲酸度的检测。

2. 实训难点

（1）成品曲酸度的测定。

（2）滴定操作的控制。

（3）pH 计的使用。

（三）实训材料及设备

1. 实训材料

第一组：试样、蒸馏水。

第二组：氢氧化钠标准溶液、酚酞指示剂。

2. 实训设备

分析天平、250mL 烧杯、250mL 三角瓶、100mL 量筒、110mL 吸管、50mL 碱式滴定管、50mL 量筒、漏斗、电烘箱、1000mL 容量瓶、纱布、玻璃棒、滴瓶、1000mL 量筒。

（四）实训内容及步骤

1. 生产准备

（1）准备 0.1mol/L 的氢氧化钠标准溶液并标定　准确称取邻苯二甲酸氢钾（预先于 105℃烘 2h）0.5～0.6g（准确至 0.0001g）于 250mL 锥形瓶中，各加 50mL 煮沸后刚刚冷却的水使之溶解，再滴加 2 滴酚酞指示剂，用 NaOH 溶液滴定至微红色（30s 不消失）。要求 3 份标定的相对平均偏差应小于 0.2%。

（2）准备 1% 酚酞指示剂　称取酚酞 1g，溶于 100mL 75% 乙醇中。

2. 操作规程

操作步骤 1：试样处理

标准与要求：

（1）准确称量。

（2）准确量取液体体积。

（3）室温下浸泡 30min，过滤前搅拌。

操作步骤 2：滴定

标准与要求：

（1）测定过程中指示剂的变化，酚酞由无色变为微红 10s 不褪色时停止。

（2）3 个平行样。

五、实训考核方法

大曲酸度的测定分析考核表

两次测定 结果差	平行第 1 次	平行第 2 次	平行第 3 次	3 个平行样得分 平均值
得分				

评分标准：满分 20 分；平行样结果允许差不超过 0.2%；两次测定结果差超过 0.2% 为不得分；两次测定结果差不超过 0.05%，得 20 分；两次测定结果差在 0.05%～0.2%，得 15 分。最后取 3 个平行样得分的平均值。

六、课外拓展任务

选用小曲等物质，按照本任务进行酸度的测定，熟悉酸度测定原理、氢氧化钠标液配制的原理，掌握酒曲样品的预处理、邻苯二甲酸氢钾及氢氧化钠溶液的配制及滴定等基本操作技能。

七、知识链接

（一）几个相关概念

1. 总酸度

总酸度是指食品中所有酸性成分的总量。它包括未解离的酸和已解离的酸的浓度，是采用强碱滴定的方法来测定的，所以总酸度又称"可滴定酸度"。

2. 有效酸度

有效酸度是指被测液态食品中 H^+ 的浓度。指已解离的部分酸的浓度，采用酸度计（pH 计）来测定。

3. 挥发酸

挥发酸是指食品中能挥发的有机酸。主要是低碳链的脂肪酸。

4. 牛乳酸度

牛乳酸度指外表酸度与真实酸度之和，可用碱滴定测定。

外表酸度（固有酸度）：指新鲜牛乳本身所具有的酸度，为 0.15%～0.18%（以乳酸汁），它是由酪蛋白、白蛋白、柠檬酸盐、磷酸盐等酸性成分引起的。

真实酸度（发酵酸度）：在牛乳放量过程中，由于乳酸菌的作用使乳糖发酵产生的乳酸引起的。

若牛乳酸度在 0.18%～0.20%，说明该牛乳受到了影响；若大于 0.20%，说明该牛乳为不新鲜牛乳。

（二）测定酸度的意义

1. 对食品的调色具有指导作用

食品的色调由色素决定。色素所形成的色调与酸度密切相关，色素会在不同的酸度条件下发生变色反应，只有测定出酸度才能有效地调控食品的色调。如叶绿素在酸性下会变成黄褐色的脱镁叶绿素。

2. 对食品的口味的调控作用

食品的口味取决于食品中糖、酸的种类、含量及其比例，酸度降低则甜味增加；酸度增高则甜味减弱。调控好适宜的酸味和甜味才能使食品具有各自独特的口味和风味。

3. 对食品稳定性的控制作用

酸度的高低对食品的稳定性有一定影响。如降低 pH，能减弱微生物的抗热性和抑制其生长，pH 是果蔬罐头杀菌条件控制的主要依据；控制 pH 可抑制水果劣变；有机酸可以提高维生素 C 的稳定性，防止其氧化。所以酸度的测定可作为一种控制食品的稳定性的依据。

4. 测定酸度和酸的成分可以判断食品的好坏

（1）发酵制品中若有甲酸积累，说明发生了细菌性腐败。

（2）油脂常是中性的，不含游离脂肪酸。若测出含有游离脂肪酸，说明发生了油脂酸败。

（3）若肉的 pH>6.7，说明肉已变质。

5. 测定酸度可判断果蔬的成熟度

果蔬有机酸含量下降，糖含量增加，糖酸比增大，成熟度提高。故测定酸度可判断某些果蔬的成熟度，对于确定果蔬收获期及加工工艺条件很有意义。

（三）总酸度的测定

原理：食品中有机酸用强碱滴定时，被中和生成盐类，根据强碱的消耗量计算食品中总酸的含量。

滴定反应：$RCOOH + NaOH \rightarrow RCOONa + H_2O$

指示剂：酚酞指示反应：酚酞→酚酞中间体→酚酞

       （无色） （红色）

滴定终点：无色→粉红色（30s 不褪）

任务六　大曲中灰分的测定

一、本任务在课程中的定位

本任务是白酒分析与检测训练中的基础训练项目，按照国家白酒分析与检测专业职业教育培养要求，进行曲中灰分的测定的分析任务训练。通过此项训练，培养学生熟悉灰分测定的原理及步骤，掌握高温炉、分析天平、干燥器的使用等操作。

二、本任务与国家（或国际）标准的契合点

本任务是按照食品检验工国家职业资格标准进行的训练。

三、教学组织及运行

本实训任务按照教师讲解、教师演示、学生训练方式进行，最后通过专项实训考核检验教学效果。

四、实训内容及要求

（一）实训目标

1. 知识目标
（1）能掌握曲坯的理化检测和要求。
（2）掌握成品曲中灰分的检测原理和方法。
2. 能力目标
会检测成品曲中灰分。

（二）实训重点及难点

1. 实训重点
曲中灰分测定的方法。
2. 实训难点
（1）曲中灰分的测定。
（2）高温炉、分析天平的使用。

（三）实训材料及设备

1. 实训材料

白酒半成品。

2. 实训设备

高温炉、分析天平、瓷坩埚、坩埚钳、干燥器。

（四）实训内容及步骤

1. 生产准备（或实训准备）

（1）准备瓷坩埚（灰化容器）　取大量适宜的瓷坩埚置于高温炉中，在600℃下灼烧0.5h，冷至200℃以下后取出，放入干燥器中冷至室温，精密称量，并重复灼烧至恒量。

（2）样品的处理　对于各种样品应取多少克应根据样品种类而定，另外对于一些不能直接烘干的样品首先进行预处理才能烘干。

（3）加入2~3g固体粉末样品，精密称量　固体或蒸干后的样品，先以小火加热使样品充分炭化至无烟，然后置于高温炉中，在525~575℃灼烧至无炭粒，即灰化完全。冷至200℃以下后取出放入干燥器中冷却至室温，称量。重复灼烧至前后两次称量相差不超过0.5mg为恒量。

2. 操作规程

操作步骤1：

（1）准备瓷坩埚。

（2）600℃下在高温炉中灼烧0.5h，冷至200℃以下后取出。

（3）在干燥器中冷至室温。

标准与要求：精密称量，重复灼烧至恒量。

操作步骤2：样品的处理

标准与要求：

（1）准确称量适量的样品。

（2）对一些不能直接烘干的样品首先进行预处理才能烘干。

操作步骤3：灰化、称量

标准与要求：

（1）固体或蒸干后的样品，小火加热使样品充分炭化至无烟。

（2）炭化后的样品置于高温炉中，在525~575℃灼烧至无炭粒，即灰化完全。

（3）称量前，灰化完全后的样品冷至200℃以下后取出放入干燥器中冷却至室温。

（4）准确称量。

（5）重复灼烧至恒量，即前后两次称量相差不超过 0.5mg。

五、实训考核方法

学生练习完后采用盲评的方式进行项目考核，具体考核表和评分标准如下。

半成品分析检验——曲中灰分的测定考核表

两次测定结果差					
得分					

评分标准：满分 20 分；两次测定结果允许差不超过 0.2%；两次测定结果差超过 0.2%为不得分；两次测定结果差不超过 0.05%，得 20 分；两次测定结果差在 0.05%~0.2%，得 15 分。

六、课外拓展任务

选用高粱、玉米、豌豆、稻谷等原料，按照本任务进行灰分的测定，熟悉灰分测定的原理及步骤，掌握高温炉、分析天平、干燥器的使用等操作。

七、知识链接

（一）概述

1. 食品的组成十分复杂，由大量有机物质和丰富的无机成分组成。

2. 灰分的概念

在高温灼烧时，食品发生一系列物理和化学变化，最后有机成分挥发逸散，而无机成分（主要是无机盐和氧化物）则残留下来，这些残留物称为灰分。它是食品中无机成分总量的一项指标。

3. 粗灰分的概念

灰分不完全或不确切地代表无机物的总量，如某些金属氧化物会吸收有机物分解产生的 CO_2 而形成碳酸盐，使无机成分增多了，有的又挥发了（如 Cl、I、Pb 为易挥发元素。P、S 等也能以含氧酸的形式挥发散失）。从这个观点出发，通常把食品经高温灼烧后的残留物称为粗灰分（总灰分）。

4. 水溶性灰分

水溶性灰分反映可溶性 K、Na、Ca、Mg 等的氧化物和盐类的含量。可反映果酱、果冻等制品中果汁的含量。

5. 酸溶性灰分

酸溶性灰分反映 Fe、Al 等氧化物、碱土金属的碱式磷酸盐的含量。

6. 酸不溶性灰分

酸不溶性灰分反映污染的泥沙及机械物和食品中原来存在的微量 SiO_2 的含量。

7. 灰分测定的意义

（1）考察食品的原料及添加剂的使用情况。

（2）灰分指标是一项有效的控制指标；①评价面粉的加工精度。②要正确评价某食品的营养价值，其无机盐含量是一个评价指标。③生产果胶、明胶之类的胶质品时，灰分是这些制品的胶冻性能的标志。④水溶性灰分和酸不溶性灰分可作为食品生产的一项控制指标。

（3）反映动物、植物的生长条件。

（二）总灰分的测定

原理：把一定的样品经炭化后放入高温炉内灼烧，转化，称量残留物的质量至恒重，计算出样品总灰分的含量。

灰化条件的选择

1. 灰化容器——坩埚

坩埚盖子与埚要配套。坩埚材质有多种：素瓷、铂、石英、铁、镍等，个别情况也可使用蒸发皿。

（1）素瓷坩埚　优点是耐高温可达 1200℃，内壁光滑，耐酸，价格低廉。缺点是：①耐碱性差，灰化成碱性食品（如水果、蔬菜、豆类等），坩埚内壁的釉质会部分溶解，反复多次使用后，往往难以得到恒重；②温度骤变时，易炸裂破碎。

（2）铂坩埚　优点是耐高温，达 1773℃，导热良好，耐碱，吸湿性小。缺点是价格昂贵，约为黄金的 9 倍，要由专人保管，以免丢失。使用不当会腐蚀或发脆。

2. 取样量

测定灰分时，取样量的多少应根据试样的种类和性状来决定，食品的灰分与其他成分相比，含量较少，所以取样时应考虑称量误差，以灼烧后得到的灰分量为 10~100mg 来决定取样量。

3. 灰化温度

一般为 525~600℃，如：鱼类及海产品、谷类及其制品、乳制品≤550℃；果蔬及其制品、砂糖及其制品、肉制品≤525℃；个别样品（如谷类饲料）可以达到 600℃以上。温度太高会：①引起 K、Na、Cl 等元素的挥发损失；②磷酸盐、硅酸盐也会熔融，将炭粒包藏起来，灰化不完全。温度太低会：①灰化速度慢，时间长，不易灰化完全；②不利于除去过剩的碱性食物吸收的 CO_2。所以要在保证灰化完全的前提下，尽可能减少无机成分的挥发损失和缩短灰化时间。加热速度不可太快，以防急剧干馏时灼热物的局部产生大量气体，而使微粒飞失、易燃。

4. 灰化时间

一般不规定灰化时间，一是观察残留物颜色（灰分）为全白色或浅灰色，内部无残留的炭块；二是达到恒重即两次结果相差<0.5mg。应指出，对某些样品即使灰化完全，残灰也不一定呈白色或浅灰色，如铁含量高的食品，残灰呈褐色；锰、铜含量高的食品，残灰呈蓝绿色；有时即使灰的表面呈白色，内部仍残留有炭块。所以应根据样品的组成、性状注意观察残灰的颜色，正确判断灰化程度。

（三）加速灰化的方法

有些样品难于灰化，如含磷较多的谷物及其制品。磷酸过剩于阳离子，灰化过程中易形成 KH_2PO_4、NaH_2PO_4 等，会熔融而包住炭粒，即使灰化相当长时间也达不到恒重。对于难以灰化的样品，可采用下述方法加速灰化。

（1）样品初步灼烧后，取出，冷却，从灰化容器边缘慢慢加入少量无离子水，使残灰充分湿润，用玻璃棒研碎，使水溶性盐类溶解，被包住的炭粒暴露出来，把玻璃棒上沾的东西用水冲进容器里，在水浴上蒸发至干涸，至 $120\sim130℃$ 烘箱内干燥，再灼烧至恒重。

（2）经初步灼烧后，放冷，加入几滴 HNO_3、H_2O_2 等，蒸干后再灼烧至恒重，利用它们的氧化作用来加速炭粒灰化。也可加入 10% $(NH_4)_2CO_3$ 等疏松剂，在灼烧时分解为气体逸出，使灰分呈松散状态，促进灰化。

（3）糖类样品残灰中加入硫酸，可以进一步加速。

（4）加入 $MgAc_2$、$Mg(NO_3)_2$ 等助灰化剂，这类镁盐随灰化而分解，与过剩的磷酸结合，残灰不熔融而呈松散状态，避免了炭粒被包裹，可缩短灰化时间，但产生了 MgO 会增重，应做空白试验。

（5）添加 MgO、$CaCO_3$ 等惰性不熔物质，它们的作用纯属机械性，它们和灰分混杂在一起，使炭粒不受覆盖，应做空白试验，因为它们使残灰增重。

任务七　大曲液化力的测定

一、本任务在课程中的定位

本任务是白酒分析与检测训练中的基础训练项目，按照国家白酒分析与检测专业职业教育培养要求，进行半成品分析检验——曲的液化力的分析任务训练。通过此项训练，培养学生熟悉液化力测定的原理和分析方法。

二、本任务与国家（或国际）标准的契合点

本任务是按照食品检验工国家职业资格标准进行的训练。

三、教学组织及运行

本实训任务按照教师讲解、教师演示、学生训练方式进行，最后通过专项实训考核检验教学效果。

四、实训内容及要求

（一）实训目标

1. 知识目标

（1）能掌握曲坯的理化检测和要求。

（2）能掌握酸碱滴定法、酶活力测定法的基本原理、分析方法和结果计算。

2. 能力目标

会检测成品曲的液化力。

（二）实训重点及难点

1. 实训重点

曲液化力测定的方法。

2. 实训难点

（1）曲液化力的测定。

（2）酶反应的控制。

（三）实训材料及设备

1. 实训材料

第一组：曲块、蒸馏水。

第二组：稀碘液、可溶性淀粉溶液。

第三组：磷酸氢二钠、柠檬酸。

2. 实训设备

分析天平、500mL 烧杯、100mL 量筒、5mL 吸管、1mL 吸管。

（四）实训内容及步骤

1. 生产准备（或实训准备）

（1）准备稀碘液（称取 11g 碘，22g 碘化钾，置于研钵中，加少量水研磨至碘完全溶解，用水稀释至 500mL。吸取 2mL 上述碘液，加 10g 碘化钾，用水稀释至 500mL）。

（2）准备 2% 可溶性淀粉溶液［用分析天平准确称取干燥除去水分的可溶性淀粉溶液 2g（精确到 0.001g），于 50mL 烧杯中用少量水调匀后，倒入盛有 70mL 沸水的 150mL 烧杯中，并用 20mL 水分次洗净 50mL 小烧杯，洗液合并其中，用微火煮沸到透明，冷却后用水定容到 100mL，当天配制应用］。

（3）准备磷酸氢二钠-柠檬酸缓冲液。

2. 操作规程

操作步骤 1：制备麦曲浸出液

标准与要求：

（1）准确称量绝干曲样品。

（2）准确量取液体体积。

（3）注意浸渍时间、控制水温（在 35℃ 水浴锅中浸渍 1h，每 15min 搅拌一次）。

（4）取滤液，浸出液放置时间不能过长。

操作步骤 2：显色、测定

标准与要求：

（1）准确量取液体体积。

（2）注意计时、充分摇匀。

（3）35℃ 水浴，预热 10min。

（4）注意呈色反应由蓝紫色逐渐变为红棕色，记下反应时间。

（5）做 3 个平行样。

五、实训考核方法

大曲液化力的测定分析考核表

两次测定结果差	平行第 1 次	平行第 2 次	平行第 3 次	3 个平行样得分平均值
得分				

评分标准：满分 20 分；平行样结果允许差不超过 0.2%；两次测定结果差

超过 0.2% 为不得分；两次测定结果差不超过 0.05%，得 20 分；两次测定结果差在 0.05%~0.2%，得 15 分。最后取 3 个平行样得分的平均值。

六、课外拓展任务

以大曲或小曲（二者选一）为原料，按照本任务进行曲液化力分析的测定，熟悉液化力测定的原理和分析方法。

七、知识链接

大曲和小曲两者因原料不同、曲块形状不同、培养条件也不同，故微生物种类和数量有所不同。但它们都是生产白酒常用的糖化发酵剂。在自然条件下的培养过程中，各种微生物群在曲坯上生长繁殖，分泌出的酶类使曲具有液化力、糖化力、蛋白质分解力和发酵力等，并形成各种代谢物，对白酒风味、质量起重要作用。

液化力是指在 35℃、pH4.6 条件下，1g 绝干曲 1h 能液化淀粉的克数为一个单位，符号为 U，以"克每克时（g/gh）"表示。液化力能使淀粉由高分子状态（淀粉颗粒）转变为较低分子状态（糊精），同时淀粉的黏度降低，即表现为由半固态变为溶液态。液化力表示曲对淀粉的液化能力，它实际包括多种酶对淀粉水解的综合能力，主要是 α-淀粉酶的作用。

任务八　大曲糖化力的测定

一、本任务在课程中的定位

本任务是白酒分析与检测训练中的基础训练项目，按照国家白酒分析与检测专业职业教育培养要求，进行大曲和小曲糖化力的分析任务训练。通过此项训练，培养学生熟悉酒曲糖化能力测定的原理，掌握相关溶液配制及糖化能力测定的操作技能。

二、本任务与国家（或国际）标准的契合点

本任务是按照食品检验工国家职业资格标准进行的训练。

三、教学组织及运行

本实训任务按照教师讲解、教师演示、学生训练方式进行，最后通过专项实训考核检验教学效果。

四、实训内容及要求

（一）实训目标

1. 知识目标

（1）能掌握曲坯的理化检测和要求。

（2）能掌握酸碱滴定法、酶活力测定法的基本原理、分析方法和结果计算。

2. 能力目标

会检测成品曲的糖化力。

（二）实训重点及难点

1. 实训重点

曲糖化力测定的方法。

2. 实训难点

（1）曲糖化力的测定。

（2）滴定操作的控制。

（三）实训材料及设备

1. 实训材料

第一组：大曲浸出液、醋酸-醋酸钠缓冲溶液。

第二组：可溶性淀粉溶液、蒸馏水。

第三组：稀铜试剂甲液、0.1%葡萄糖标准溶液、醋酸-醋酸钠缓冲溶液。

2. 实训设备

①分析天平；②电烘箱；③电炉；④水浴锅；⑤玻璃棒；⑥250mL 烧杯；⑦150mL 三角瓶；⑧100mL 量筒；⑨1000mL 容量瓶；⑩25mL 吸管、5mL 吸管、2mL 吸管；⑪100mL 烧杯、50mL 烧杯；⑫25mL 碱式滴定管；⑬50mL 比色管；⑭100mL 容量瓶；⑮漏斗；⑯纱布。

（四）实训内容及步骤

1. 生产准备

（1）准备稀铜试剂　甲液：称取 15g 硫酸铜，0.05g 次甲基蓝、用蒸馏水溶解并稀释至 1000mL；乙液：称取 50g 酒石酸钾钠，54g 氢氧化钠，4g 亚铁氰化钾，用蒸馏水溶解并稀释至 1000mL。

（2）准备 0.1%葡萄糖标准溶液　准确称取于 105℃烘 2h 的无水葡萄糖

1g，用蒸馏水溶解（可加约 5mL 浓盐酸防腐）定容至 1000mL。

（3）准备 2% 可溶性淀粉溶液　称取 2.00g 预先在 105℃ 烘箱中烘 2h 的可溶性淀粉，加约 10mL 蒸馏水调匀，倾入约 80mL 煮沸的蒸馏水中，继续煮沸至透明。冷却后，用蒸馏水稀释至 100mL。

（4）准备 pH4.6 的醋酸-醋酸钠缓冲溶液　称取 164g 无水醋酸钠，量取 118mL 冰醋酸混匀，用蒸馏水定容至 1000mL。

2. 操作规程

操作步骤 1：制备 5% 大曲浸出液

标准与要求：

（1）准确量取液体体积。

（2）在 30℃ 水浴中保温浸出 1h，并不断搅拌。

操作步骤 2：糖化

标准与要求：

（1）准确量取液体体积。

（2）糖化温度 30℃ 恒温水浴（应严格控制）。

（3）糖化时间严格控制，加大曲浸出液前是 10min，加大曲浸出液后是 1h。

（4）吸取糖化液要迅速。

（5）做 3 个平行样。

操作步骤 3：定糖

标准与要求：

（1）预滴定（溶液加热至沸后，立即用 0.1% 葡萄糖标准溶液滴定至蓝色消失，溶液呈浅黄色）。

（2）正式滴定（溶液加热至沸后，立即用 0.1% 葡萄糖标准溶液滴定至蓝色消失，溶液呈浅黄色；滴定操作应控制在 1min 内完成，消耗 0.1% 葡萄糖标准溶液应控制在 1mL 内）。

五、实训考核方法

学生练习完后采用盲评的方式进行项目考核，具体考核表和评分标准如下。

大曲和小曲糖化力的分析考核表

两次测定结果差	平行第 1 次	平行第 2 次	平行第 3 次	3 个平行样得分平均值
得分				

评分标准：满分 20 分；平行样结果允许差不超过 0.2%；两次测定结果差超过 0.2% 为不得分；两次测定结果差不超过 0.05%，得 20 分；两次测定结果差在 0.05%~0.2%，得 15 分。最后取 3 个平行样得分的平均值。

六、课外拓展任务

选用小曲等原料，按照本任务进行淀粉含量的测定，熟悉酒曲糖化能力测定的原理，掌握相关溶液配制及糖化能力测定的操作技能。

七、知识链接

糖化指的是淀粉加水分解成甜味产物的过程，是淀粉糖品制造过程的主要过程，也是食品发酵过程中许多中间产物的主要过程。糖化的方法，视要求产物的甜度以及相应的理化性质而定，基本上分为三类：酸法、酶法、酸酶结合法。

试样中的糖化酶等淀粉水解酶在 30℃ 用 pH4.6 水溶液提取，制成酶液，以 2% 可溶性淀粉溶液为底物，酶液催化水解淀粉为还原糖，用快速法测定，以单位质量生成的还原糖量表示试样的糖化力。

任务九　糟醅中水分的测定

一、本任务在课程中的定位

本任务是白酒分析与检测训练中的基础训练项目，按照国家白酒分析与检测专业职业教育培养要求，进行常规分析——水分的测定任务训练。通过此项训练，培养学生熟悉不同样品的处理方法，掌握水分测定的基本原理和操作方法，掌握数据处理方法并进行误差分析。

二、本任务与国家（或国际）标准的契合点

本任务是按照食品检验工国家职业资格标准进行的训练。

三、教学组织及运行

本实训任务按照教师讲解、教师演示、学生训练方式进行，最后通过专项实训考核检验教学效果。

四、实训内容及要求

（一）实训目标

1. 知识目标

（1）了解糟醅水分对于白酒发酵的影响。

（2）掌握定量分析的数据处理。

2. 能力目标

（1）掌握干燥箱、分析天平、干燥器等仪器的使用。

（2）掌握糟醅干燥时间的判断。

（二）实训重点及难点

1. 实训重点

糟醅干燥至恒重。

2. 实训难点

糟醅干燥时间的判断。

（三）实训材料及设备

1. 实训材料

白酒糟醅样品。

2. 实训仪器设备

电子天平、蒸发皿、干燥箱、干燥器。

（四）实训内容及步骤

1. 生产准备

取不同糟层糟醅100g置于密封袋中，并做好标记。

2. 操作规程

操作步骤1：取蒸发皿一个，洗净，烘干，称重（精确至0.1g）记为m_3

标准与要求：

（1）蒸发皿直径为50~100mm为宜。

（2）蒸发皿内外壁无任何污物残留。

（3）蒸发皿置于干燥箱中烘干后，带上棉质手套取出蒸发皿置于干燥器中冷却至室温才可称重，其余不用的蒸发皿放于干燥器中待用。

操作步骤2：在蒸发皿中称取糟醅10g，准确记录质量m_1。

标准与要求：

（1）蒸发皿放于电子天平秤盘中央，用药匙逐渐添加试样至所需质量，显示的数值即为干燥前糟醅和蒸发皿的总质量。

（2）注意取用的蒸发皿的质量不可超出电子天平的最大量程。

操作步骤3：

将干燥箱温度调至105~110℃，温度恒定后放入试样，烘烤2~3h后取出，加盖置于干燥器中冷却0.5h后称重。再烘烤1h，取出置于干燥器冷却0.5h后称重。重复此操作，直至前后两次质量差不超过2mg即算作恒重，记为m_2。

标准与要求：

（1）蒸发皿从干燥箱中取出时注意防止烫伤。

（2）称量时应迅速，以免试样吸收空气中的水分引起误差。

（3）须手戴棉质手套方可持拿蒸发皿。

操作步骤4：计算结果

$$水分（\%）=(m_1-m_2)/(m_1-m_3)\times100\%$$

式中　m_1——干燥前糟醅和蒸发皿的总质量，g

　　　m_2——干燥后糟醅和蒸发皿的总质量，g

　　　m_3——蒸发皿质量，g

五、实训考核方法

学生每人测定一个样品糟醅的水分，并计算结果。结果超出真实值0.5%扣10分，1%扣20分，1.5%扣30分，以此类推，扣完为止。

六、课外拓展任务

学生每5~6人为一组，共分为6组，分别取上层出窖糟、上层入窖糟、中层出窖糟、中层入窖糟、下层出窖糟、下层入窖糟，测出其水分值并做好记录。比较各层糟醅水分水平，并分析原因。

七、知识链接

糟醅分析包括入窖、出窖糟醅中的水分、酸度、淀粉、残糖以及出窖糟醅和酒糟中的酒精含量等。糟醅中各成分分布不均匀，取样应力求代表性，入窖糟醅在曲药拌和结束后多点取样或入窖后在窖内四周及中间五点采集，取综合样；可根据生产上的需要对入窖分上、中、下分层取样、分层检测。出窖糟醅窖内四周及中间五点采集，可根据生产上的需要对入窖分上、中、下分层取样、分层检测。

无论入窖或是出窖糟醅，均应充分混匀，才能分析试样。

为防止乙醇挥发和其他物质的变化，减小分析误差，保证分析结果的准确性，取样后应及时进行分析。

所取试样要满足分析所需用量（250g左右），并保留一定量的留样用量。

任务十 糟醅的酸度测定

一、本任务在课程中的定位

本任务是白酒分析与检测训练中的基础训练项目，按照国家白酒分析与检测专业职业教育培养要求，进行常规分析——酸度测定任务训练。通过此项训练，培养学生熟悉糟醅的预处理方法，掌握酸度测定的基本原理和操作方法，掌握数据处理方法并进行误差分析。

二、本任务与国家（或国际）标准的契合点

本任务是按照食品检验工国家职业资格标准进行的训练。

三、教学组织及运行

本实训任务按照教师讲解、教师演示、学生训练方式进行，最后通过专项实训考核检验教学效果。

四、实训内容及要求

（一）实训目标

1. 知识目标
（1）掌握糟醅酸度测定的原理。
（2）掌握糟醅酸度测定的基本步骤。
2. 能力目标
能够准确测定出糟醅样品的酸度。

（二）实训重点及难点

1. 实训重点
滴定终点的判断。
2. 实训难点
滴定终点的判断。

（三）实训材料及设备

1. 实训材料

不同糟层的糟醅、酚酞指示剂、NaOH（分析纯）。

2. 实训设备

电子天平、烧杯 250mL、容量瓶 1000mL、量筒 200mL、碱式滴定管 50mL、移液管 25mL、锥形瓶 250mL、胶头滴管。

（四）实训内容及步骤

1. 生产准备（或实训准备）

（1）配制 1% 酚酞指示剂　称取 1g 酚酞溶于 100mL 95% 酒精中，置于棕色滴瓶中备用。

（2）配制浓度为 0.1mol/L 的 NaOH 溶液　称取 4g NaOH 溶于水并稀释定容至 1000mL。

（3）标定 0.1mol/L NaOH 溶液　称取已在 105～110℃ 烘干至恒重的基准邻苯二甲酸氢钾约 0.5g，置于 250mL 锥形瓶中，用 50mL 煮沸后刚冷却的蒸馏水使之溶解，加入酚酞指示剂 1 滴，用 NaOH 溶液滴定至微粉红色半分钟内不变色为终点。平行测定两次。

（4）计算 NaOH 溶液浓度

$$c(NaOH) = W/204.2 \times 1000 \times 1/V$$

式中　c——NaOH 溶液的浓度，mol/L

　　　W——邻苯二甲酸氢钾的称取量，g

　　　V——消耗 NaOH 溶液的体积，mL

　204.2——邻苯二甲酸氢钾的相对分子质量

（5）以两次结果的平均值作为最终结果，即为 NaOH 溶液的浓度。

2. 操作规程

操作步骤 1：

称取试样 20g（准确到 0.1g）于 250mL 烧杯中，加入 200mL 水，浸泡 30min，前 15min 勤搅拌，后 15min 静置。

标准与要求：

（1）试样称取前，确保混合均匀。

（2）称取试样 20g，误差为 ±0.1g。

操作步骤 2：

吸取上层清液 20mL 于 250mL 三角瓶中，再环绕瓶壁加入约 20mL 蒸馏水和 2 滴酚酞指示剂，摇匀，用 0.1mol/L NaOH 溶液滴定至微红色为终点（30s

不褪色)。做两次平行。

标准与要求：

（1）两次平行测定体积之差不超过 0.1mL。

（2）糟醅中的酸类主要为有机弱酸，测定时应选用酚酞作指示剂，以其终点的微红色在 30s 内不消失为准。

（3）氢氧化钠易吸收空气和水中的二氧化碳生成碳酸钠，使氢氧化钠溶液浓度降低，盛装氢氧化钠标准溶液的玻璃瓶口应安装氯化钙干燥管，同时，溶液浓度约一个月需重新标定。

（4）糟醅浸泡温度、时间和搅拌次数等对测定结果均有影响，应严格控制。

操作步骤 3：计算结果

$$酸度 = \frac{c \times V \times 200 \times 10}{20 \times 20} = 5 \times c \times V$$

式中　　c——NaOH 的浓度，mol/L

　　　　V——NaOH 的滴定体积，mL

$\dfrac{200 \times 10}{20 \times 20}$——换算为 10g 试样的系数

五、实训考核方法

学生每人测定一个样品糟醅的酸度，并计算结果。结果超出真实值 0.5% 扣 10 分，1% 扣 20 分，1.5% 扣 30 分，以此类推，扣完为止。

六、课外拓展任务

学生每 5~6 人为一组，共分为 6 组，分别取上层出窖糟、上层入窖糟、中层出窖糟、中层入窖糟、下层出窖糟、下层入窖糟，测出其酸度并做好记录。比较各层糟醅酸度水平，并分析原因。

七、知识链接

糟醅（母糟和粮糟）的识别方法

糟醅的识别就是通常所说的看糟，是通过人的视觉（眼）、嗅觉（鼻）、味觉（口）、触觉（手）等来辨别糟醅物理特征的一种方法。识别母糟是为下一步配料收集第一手材料，识别粮糟则是对前面各工序的操作，如配料是否合理、蒸粮糊化是否彻底或过头等进行识别和判断，以调整配料方案或改进蒸粮操作。

1. 母糟的识别

用眼观察母糟的色泽、水分、淀粉转化程度；用鼻闻母糟的气味；用口尝母糟的味道；用手感受母糟的骨力状态、水分及淀粉转化程度。由此来推断母糟的糖化发酵是否正常；若异常，则应分析判断产生异常的原因，并尽可能准确地判断出出窖母糟的主要化学组分含量（酒精含量、酸度、水分、残淀、残糖等），尤其要能比较准确地识别和判断糖化发酵异常的母糟的化学组分情况，方能对症下药采取有效的解决措施。

2. 粮糟的识别

用眼观察配入新料后的粮糟的色泽；粮食的分布状态和密度大小，粮糟的疏松程度；粮糟取酒蒸粮后粮食颗粒的膨胀（吸水）状态、粮食颗粒有无白色的生心；粮糟受力后粮食颗粒的完好状态、粮糟表面的水分多少。用手感受粮糟的骨力、柔熟疏松状态及沙酽腻状态等。通过识别分析做出判断后，对配料和操作过程进行调整和改进，使入窖粮糟达到预期的最佳状态。

任务十一　糟醅中淀粉含量的测定

一、本任务在课程中的定位

本任务是白酒分析与检测训练中的基础训练项目，按照国家白酒分析与检测专业职业教育培养要求，进行常规分析——糟醅淀粉含量的测定任务训练。通过此项训练，培养学生熟悉淀粉测定方法，掌握淀粉测定的基本原理，掌握数据处理方法并进行误差分析。

二、本任务与国家（或国际）标准的契合点

本任务是按照食品检验工国家职业资格标准进行的训练。

三、教学组织及运行

本实训任务按照教师讲解、教师演示、学生训练方式进行，最后通过专项实训考核检验教学效果。

四、实训内容及要求

（一）实训目标

1. 知识目标

（1）了解自然界存在的碳水化合物。

（2）熟悉淀粉水解过程。

（3）熟悉还原糖的检测方法。

2. 能力目标

（1）能制备斐林试剂。

（2）能够准确测定样品中的淀粉含量。

（二）实训重点及难点

1. 实训重点

（1）样品淀粉的水解。

（2）用斐林试剂滴定糖液时终点的判断。

2. 实训难点

用斐林试剂滴定糖液时终点的判断。

（三）实训材料及设备

1. 实训材料

新鲜糟醅、斐林试剂、盐酸、氢氧化钠、葡萄糖、亚甲基蓝。

2. 实训设备

电子天平、烧杯 250mL、容量瓶 1000mL、量筒 200mL、碱式滴定管 50mL、移液管 5mL、锥形瓶 250mL、回流管（1m 以上）、电炉（1000~1500W）、容量瓶 250mL、胶头滴管。

（四）实训内容及步骤

1. 生产准备

（1）1∶4 盐酸溶液的制备　量取 200mL 浓盐酸缓慢倒入 800mL 水中，轻轻搅拌，冷却后装瓶备用。

（2）20% NaOH 溶液的制备　称取 200g NaOH，用水稀释定容至 1000mL。

（3）1%亚甲基蓝指示剂的制备　称取 1g 亚甲基蓝，加入 100mL 水中加热至溶解。

（4）0.2%（质量体积分数）葡萄糖溶液的制备　无水葡萄糖 1g 用 500mL 水溶解，现配现用。

（5）斐林试剂的制备　甲液：称取 69.27g 硫酸铜，蒸馏水溶解定容至 1000mL，滤纸过滤；乙液：称取 116g 丙三醇、100g NaOH，蒸馏水溶解定容至 1000mL。

2. 操作规程

操作步骤 1：

吸取甲乙液各 5mL 置于 250mL 锥形瓶中，加入 10mL 水摇匀，放于电炉上加 0.2%葡萄糖液约 24mL，加热至沸腾后保持 2min，再加 2 滴亚甲基蓝指示剂，煮沸，继续用 0.2%葡萄糖液滴定至蓝色消失（每秒 3~4 滴），做两次平行滴定。

标准与要求：

（1）斐林甲、乙液平时应分别贮存，用时才等体积混合，否则，丙三醇络合物长期在碱性条件下会发生分解。

（2）斐林溶液吸量要准确，特别是甲液，因为起反应的是二价铜，吸量不准就会引起较大误差。

（3）亚甲基蓝指示剂是一种氧化还原性物质，过早或过多加入也会引入误差；滴定过程中，若加入指示剂后，在要求保持沸腾的 2min 内溶液变红，则说明预放量过大，应改变预放量。

操作步骤 2：

计算斐林值（F）：

$$F = V \times 4.5$$

式中　V——0.2%葡萄糖液消耗的体积，mL

4.5——换算出来的数

标准与要求：

（1）两次平行滴定的误差不得超过 0.1mL。

（2）以两次结果的平均值作为最终结果，即为斐林值。

操作步骤 3：

准确称取糟醅 10g（精确到 0.1g）于 250mL 三角瓶中，加入 60mL 盐酸溶液，安装回流冷凝器或 1m 长的玻璃管，于电炉上回流水解 30min。取出迅速冷却，并用 20%的 NaOH 溶液中和至中性或微酸性（pH 试纸试验 pH=6 左右），然后用脱脂棉过滤，滤液接收在 250mL 容量瓶中，充分洗净残渣，用水定容至刻度备用。

标准与要求：

（1）糟醅加盐酸水解时，须安装足够长的回流管，以使蒸发的水分回流入瓶中，保证盐酸的浓度不变，同时，每次水解用的盐酸浓度要一致，以免影响结果的准确性。

（2）在强酸或强碱性溶液中糖会被部分分解，所以水解后糖液应立即冷却、中和。

（3）水解时间应准确，且当溶液完全沸腾时，方可计时。

操作步骤 4：

吸取斐林试剂甲、乙液各 5mL，置于 250mL 三角瓶中，摇匀，再环绕瓶壁加入 20mL 水。从滴定管中放适量（视残糖含量不同而定）糖液于该瓶中（其量应控制后滴定时，消耗糖液在 1mL 以内），摇匀，置于电炉上加热至沸。加入 1% 亚甲基蓝指示液 2 滴，保持沸腾 2min，继续以糖溶液滴定至蓝色完全消失为终点（此操作在 1min 内完成）。做三次平行，同时做空白试验。

标准与要求：

（1）滴定过程中所用热源及三角瓶厚薄、大小等对分析结果有一定影响，故定糖和标定斐林溶液的条件要一致。

（2）滴定过程中温度应一致，且当电炉温度恒定后才能进行滴定，同时，煮沸时间也需一致，否则会引起蒸发量改变，使反应浓度发生变化，引入滴定误差。

（3）亚甲基蓝指示剂是一种氧化还原性物质，过早或过多加入也会引入误差；滴定过程中，若加入指示剂后，在要求保持沸腾的 2min 内溶液变红，则说明预放量过大，应改变预放量。

（4）滴定时间，特别是滴定速度要严格控制，滴定速度过快，消耗糖量增加；反之，则减少。反应产物氧化亚铜极不稳定，易被空气中的氧所氧化而增加耗糖量；亚甲基蓝易被还原而褪色，但遇到空气可氧化而恢复蓝色，故滴定时不可随意摇动三角瓶，更不能从电炉上取下三角瓶再进行滴定，必须始终在电炉上保持糖液沸腾，防止空气进入。

（5）平行试样滴定允许误差不得超过 ±0.1mL。

操作步骤 5：计算结果

$$淀粉含量 = 0.2\% \times V_0 \times \frac{250}{V} \times \frac{1}{10} \times 0.9 \times 100\%$$

$$= \frac{4.5V_0}{V} = \frac{F}{V}$$

式中　$F = 4.5V_0$（即斐林氏溶液的标定消耗葡萄糖液体积乘以公式简化系数 4.5）

　　V——滴定时，平行试验消耗糖液的体积平均值，mL

0.2%——葡萄糖标准液浓度，g/mL

　0.9——还原糖换算成淀粉的系数

　　10——试样质量，g

250——试样水解滤液总体积，mL

标准与要求：三次平行结果的平均值作为最终结果，即为淀粉含量。

五、实训考核方法

学生每人测定一个样品糟醅的酸度，并计算结果。结果超出真实值 0.5%

扣 10 分，1% 扣 20 分，1.5% 扣 30 分，以此类推，扣完为止。

六、课外拓展任务

根据班级人数，全班共分为 6 组，分别取上层出窖糟、上层入窖糟、中层出窖糟、中层入窖糟、下层出窖糟、下层入窖糟，测出其淀粉含量并做好记录。比较各层糟醅淀粉水平，并分析原因。

七、知识链接

糖化与发酵

原料经蒸煮后淀粉已经发生糊化，为接下来的糖化和发酵步骤奠定了基础。向蒸煮糊化后的原料中加入酒曲等糖化发酵剂，就进入了糖化发酵阶段。在白酒生产中，除了液态白酒是先糖化、后发酵外，固态或半固态发酵的白酒，均是边糖化边发酵。

淀粉经酶的作用生成糖及其中间产物的过程，成为糖化。在理论上，100kg 淀粉可生成 111.12kg 葡萄糖。但实际上，淀粉酶包括 α-淀粉酶、糖化酶、异淀粉酶、β-淀粉酶、麦芽糖酶、转移葡萄糖苷酶等多种酶。这些酶同时作用，产物除葡萄糖等单糖外，还有二糖、低聚糖及糊精等成分。

实际上，除了液态发酵法白酒外，白酒从生产过程中的糟醅和醪液中始终含有较多的淀粉。淀粉浓度的下降速度和幅度受曲的质量、发酵温度和生酸状况等因素的制约。若酒醅的糖化力高且持久、酵母发酵力强且有后劲，则酒醅升温及生酸稳定。淀粉浓度下降快，出酒率也高。通常在发酵的前期和中期，淀粉浓度下降较快；发酵后期，由于酒精含量及酸度较高。淀粉酶和酵母菌活力减弱，故淀粉浓度变化不大。在丢糟中，仍然含有相当浓度的残余淀粉。

（1）单糖　单糖是碳水化合物的基本单位，是不能再被水解的多羟基醛或多羟基酮。单糖又按羟基的类型不同分为醛糖和酮糖。如：核糖、阿拉伯糖、半乳糖、葡萄糖等属于醛糖；果糖属于酮糖。

（2）低聚糖　又称为寡糖，是由 2～10 个单糖分子脱水缩合而成的糖，完全水解后得到相应分子数的单糖。根据水解后生成单糖分子的数目，又可分为二糖（双糖），三糖，四糖等。其中以双糖的分布最广，典型的双糖有蔗糖、麦芽糖。

（3）糊精　淀粉在受到加热、酸或淀粉酶作用下发生分解和水解时，将大分子的淀粉首先转化成为小分子的中间物质，这时的中间小分子物质就是糊精。干糊精是一种黄白色的粉末，它不溶于酒精，而易溶于水，溶解在水中具有很强的黏性，淀粉质原料在进行蒸煮时，淀粉分子受热分解，首先就生成了糊精。这时如果加入一滴碘，溶液就会呈红紫色，而不是像淀粉遇碘那样呈蓝色。

（4）直链淀粉　直链淀粉是由 $100\sim1000$ 个葡萄糖聚合而成，通过 $\alpha-1$，4-糖苷键连接而成的一个长链分子。直链淀粉并不是完全伸直的，由于直链淀粉分子链是非常长的，所以不可能以线形分子存在，而是在分子内氢键的作用下，卷曲盘旋成螺旋状的，每一螺圈一般是含有 6 个葡萄糖单位。

（5）支链淀粉　由 6000 个左右的葡萄糖单位连接而成，在支链淀粉中葡萄糖除了通过 $\alpha-1$，4-糖苷键连接以外，还通过 $\alpha-1$，6-糖苷键相互连接成侧链，每隔 $6\sim7$ 个葡萄糖单位又能再度形成另外一条支链结构，每一支链有 $20\sim30$ 个葡萄糖分子。各个分支也都是卷曲成螺旋，这样就使支链淀粉形成复杂的树状分支结构的大分子。

通常，单糖和双糖能被一般酵母利用，是最基本的可发酵性糖类。

任务十二　糟醅中残糖含量的测定

一、本任务在课程中的定位

本任务是白酒分析与检测训练中的基础训练项目，按照国家白酒分析与检测专业职业教育培养要求，进行常规分析——糟醅中残糖含量的测定任务训练。通过此项训练，培养学生掌握糟醅中残糖测定的基本原理和操作方法，掌握数据处理方法并进行误差分析。

二、本任务与国家（或国际）标准的契合点

本任务是按照食品检验工国家职业资格标准进行的训练。

三、教学组织及运行

本实训任务按照教师讲解、教师演示、学生训练方式进行，最后通过专项实训考核检验教学效果。

四、实训内容及要求

（一）实训目标

1. 知识目标

（1）了解自然界存在的碳水化合物。

（2）熟悉淀粉水解过程。

（3）熟悉还原糖的检测方法。

2. 能力目标

能够准确测出样品中的残糖量。

（二）实训重点及难点

1. 实训重点

（1）斐林试剂的标定。

（2）用斐林试剂滴定糖液时终点的判断。

2. 实训难点

用斐林试剂滴定糖液时终点的判断。

（三）实训材料及设备

1. 实训材料

新鲜糟醅、斐林试剂、盐酸、氢氧化钠、葡萄糖、亚甲基蓝。

2. 实训设备

电子天平、烧杯 250mL、容量瓶 1000mL、量筒 200mL、碱式滴定管 50mL、移液管 5mL、锥形瓶 250mL、回流管（1m 以上）、电炉（1000～1500W）、容量瓶 250mL、胶头滴管。

（四）实训内容及步骤

1. 生产准备

（1）1∶4 盐酸溶液的制备　量取 200mL 浓盐酸缓慢倒入 800mL 水中，轻轻搅拌，冷却后装瓶备用。

（2）20% NaOH 溶液的制备　称取 200g NaOH，用水稀释定容至 1000mL。

（3）1%亚甲基蓝指示剂的制备　称取 1g 亚甲基蓝，加入 100mL 水中加热至溶解。

（4）0.2%（质量体积分数）葡萄糖溶液的制备　无水葡萄糖 1g 用 500mL 水溶解，现配现用。

（5）斐林试剂的制备　甲液：称取 69.27g 硫酸铜，蒸馏水溶解定容至 1000mL，滤纸过滤；乙液：称取 116g 丙三醇、100g NaOH，蒸馏水溶解定容至 1000mL。

2. 操作规程

操作步骤 1：

吸取甲、乙液各 5mL 置于 250mL 锥形瓶中，加入 10mL 水摇匀，放于电炉上加 0.2% 葡萄糖液约 24mL，加热至沸腾后保持 2min，再加 2 滴亚甲基蓝指示剂，煮沸，继续用 0.2% 葡萄糖液滴定至蓝色消失（每秒 3~4 滴），做两次平行滴定。

标准与要求：

（1）斐林甲、乙液平时应分别贮存，用时才等体积混合，否则，丙三醇络合物长期在碱性条件下会发生分解。

（2）斐林溶液吸量要准确，特别是甲液，因为起反应的是二价铜，吸量不准就会引起较大误差。

（3）亚甲基蓝指示剂是一种氧化还原性物质，过早或过多加入也会引入误差；滴定过程中，若加入指示剂后，在要求保持沸腾的 2min 内溶液变红，则说明预放量过大，应改变预放量。

操作步骤 2：计算斐林值（F）

$$F = V \times 4.5$$

式中　V——0.2% 葡萄糖液消耗的体积，mL

4.5——换算出来的数

标准与要求：

（1）两次平行滴定的误差不得超过 0.1mL。

（2）两次结果的平均值作为最终结果，即为斐林值。

操作步骤 3：

吸取斐林氏甲、乙液各 5.0mL 于 250mL 的三角瓶中，摇匀，再环绕瓶壁加入约 15mL 水。

标准与要求：

（1）斐林甲、乙液平时应分别贮存，用时才等体积混合，否则，丙三醇络合物长期在碱性条件下会发生分解。

（2）斐林溶液吸量要准确，特别是甲液，因为起反应的是二价铜，吸量不准就会引起较大误差。

操作步骤 4：

再吸取 5mL 已测酸度的出窖糟醅浸出液于上一步三角瓶中。从滴定管中放适量（视残糖含量不同而定）葡萄糖溶液于该瓶中（其量应控制后滴定时，消耗葡萄糖溶液在 1mL 以内），摇匀，置于电炉上加热至沸。加入 1% 亚甲基蓝指示液 2 滴，保持沸腾 2min，继续以葡萄糖溶液滴定至蓝色完全消失为终点（此操作在 1min 内完成）。平行试样滴定允许误差不得超过 ±0.1mL，同时做空白实验。

标准与要求：

（1）出窖糟醅应尽快测定残糖。

（2）滴定过程中所用热源及三角瓶厚薄、大小等对分析结果有一定影响，故定糖和标定斐林溶液的条件要一致。

（3）滴定过程中温度应一致，且当电炉温度恒定后才能进行滴定，同时，煮沸时间也需一致，否则会引起蒸发量改变，使反应浓度发生变化，引入滴定误差。

（4）亚甲基蓝指示剂是一种氧化还原性物质，过早或过多加入也会引入误差；滴定过程中，若加入指示剂后，在要求保持沸腾的 2min 内溶液变红，则说明预放量过大，应改变预放量。

（5）滴定时间，特别是滴定速度要严格控制，滴定速度过快，消耗糖量增加；反之，则减少。反应产物氧化亚铜极不稳定，易被空气中的氧所氧化而增加耗糖量；亚甲基蓝易被还原而褪色，但遇到空气可氧化而恢复蓝色，故滴定时不可随意摇动三角瓶，更不能从电炉上取下三角瓶再进行滴定，必须始终在电炉上保持糖液沸腾，防止空气进入。

（6）平行试样滴定允许误差不得超过±0.1mL。

操作步骤 5：计算残糖量

$$还原糖含量（\%）= \frac{(V_0 - V_1) \times 200}{20 \times 5} \times 0.2\% \times 100$$

$$= 0.4 \times (V_0 - V_1)$$

式中　V_0——空白试验耗葡萄糖体积，mL

$\quad\quad V_1$——试样测定耗葡萄糖体积，mL

$\dfrac{200}{20 \times 5}$——换算为 1g 试样的系数

0.2%——葡萄糖标准溶液的浓度，g/mL

标准与要求：三次平行结果的平均值作为最终结果，即为残糖量。

五、实训考核方法

学生每人测定一个样品糟醅的酸度，并计算结果。结果超出真实值 0.5% 扣 10 分，1% 扣 20 分，1.5% 扣 30 分，以此类推，扣完为止。

六、课外拓展任务

学生每 5~6 人为一组，共分为 6 组，分别取上层出窖糟、上层入窖糟、中层出窖糟、中层入窖糟、下层出窖糟、下层入窖糟，测出其残糖量并做好记录。比较各层糟醅残糖量水平，并分析原因。

七、知识链接

在发酵过程中，窖内主要的变化物质有：淀粉、水分、酸度、乙醇、香味成分。随着发酵的进行，淀粉含量越来越低，相对水分越来越高，酸度越来越高，乙醇在主发酵结束后微有下降，香味成分积累量增加，糟醅骨力随时间延长而变差。周期越长，这些变化越大。一般正常发酵周期为 60～75d。所以发酵周期长的糟醅在配糟时其用量应适当减少，略增加用糠量，以防止入窖糟骨力减弱；反之，时间短的出窖糟，骨力好，酸度低，生香能力差。在配糟时应适当增加用糟量，以提高入窖糟酸度、防止杂菌感染和提高生香能力。

实际上，白酒糟醅中还原糖的变化，微妙地反映出了糖化和发酵速度的平衡程度。通常在发酵前期，尤其是开头的几天，由于酵母菌数量有限，而糖化作用迅速，故还原糖含量很快增长至最高；随着发酵时间的延续，因酵母菌等微生物数量已经相对稳定，发酵力增强，故还原糖含量急剧下降；到了发酵后期时，还原糖含量基本不变。发酵期间还原糖含量的变化，主要受曲的质量及糟醅酸度的制约。发酵后期糟醅中的残糖的含量多少，表明发酵的程度和糟醅的质量。不同大曲糟醅的残糖量也有差异。

任务十三　窖泥中氨态氮的测定

一、本任务在课程中的定位

本任务是白酒分析与检测训练中的基础训练项目，按照国家白酒分析与检测专业职业教育培养要求，进行常规分析——窖泥中氨态氮的测定任务训练。通过此项训练，培养学生熟悉不同窖泥的处理方法，掌握氨态氮测定的基本原理和操作方法，掌握数据处理方法并进行误差分析。

二、本任务与国家（或国际）标准的契合点

本任务是按照食品检验工国家职业资格标准进行的训练。

三、教学组织及运行

本实训任务按照教师讲解、教师演示、学生训练方式进行，最后通过专项实训考核检验教学效果。

四、实训内容及要求

（一）实训目标

1. 知识目标

（1）了解窖泥中氨态氮的测定目的。

（2）了解窖泥中氨态氮的测定原理。

2. 能力目标

（1）能够正确使用分光光度计。

（2）能够用比色法准确测定出样品的氨态氮。

（二）实训重点及难点

1. 实训重点

（1）样品的处理。

（2）标准曲线的绘制。

2. 实训难点

标准曲线的绘制。

（三）实训材料及设备

1. 实训材料

新鲜窖泥土样、奈氏试剂、酒石酸钾钠、氯化钠、氢氧化钠、铵标准溶液。

2. 实训设备

电子天平、烧杯 250mL、容量瓶 100mL、量筒 200mL、移液管 25mL、胶头滴管、比色管、比色皿、分光光度计。

（四）实训内容及步骤

1. 生产准备（或实训准备）

（1）配制 10% 氯化钠溶液　称取 10g 氯化钠用蒸馏水溶解，并定容至 100mL。

（2）配制 1.5% 酒石酸钾钠液　称取 1.5g 酒石酸钾钠用蒸馏水溶解，并定容至 100mL。

（3）5%NaOH 溶液　称取 5g NaOH 用蒸馏水溶解，并定容至 100mL。

2. 操作规程

操作步骤 1：

称取新鲜窖泥土样 1~5g（准至 0.01g），加入 10% 氯化钠溶液 25mL，搅拌 5min。

标准与要求：

（1）试样称取前，确保混合均匀。

（2）用玻璃棒搅拌 5min，必要时可用玻璃棒捣碎硬块，用干滤纸过滤。

操作步骤 2：

吸取滤液 1mL 于比色管中，加 1.5%酒石酸钾钠液 2mL，摇匀后加奈氏试剂 4 滴，5%的氢氧化钠 1mL，摇匀后放置 10min。

标准与要求：

（1）必要时滤液稀释后再吸取。

（2）浓度低时，摇匀后的溶液呈黄色；浓度高时，溶液呈红棕色。

（3）碘化汞钾（K_2HgI_4）的氢氧化钠溶液称为奈氏试剂，它与氨反应生成浅黄色至红棕色的络合物。氨态氮的浓度低时，溶液呈黄色，可在 400～425nm 处测定吸光度；氨态氮浓度高时，溶液呈红棕色，可在 450～500nm 处测定吸光度。测得吸光度与标准比色即可求得氨态氮的浓度。

操作步骤 3：

打开分光光度计电源开关，并预热 20min。氨态氮浓度低时，溶液呈黄色，可在 400nm 处用 1cm 比色皿测定吸光度；浓度高时，溶液呈红棕色，可在 450～500nm 处测定吸光度，在于浓度相适应的最佳波长处，用相同条件下制得的试剂空白作参比，测定试样的吸光度。由吸光度从标准曲线上查出氨态氮的含量。

标准与要求：

（1）当氨态氮浓度高于 1mg/L 时产生红褐色沉淀，则不能比色，应减少其含量，使其能进行比色。溶液中氨越多，则生成黄色越深。

（2）溶液中某些杂质（如 Ca^{2+}、Mg^{2+} 等离子）的存在，能与奈氏试剂形成沉淀，使溶液浑浊而干扰氨的测定，为避免此有害作用，故需在待测试液中加入酒石酸钾钠，可与 Ca^{2+}、Mg^{2+} 作用生成不解离的化合物，就可避免与奈氏试剂的相互作用。

（3）土壤中的氨态氮与硝酸态氮因受微生物作用相互迅速转化，所以加入浸提试剂后，应立即加入几滴甲苯，抑制微生物作用，以免影响结果。

操作步骤 4：制备标准曲线

标准与要求：

（1）吸取氨标准使用液（含氮 10μg/mL），0、0.50、1.00、2.00、4.00、6.00、8.00、10.00mL 分别注入 50mL 比色管中。

（2）将标准溶液按试样显色及测定吸光度值。以吸光度为纵坐标，氮含量为横坐标，绘制标准曲线。

操作步骤 5：从标准曲线上查得试样的氨态氮的浓度后，按下式计算：

$$氨态氮（mg/100g 干土）= \frac{m \times 10}{m_1 \times \frac{1}{25}} \times 100 \times \frac{100}{100-\omega}$$

式中　m——试样中氨态氮的质量，mg

m_1——新鲜泥土质量，g

　ω——新鲜泥样水分含量,%

标准与要求：

（1）计算过程应认真、仔细，避免造成误差。

（2）有效数字保留到小数点后两位。

五、实训考核方法

学生每人测定一个样品的氨态氮，并计算结果。结果超出真实值0.5%扣10分，1%扣20分，1.5%扣30分，以此类推，扣完为止。

六、课外拓展任务

根据班级人数将学生分为6组，分别寻找不同地方（如：耕地、树林、马路边、花盆、鱼塘等）的泥土作为样品，测出其氨态氮含量并做好记录。比较其差异，并分析原因。

七、知识链接

窑泥是用于封窑和制作窑底的黏土，即糟醅在窑池内无氧发酵表层的密封设备。窑泥作为微生物的载体，发挥了十分重要的功能和作用，被称为酿酒"微生物黄金"。窑泥的重要性体现在为酿酒微生物发酵提供适宜的环境，而微生物种群在窑池内复杂物质能量代谢过程中为白酒的生产提供源源不断的动力。

酱香型白酒发酵用窑池是由紫红泥底砂条石窑组成。封窑用泥要求用无石块、无杂物、无污染、含沙量低、腐殖质少的本地黄色或紫红色黏性泥土，下沙、糙沙时使用90%左右的新泥与10%左右的老泥混合。仁怀当地紫红泥的特性符合酱香型白酒酿酒生产过程中封窑泥使用标准。

生产实践表明，封窑泥不仅起到窑池密封作用，而且与上层酒醅酒质有密切关系，其微生物种群数量对上层酒醅酒质起着重要的作用。循环利用的封窑泥好氧细菌、好氧芽孢细菌、嫌气厌氧细菌、霉菌、酵母菌以及放线菌数量随着封窑次数增加逐渐降低，而嫌气厌氧芽孢细菌数量则是随着封窑泥使用次数的增加而逐渐增加。若生产过程中开窑前敞窑时间不足、窑面不洁净、霉变糟醅清理不彻底可能会导致窑泥发臭、谷壳过多、窑泥霉变等现象，针对此种情况应该采取冬季提前5~6d敞窑，夏季提前3~4d敞窑，以开窑时窑泥硬化为标准，且管窑工应当时刻注意保持窑面卫生等措施加以管理和完善。

为了提高封窑泥循环使用率，有些企业的封窑泥采用各占1/2的新、老窑泥经过浸泡、采制而成。选用粘连性强、密封性好等特点的紫红泥，在酱香型白酒基酒生产的下沙、糙沙、入窖发酵、七次取酒的多轮次循环中使用。

窖泥对白酒中微量香味成分的形成及其量比关系的协调起着重要的作用，极大地影响着白酒酿造的品质，从这个角度来说，它也是酱香型白酒酿造的幕后功臣。

窖泥中绝大多数细菌能以铵盐、硝酸盐和含氮有机物做养料，故氨态氮的含量高，可提供微生物的氮素营养。

碘化汞钾（K_2HgI_4）的氢氧化钠溶液称为奈氏试剂，它与氨反应生成浅黄色至红棕色的络合物。氨态氮的浓度低时，溶液呈黄色，可在 $400 \sim 425nm$ 处测定吸光度；氨态氮浓度高时，溶液呈红棕色，可在 $450 \sim 500nm$ 处测定吸光度。测得吸光度与标准比色即可求得氨态氮的浓度。

任务十四　窖泥中有效磷的测定

一、本任务在课程中的定位

本任务是白酒分析与检测训练中的基础训练项目，按照国家白酒分析与检测专业职业教育培养要求，进行常规分析——窖泥中有效磷的测定任务训练。通过此项训练，培养学生熟悉不同窖泥的处理方法，掌握有效磷测定的基本原理和操作方法，掌握数据处理方法并进行误差分析。

二、本任务与国家（或国际）标准的契合点

本任务是按照食品检验工国家职业资格标准进行的训练。

三、教学组织及运行

本实训任务按照教师讲解、教师演示、学生训练方式进行，最后通过专项实训考核检验教学效果。

四、实训内容及要求

（一）实训目标

1. 知识目标
（1）了解窖泥中有效磷的测定目的。
（2）了解窖泥中有效磷的测定原理。
2. 能力目标
（1）能够正确使用分光光度计。

（2）能够用比色法准确测定出样品的有效磷。

（二）实训重点及难点

1. 实训重点
（1）样品的处理。
（2）标准曲线的绘制。
2. 实训难点
标准曲线的绘制。

（三）实训材料及设备

1. 实训材料
新鲜窖泥、氟化铵-盐酸溶液、酸性钼酸铵溶液、氯化亚锡溶液、无磷滤纸、硼酸、磷标准溶液。
2. 实训设备
电子天平、分光光度计、比色皿 1cm、烧杯 250mL、容量瓶 100mL、量筒 200mL、移液管、电炉（1000～1500W）、容量瓶 250mL、胶头滴管、60 目筛、比色管 25mL。

（四）实训内容及步骤

1. 生产准备
（1）氟化铵-盐酸溶液　称取 0.56g 氟化铵溶于 400mL 水中，加入 12.5mL 1mol/L 盐酸溶液，用水稀释定容至 500mL，贮于塑料瓶中。
（2）酸性钼酸铵溶液　称取 5g 钼酸铵溶于 42mL 水中；在另一烧杯中注入 8mL 水和 82mL 浓盐酸；然后在搅拌下把钼酸铵溶液倒入烧杯中，贮于棕色瓶中。
（3）氯化亚锡溶液　称取 1g 氯化亚锡（$SnCl_2 \cdot 2H_2O$）溶于 40mL 1mol/L 盐酸溶液中，贮于棕色瓶中。
（4）无磷滤纸　将直径为 9cm 的定型滤纸浸于 0.2mol/L 盐酸溶液中 4～5h，使磷、砷等化合物溶出，取出后用水冲洗数次，再用 0.2mol/L 盐酸淋洗数次，最后用水洗至无酸性，置于 60℃烘箱中干燥。
（5）磷标准液　准确称取于 110℃ 干燥 1h 后冷却的磷酸二氢钾（KH_2PO_4）0.2195g，溶于水稀释定容至 1L，此溶液含磷量为 50μg/mL。
（6）磷标准使用液　准确吸取磷标准液 25mL 于 250mL 容量瓶中，用水稀释至刻度线，其溶度为 5μg/mL。

2. 操作规程

操作步骤1：窖泥提取

称取通过60目的风干土样2g（准至0.01g），置于50mL烧杯中，加入20mL氟化铵-盐酸液，摇匀后缓缓搅拌30min（每隔5min搅拌一次），用干燥的无磷滤纸过滤，加入约0.1g硼酸，摇匀，使其溶解后备用。

标准与要求：

（1）酸性氟化铵对人体有毒，绝不能用嘴吸取。

（2）加硼酸是防止F⁻发生络合反应，不仅使显色反应灵敏，并且当滤液必须隔天分析时，也可防止F⁻对玻璃的腐蚀。

操作步骤2：磷的测定

吸取上述滤液1mL于25mL比色管中，稀释定容至25mL，吸取此稀释溶液1~2.5mL（视磷含量多少而定，一般黄泥因含磷少，滤液可以不稀释，窖皮泥磷含量较高，吸取稀释液2.5mL，老窖泥含磷多，吸取稀释液1mL即可）于25mL比色管中，加入2mL酸性钼酸铵溶液，再加入3滴氯化亚锡溶液，用水稀释至刻度摇匀，放置15min后用2cm比色皿在680nm波长处进行吸光度值测定，以试剂空白作对照，由标准曲线查出比色液中磷含量，然后计算出样品中有效磷含量。

标准与要求：

（1）显色温度对色泽影响较大，温度每升高1℃，色泽加深约1%。故试样和标准的显色温度应一致，如室温变动明显，则应重新制作标准曲线。显色温度也影响最大显色所需时间。室温较高和较低时，可适当缩短或延长显色时间。

（2）试样和标准显色时间也应一致。

操作步骤3：标准曲线的绘制

准确吸取0、0.5、1.0、2.0、3.0、5.0mL磷酸盐工作溶液（0.005mg PO_4^{3-}/mL），分别装入6支25mL比色管中，加入2mL酸性钼酸铵溶液，再加入3滴氯化亚锡溶液，用水稀释至刻度摇匀，放置15min后用2cm比色皿在680nm波长处进行吸光度值测定。以吸光度为纵坐标，磷含量为横坐标，绘制标准曲线。

标准与要求：

（1）各比色管显色时间、温度保持一致。

（2）准确吸取磷标准工作液，减少误差。

操作步骤4：从标准曲线上查的待测液的浓度后，按下式计算：

$$有效磷含量（mg/100g干土）=\frac{m}{m_1\times\frac{1}{20}\times\frac{V}{25}}\times100\times\frac{100}{100-\omega}$$

式中　m——试样中有效磷的质量，mg

$\quad\quad m_1$——风干泥土质量，g

$\quad\quad \omega$——风干泥样水分含量，%

$\quad\quad V$——测定用稀释液的体积，mL

标准与要求：

（1）计算过程应认真、仔细，避免造成误差。

（2）有效数字保留到小数点后两位。

五、实训考核方法

学生每人测定一个样品的有效磷，并计算结果。结果超出真实值0.5%扣10分，1%扣20分，1.5%扣30分，以此类推，扣完为止。

六、课外拓展任务

根据班级人数将学生分为6组，分别寻找不同地方（如：耕地、树林、马路边、花盆、鱼塘等）的泥土作为样品，测出有效磷含量并做好记录。比较其差异，并分析原因。

思考：若人工培养窖泥，选择什么样的泥土较为合适？为什么？

七、知识链接

（一）人工窖泥的培养

自古以来，窖池都是浓香型白酒生产的主要设备和重要的前提条件。要产好酒就必须有优质的窖池，而好的窖池其本质在于优质的窖泥。因优质老窖泥中富集了大量长期驯化的有利于酿酒的微生物群落，它们和曲药中的微生物一起通过发酵作用分解、利用粮食谷物中的营养物质，产生酒精和一系列复杂的香味成分物质，造就了优质大曲酒。而且优质的窖泥能赋予大曲酒一种特殊的香气——窖香，从而大幅度提高了酒的档次，这是任何外加手段都无法达到的，因此窖泥对浓香型大曲白酒的生产，尤其是高档白酒的生产起到了至关重要的作用。浓香型白酒生产企业将培养窖泥、养窖护窖作为提高产品质量和优质品率的重要措施之一。

在配方和原料的选择上，就全国范围来看，一般每个地区都有自己特色的原料配方，而且同一地区不同厂家的培养方法也是仁者见仁、智者见智，但无论原料如何选取，其原理应该是一致的，即：

1. 优质的菌种

选取优质窖泥、窖皮泥、活性污泥、粮糟或者单独培养复合菌液等作为窖泥培养的优质来源。过去一些企业培养窖泥过程中使用烂苹果、阴沟泥、猪肠衣下水,虽然它们营养丰富,含有众多有益窖泥功能菌,但同时也带入相当多的腐败菌,使发酵出的窖泥带有恶臭且无法去除,因此在选取原料时,应尽量避免引入杂菌,正确的菌种来源直接决定着培养的成败。

2. 原料配方要合理

从本质上来说,窖泥培养所添加的原料可分为两部分,即:菌种和培养基。而作为培养基的部分原材料又可以分为载体物质(或者称为填充物质,如黄泥)和营养物质。所谓的配方合理就是指,一方面载体物质能够很好地承载营养物质,为微生物的生长提供良好的支撑环境和养分环境,但不能引入杂菌和不利因素;另一方面,营养物质全面而且比例协调,能够满足微生物生长繁殖所必需的碳源、氮源、无机盐、水分、生长因子等营养物质,同样要避免不利因素的引入。总体来讲,以尽可能模拟实际生产的窖泥环境为原则,尽快使微生物得到驯化,更好地服务生产。

这里特别提出,在条件允许的情况下,应尽量采用有机原料,严格控制好磷酸氢二钾、尿素、氨水等无机元素的用量,避免使用碳酸钙和磷酸钙等钙盐,以防在窖泥中引入钙离子,导致窖泥板结老化。

(二) 培养工艺

1. 和泥操作

先将黄黏土(经暴晒五小时以上,用锤式粉碎机粉碎成细小颗粒)、大曲粉、豆饼粉、泥炭等粉状物料翻拌均匀,摊平。随后均匀泼入黄水等液体原料,浸润3~5h,待液体浸渍完全后,翻拌若干次,用酒尾或蒸馏水调节干湿度,转入和泥机拌匀即可。要求泥料油滑、无颗粒、水分适中。

2. 发酵管理

在培养窖泥时,最好选用专用的窖泥培养池。窖泥醅料水分控制在40%左右,温度30~35℃,pH6.5~7.0。将表面拍打光滑,用清洁的聚乙烯薄膜紧贴密封隔绝空气和保持水分。30~60d(根据季节温度不同而定)后即可成熟。窖泥培养最好不要选择在冬季,因窖泥的传热性能不好,而且酿酒有益微生物在泥中生长繁殖时的放热反应较低,若环境温度过低,使微生物生长受到抑制,富集培养处于十分不利的条件。如若需要长期生产,有条件的厂家可以自行建设保温培养室,以利于生产过程中温度、湿度等参数的控制和适应长期生产的需要。

窖泥培养过程中应注意以下几个方面。

(1)窖泥在堆积培养期间,保持所培养的窖泥处于密封环境,做到经常检查。因塑料薄膜日晒雨淋后容易老化,培养时如密封不严,容易发生感染现象，长毛、青霉，甚至出现小昆虫，这对窖泥的培养有极大的危害。

（2）北方地区由于昼夜温差大，气候干燥、水分容易散失，在拌和及堆积培养时应在场地上铺一层塑料布，以免水分蒸发，并使用黑色塑料布密封，利于吸热。

（3）拌和窖泥时杜绝加生水，以免带入大量杂菌。所加入水分，除复合培养液、生物酯化液、黄水、酒头、酒尾外，若需加水分，一般采用涡水（需烧开）补充。所加营养盐也应事先充分溶解后随酒头、酒尾、黄水、底锅水等一并加入。

（4）窖泥培养工作要放到同制曲管理等工作同等重要的地位，切不可马虎大意。

3. 指标检测

（1）感官评价 窖泥是一个很复杂的有机和无机体系，各影响因素之间是一种相辅相成的和谐关系，况且决定窖泥质量好坏的因素，还有许多未被我们认知，因此在实际生产过程中要因地制宜，切记生搬硬套、照本宣科。

人工窖泥感官标准

项目	指标要求
色泽	灰褐色或黑褐色，无黄泥等原料的本色
气味	有浓郁的老窖泥气味，略有酒香、酯香，无异杂味
手感	柔熟细腻，无刺手感
外观	质地均匀，无杂质，断面泡气

（2）理化指标 窖泥培养虽是开放式状态下进行的，但只要因势利导，严格控制好窖泥发酵条件，由窖皮泥、老窖泥、粮糟、曲药等物料中带入的各种微生物，必然繁殖速度快，在窖泥中占优势。而在窖泥中培养成熟的大量有益于酿酒的微生物随窖泥搭挂于窖内后，通过和固体糟醅的长期接触，进一步对窖泥微生物进行富集、筛选、驯化、变异，最终形成老窖泥进入"以窖养糟，以糟养窖"的良性循环。

人工窖泥理化标准

项目	指标要求
水分/%	38~45
pH	5.8~6.8
氨态氮/（mg/100g 干土）	230~280

续表

项 目	指标要求
有效磷/（mg/100g 干土）	260～300
腐殖质/（g/100g 干土）	11～13
细菌/（万个/g）	>65
芽孢杆菌/（万个/g）	>60

任务十五　窖泥中有效钾的测定

一、本任务在课程中的定位

本任务是白酒分析与检测训练中的基础训练项目，按照国家白酒分析与检测专业职业教育培养要求，进行常规分析——窖泥中有效钾的测定任务训练。通过此项训练，培养学生熟悉不同窖泥的处理方法，掌握有效钾测定的基本原理和操作方法，掌握数据处理方法并进行误差分析。

二、本任务与国家（或国际）标准的契合点

本任务是按照食品检验工国家职业资格标准进行的训练。

三、教学组织及运行

本实训任务按照教师讲解、教师演示、学生训练方式进行，最后通过专项实训考核检验教学效果。

四、实训内容及要求

（一）实训目标

1. 知识目标
（1）了解窖泥中有效钾的测定目的。
（2）了解窖泥中有效钾的测定原理。
2. 能力目标
（1）明白窖泥中有效钾的测定原理。
（2）能够准确测定出样品的有效钾。

（二）实训重点及难点

1. 实训重点

（1）样品的处理。

（2）钾的沉淀。

（3）沉淀的洗涤。

2. 实训难点

钾的沉淀和洗涤。

（三）实训材料及设备

1. 实训材料

新鲜窖泥、碳酸铵、硝酸亚硝酸钴钠、硼酸。

2. 实训设备

电子天平、烧杯 250mL、容量瓶、量筒 200mL、吸量管 10mL、锥形瓶 250mL、胶头滴管、比色管。

（四）实训内容及步骤

1. 生产准备（或实训准备）

（1）碳酸铵溶液　称取 28.5g 碳酸铵溶于水，稀释定容至 1L。

（2）0.01mol/L 硝酸溶液　吸取 6.7mL 浓硝酸，用水稀释定容至 1000mL，再稀释 10 倍为 0.01mol/L。

（3）200g/L 亚硝酸钴钠溶液　称取 10g 亚硝酸钴钠，溶于 50mL 水中，现配现用。

（4）0.01mol/L 硼酸溶液　称取 0.6g 硼酸溶于水，稀释定容至 1L。

2. 操作规程

操作步骤 1：

（1）试样处理　准确称取 2.5g 风干土样于 250mL 具塞三角瓶中，加入 100mL 碳酸铵溶液，浸泡 1h，期间每 15min 摇动 1 次，然后用 1 号烧结玻璃滤器上铺滤纸片抽气过滤，用 100mL 钼酸铵溶液分 3~4 次洗涤。

（2）过滤　将浸出液移入蒸发皿中。

（3）蒸干　残渣加 3~5mL 硝酸再整干，并反复操作 3 次，至有机物去净。

标准与要求：

（1）试样应为自然风干土样。

（2）过滤速度不宜太快，以使土壤胶体吸附的钾全部置换出来。

（3）蒸干过程需在水浴上蒸干。

（4）蒸干后在低于500℃的条件下灼烧去除氨，冷却至室温。

操作步骤2：

钾的沉淀：在灼烧去除氨的试样蒸发皿中，准确加入25mL 0.1mol/L硝酸溶液，用干滤纸过滤于50mL三角瓶中，吸取10mL滤液于200mL烧杯中，边搅拌边徐徐加入10mL亚硝酸钴钠溶液，盖好表面皿。

标准与要求：

（1）加入硝酸溶液后用带胶皮头的玻璃棒擦洗皿壁，使残留物溶解并混合均匀。

（2）吸取滤液时要确保准确，以减少误差。

（3）盖好表面皿，在20℃放置过夜，使沉淀完全。

操作步骤3：

洗涤沉淀：用2号烧结玻璃滤器上铺定量滤纸片（事先烘干至恒重），抽气过滤，用0.01mol/L硼酸溶液将杯中沉淀全部移入滤器，再用0.01mol/L硝酸溶液洗沉淀10次，接着用95%的乙醇洗5次。擦干滤器外壁，在110℃烘1h，置于干燥器中冷却后称重。

标准与要求：

（1）用0.01mol/L硝酸溶液洗沉淀时，每次约用2mL，洗涤10次。

（2）用95%的乙醇洗沉淀时，每次约用2mL，洗涤5次。

操作步骤4：计算有效钾：

$$x = m_1 \times 0.17216 \times 1/10 \times 25 \times 1/m \times 1000 \times 100 \times 1/(1-\omega)$$

式中　x——绝干试样中有效钾含量（以K_2O计），mg/100g

　　　m——风干试样的质量，g

　　　m_1——亚硝酸钴钠钾沉淀质量，g

　　　10——测定时吸取浸出液体积，mL

　　　25——浸出液总体积，mL

　　1000——换算成mg的系数

　　　ω——风干泥样水分含量，%

标准与要求：

（1）计算过程应认真、仔细，避免造成误差。

（2）有效数字保留到小数点后两位。

五、实训考核方法

学生每人测定一个样品的有效钾，并计算结果。结果超出真实值0.5%扣10分，1%扣20分，1.5%扣30分，以此类推，扣完为止。

六、课外拓展任务

根据班级人数将学生分为 6 组，分别寻找不同地方（如，耕地、树林、马路边、花盆、鱼塘等）的泥土作为样品，测出有效钾含量并做好记录。比较其差异，并分析原因。

思考：若人工培养窖泥，选择什么样的泥土较为合适？为什么？

七、知识链接

人工窖泥的应用和保养

1. 人工窖泥的使用

窖池的大小应根据生产需要来设计，形状以最大限度地利用窖池内壁为目标，使糟醅尽可能多地与窖泥接触，尤其是充分利用窖池底面积来设计。一般取长 3.5~4.0m，宽 1.5~2.0m，深 1.7~2.0m 较合适。窖容以 $10m^3 \pm 2m^3$ 为宜。建窖材料以黏性黄土为宜，不能用沙质土壤；窖池四周及池底必须夯实以防止透水。

窖池四壁钉竹签，竹签长 15~20cm，平均间距 15cm，钉好后将窖泥涂抹于池壁和池底壁，窖壁厚 10cm，窖底厚 15~20cm。注意事项如下：

所建窖池所处的地理、气候、地势、水位、水质、土壤等因素的勘测尤为重要。建窖所在地一般要求选择在地势较高，无渗漏水和保水性能较好的地方。对环境条件较差，地层结构松弛，下水位高的地方必须进行防水处理，可采用水泥或其他防水材料建造大防水层，并且在车间四周建排水沟防止地下水渗漏进车间窖池，造成母糟污染。

培养成熟的窖泥应保持湿润状态，窖泥要现用现挖，搭挂窖泥的时间应选择在投粮前 2~3h 为宜，切记空窖放置。以免水分蒸发，微生物的活力下降。

搭挂窖泥时动作要快，用力轻重一致，窖泥的厚薄、光滑、平整均匀度要基本一致，如若不能立即装粮，应在将窖泥抹光后，用聚乙烯薄膜将四周盖严，防止水分蒸发和杂菌侵入。

糟醅入窖的数量应高于窖池，高出的部分以发酵时酒醅体积下沉后与池口持平为度。以避免泥窖上部窖泥接触空气而着生杂菌。

2. 窖泥的日常保养

窖泥经使用一段时间以后，如果不及时养护或生产工艺条件控制不严，操作不当，清洁卫生搞得不好，窖池管理不善感染杂菌，窖泥微生物所需的各种营养成分锐减，窖泥板结发硬，表面将会出现大量针状或柱状的白色结晶体

（其主要为乳酸钙或乳酸亚铁），这便是窖泥老化。为防止窖泥老化，确保窖泥产酒生香功能的优势，实现基础原酒优质品率的稳定提高，可采取以下措施对窖泥老化加以防治。

装窖时，糟醅应高出窖平面 5~20cm，待发酵糟醅下跌后，正好与窖平面齐平为宜。不能让窖池上部的窖泥暴露在空气中，使水分散失或感染杂菌，导致窖泥功能退化。

加强窖池管理，勤于清窖，保持清洁卫生，让窖泥保持湿润、光滑平整的状态，必要时可在窖皮泥上加盖聚乙烯薄膜，防止窖皮泥干裂、糟醅倒烧生霉等不良情况发生。

定期及时养护窖池内窖泥。每烤完一排酒，就应及时对窖池内窖泥加以养护。应科学合理地为窖泥微生物补充必要的生存、生长繁殖所需的各种营养成分。为窖泥微生物提供一个优势生存、生长、繁殖的优势环境，让窖泥微生物始终保持旺盛的生长力，延长窖泥使用时间，确保基础原酒质量长期稳定和提高，实现丰产丰收。

3. 退化窖泥的养护方法

每烤完一排酒后，在窖池壁上打眼，用黄水、酒头、酒尾、优质大曲粉等直接或经发酵后喷洒于窖池壁和窖底部，也可用己酸菌酯化液喷洒于窖池壁和窖底部，如果窖泥退化现象比较严重，可将窖泥剥下换上新鲜的人工窖泥，待涂抹光滑平整后装入发酵正常的糟醅，控制好入窖发酵条件进行发酵。

值得注意的是，发酵结束时，应小心拨开窖皮泥，把附着在窖皮泥上的糟醅清理干净后堆放于窖泥培养池中，视窖泥情况加入所需物料拌和均匀，踩揉熟，用聚乙烯薄膜盖严备用。

起糟时，最好采用人工小心起糟。有些单位用刨斗起糟，更要注意，不要伤到窖壁上的窖泥。待酒糟出尽后，应将窖壁四周及底部清理干净，视具体情况按上述方法保养窖泥。

日常操作中加强窖池管理，注意清洁卫生，勤清窖，保持窖皮泥湿润不干裂，防止杂菌生长。只要掌握好入窖糟醅发酵的工艺条件，操作规范，入窖糟醅在窖内正常发酵，一般不易出现窖池内窖泥老化现象。

周期性地对窖泥进行跟踪质量监测，包括：观色、嗅香、计菌数、测理化指标等。如果发现有老化迹象，立即分析原因，制订复苏措施，有针对性地强化补充部分微生物及其正常生长代谢所缺少的营养源，使窖泥迅速复苏，焕发青春，以保持和稳定浓香型大曲酒质量。

4. 总结

窖泥保养是一个看似简单，实质上却需要投入大量精力和人力的系统工作。要培养出优质的人工窖泥，一是窖泥配方要科学合理；二是菌种来源协调、全面；三是生产管理要认真细致。为了生产出更好、更多的浓香型白酒，窖泥的管理是必由之路，同时也是重中之重。

同时也应该看到，由于物质的局限性，无论是使用复合强化菌液强化菌种，还是加入一些营养物质来促进酿酒微生物的生长，都无法达到天然老窖泥的协调性。而越来越多的研究也发现，人工窖泥的培养应该从无机配方转向有机配方，由人工培养单一菌种转为天然菌种复合扩培，泸州老窖技术人员提出的"免培养技术"或许能给我们提供一些启发。

任务十六　窖泥中腐殖质的测定

一、本任务在课程中的定位

本任务是白酒分析与检测训练中的基础训练项目，按照国家白酒分析与检测专业职业教育培养要求，进行常规分析——窖泥中腐殖质的测定任务训练。通过此项训练，培养学生熟悉不同窖泥的处理方法，掌握腐殖质测定的基本原理和操作方法，掌握数据处理方法并进行误差分析。

二、本任务与国家（或国际）标准的契合点

本任务是按照食品检验工国家职业资格标准进行的训练。

三、教学组织及运行

本实训任务按照教师讲解、教师演示、学生训练方式进行，最后通过专项实训考核检验教学效果。

四、实训内容及要求

（一）实训目标

1. 知识目标
（1）了解窖泥中腐殖质的测定目的。
（2）了解土样中腐殖质的测定原理。
2. 能力目标
（1）明白土样中腐殖质的测定原理。
（2）能够准确地测定出样品的腐殖质。

（二）实训重点及难点

1. 实训重点
（1）样品的处理。
（2）滴定操作。
2. 实训难点
滴定终点的判断。

（三）实训材料及设备

1. 实训材料
风干窖泥、食用油或固体石蜡、硫酸亚铁、重铬酸钾、邻菲罗啉指示剂、插试管用的铁丝笼。

2. 实训设备
电子天平、酸碱两用滴定管 50mL、烧杯 250mL、容量瓶、量筒 200mL、吸量管 10mL、锥形瓶 250mL、电炉。

（四）实训内容及步骤

1. 生产准备
（1）0.2mol/L 硫酸亚铁溶液（即莫氏盐溶液）　称取 80g $(NH_4)_2SO_4 \cdot FeSO_4 \cdot 6H_2O$ 溶于水，加入 30mL 6mol/L 硫酸，用水稀释至 1L。
（2）标定 0.2mol/L 硫酸亚铁溶液　吸取硫酸亚铁溶液 10mL，于 250mL 三角瓶中，加 50mL 水和 10mL 6mol/L 硫酸，用 0.1mol/L 高锰酸钾标准溶液滴定至粉红色。
（3）浓度计算

$$c = c_1 V_1 / 10$$

式中　c——硫酸亚铁标准溶液浓度，mol/L
　　　c_1——高锰酸钾标准溶液浓度，mol/L
　　　V_1——消耗高锰酸钾标准溶液的体积，mL
（4）重铬酸钾-硫酸溶液　取 200g 研细的重铬酸钾，溶于 250mL 水中，必要时加热至完全溶解，冷却后稀释至 500mL，全部移入 1L 烧杯中，缓慢加入浓硫酸 500mL，冷却后加水稀释至 1000mL。
（5）5g/L 邻菲罗啉指示剂　称取 0.5g 硫酸亚铁（$FeSO_4 \cdot 7H_2O$）溶于 100mL 水中，加 2 滴浓硫酸和 0.5g 邻菲罗啉，摇匀，该溶液现配现用。
2. 操作规程
操作步骤 1：准确称取 0.3~0.5g 风干土样（准至 0.001g），放入干燥的

18mm×16mm 硬质试管中，用移液管准确加入 0.8mol/L 重铬酸钾 5mL 溶液再加入 5mL 浓 H_2SO_4，摇动，使试样分散。

标准与要求：

（1）试样应为自然风干土样。

（2）称样量多少，应视试样中有机质多少而定。含腐殖质 7%～15% 的窖泥，可称 0.1g；2%～4% 者，可称 0.3g；小于 2% 者，可称 0.5g。

（3）试管一定要干燥。

操作步骤 2：在试管口放一小漏斗，将试管插入加热至 185～190℃ 的石蜡浴中，以铁丝笼固定试管，注意油浴温度控制在 170～180℃。

标准与要求：

（1）在试管口放一个小漏斗的目的是：冷凝蒸发出的水汽。

（2）油浴中插入温度计，随时观察温度，并控制温度在 170～180℃。

（3）小心烫伤。

（4）从试管内液面开始滚动或有大气泡发生时计时，煮沸 5min。

（5）消化温度和时间，对测定结果有较大影响。故应尽量准确和保持一致。

操作步骤 3：取出冷却后将试管内容物全部转移至 250mL 三角瓶中，用水反复冲洗试管和小漏斗，一并倒入三角瓶中，使溶液总体积为 60～70mL。

标准与要求：

（1）试管要用硬质试管，以防用水冷却时试管炸裂。

（2）注意试管中的样品液不要洒落出来。

操作步骤 4：滴入 2～3 滴邻菲罗啉亚铁指示剂，用 0.2mol/L 硫酸亚铁铵标准溶液滴定，由橙红变绿最后变为灰紫色为终点。

标准与要求：

（1）邻菲罗啉指示剂与空气接触时间较长，可能失效，应临用前配制。

（2）消化完毕后，如试管内重铬酸钾的红棕色消失，应适当减少试样重新测定。

（3）以水代替试样，按上述方法进行空白试验。

操作步骤 5：计算腐殖质：

$$腐殖质（g/100g绝干土样）= \frac{(V_0 - V) \times c \times 0.003 \times 1.724}{m} \times 1.1 \times \frac{100}{100 - \omega} \times 100$$

式中　V_0——空白试验耗硫酸亚铁铵的体积，mL

　　　V——试样测定时耗硫酸亚铁铵的体积，mL

　　　c——硫酸亚铁铵的浓度，mol/L

0.003——碳的毫摩尔质量，g/mmol

1.724——土壤中有机质含碳量以 58% 计，将有机碳换算成有机质需乘以的

系数（100/58 = 1.724）

    m——风干试样质量，g

  1.1——氧化校正系数

    ω——风干土样水分含量，%

五、实训考核方法

学生每人测定一个样品的腐殖质，并计算结果。结果超出真实值0.5%扣10分，1%扣20分，1.5%扣30分，以此类推，扣完为止。

六、课外拓展任务

根据班级人数将学生分为6组，分别寻找不同地方（例如，耕地、树林、马路边、花盆、鱼塘等）的泥土作为样品，测出腐殖质含量并做好记录。比较其差异，并分析原因。

思考：若人工培养窖泥，选择什么样的泥土较为合适？为什么？

七、知识链接

宜宾有一条古香古色的老街——鼓楼街。步入老街，一股浓郁的酒香便扑鼻而来，循香寻去，一处明代风貌的古典式建筑映入眼帘，这就是五粮液古窖池群——"长发升老窖"。进入糟坊内，酒香变得更加浓厚、沁人心脾，雾气腾腾，酿酒的师傅有的在起糟，有的在续糟，有的在蒸酒，白雾缭绕间，一股亮晶晶的原酒顺着主管流淌出来，仿佛让人回到了宋明时期。

这里是五粮液集团的一个车间，班组名为"东风组"。副组长张发明说，这里有我国现存最早并一直使用至今的地穴式曲酒发酵窖池。20世纪60年代，国家文物部门的考古专家从窖中的出土物分析，这些窖池属明代成化年间建造，至今已有600余年的历史。它的年纪比泸州万历年间的酒窖还要老108年，酒业有谚语："千年老窖万年糟，酒好全凭窖池老。"越是陈窖，酿造出来的酒所含对人体有利的物质比例越高，降低酒精对人体造成的伤害。因此窖龄越长，酿造出来的酒就越好。如今老当益壮的窖池，仍然默默地产出着好酒，其沿袭数千年的独特酿酒工艺和出产的堪称极品的酒，是五粮液的精髓所在。

五粮液香绝天下的奥秘之一，就是因为它使用的明代窖池历经600多年沧桑，一直未中断过发酵。作为浓香型优质大曲酒生产的主要发酵设备——窖池，其质量是浓香型大曲酒质量的关键，其活力的大小、能力的强弱对酒质风格的形成有着举足轻重的作用。

在五粮液古糟坊内参观你会发现，这里的各项操作仍然沿袭的是最古老的酿酒工艺。从分层起糟、续糟、蒸酒到黄泥封窖，全部是人工操作。蒸酒的过程中，"量质摘酒""按质并坛"这些传统工艺目前仍应用在五粮液的生产过程中，并成为五粮液优良品质的重要保证。

古窖池一个个被黄泥封好，沉睡着，四四方方的，有5t卡车的车兜大小，就像烧砖的窑。与窑不同，黄生生的泥土是潮湿的，用手指一戳就一个小窝。有工人扒开泥土在取糟，浓郁的酒香让人眩晕，随着一层层颗粒状的糟料被搬出窖池，灰白色的池壁就露出来了。湿漉漉的，像在往外渗水。张发明师傅告诉记者，到中华世纪坛参展的国宝古窖泥就是他亲手从老窖池池壁上取下来的。他说："原先灰白色的泥土拿到阳光下竟呈现出红、绿等五颜六色，而且颜色还在不断变化，很奇妙。"

五粮液技术中心王戎解释说："古窖泥里面的总酸、总酯及微生物种类非常多，光是有益的微生物，目前我们能够认识的就达几百种！"据介绍，古窖池是用宜宾独特的弱酸性黄泥黏土建造的，在酒的发酵过程中，窖池中会产生种类繁多的微生物和香味物质，并且慢慢地向泥窖深入渗透，变成了丰富的天然香源。窖龄越长，微生物和香味物质越多，酒香越浓。而黄泥含有的铁、磷、镍、钴等多种元素，对酒的品质起着重要作用，尤其是起固化作用的镍和起催化作用的钴。

五粮液的酿造更是传承自唐宋年间的生物工程。王戎告诉记者："酿酒的关键是微生物，香气实际上是微生物新陈代谢的产物，不同种类的微生物决定了酒香的不同。"王戎说："在酒糟的发酵过程中，窖池中会产生种类繁多的微生物和香味物质，并且慢慢地向泥窖深处渗透，变成了丰富的天然香源，窖龄越长，微生物和香味物质越多，酒香越浓。""那么，这样一块老窖泥土中含有多少个微生物呢？泥土的颜色为什么会变化？"记者很好奇。科研人员经过检测分析后发现，五粮液的每1g老窖泥中，含10亿个以上的微生物，形成一个庞大的微生物群落。泥土的颜色之所以变化，是因为里面的微生物还在不断地新陈代谢，产生新的物质。

目前的研究表明，在五粮液的酿造过程中，有150多种空气和泥土中的有益微生物共生共存所形成的网络，参与窖池发酵。例如大家熟知的酵母菌、己酸菌、乳酸菌、乙酸菌、丁酸菌等，当然还有几十种生物活性酶在为这些微生物做辅助工作。

离开了原来的环境，到北京参展的这一块国宝窖泥里面的微生物是否还能存活？

五粮液技术中心王戎说，五粮液古窖泥里面的微生物是厌氧菌，离开了原来的生存环境，这些微生物会"长出"芽孢，芽孢处于暂时的应激休眠状态，一旦再回到原来的环境，这些芽孢会生长成新的微生物。记者问："如果这些古窖泥被偷走，是不是五粮液就会存在技术机密失落的危险？"王戎："一方面我们对古窖池和古窖泥采取了最严密的保护措施，另外一个方面，如果离开了宜宾独特的自然环境，这些古窖泥就无法真正存活下去。"五粮液总裁王国春强调说，"宜宾温暖、湿润、少日照、微风、四季如春的中亚热带湿润季风气候最适合酿酒过程中己酸菌、乳酸菌、乙酸菌、丁酸菌、酵母菌等微生物按照相互依存的比例形成群落。而宜宾酒窖的地温温度，常年维持在 $10\sim20℃$，正是酒窖中的酿酒微生物得以正常生长的温度。"

五粮液的古窖泥是在这种特殊的地质、特殊的土壤、特殊的气候条件下，在特定的工艺条件辅助下，通过长期不断培养形成的。通过数百年的沉淀和累积，窖泥中栖息着的这些多种功能性微生物，参与了曲酒香味物质的合成和窖泥物化结构的改善，经过缓慢的生化作用，才产生出以己酸乙酯为主体的香气成分，并最终赋予了五粮液浓香曲酒特有的香味和风味。而酱香型白酒窖池是用石头垒砌的，因此缺少了窖泥这一关键性因素，造成酒味单调低下，这也是浓香型白酒是我国主流白酒的一个重要原因。

很多传统技艺有着深奥的科学道理，即使在当今科学技术迅猛发展的时代，有些传统操作还未能彻底解释清楚。据了解，美国、日本等一些科学发达的国家，借用当今最先进的科学技术，分析五粮液"古窖泥"中的成分，试图培养自己的"老窖"，但至今都没有成功。究其原因，就是离开了宜宾得天独厚的环境，很多有益微生物不能生存，五粮液已成为中国一个著名的原产地保护品牌。

记者了解到，五粮液集团十分重视古窖泥资源这一原创性核心技术的基础研究工作和开发应用工作，五粮液技术中心也专门成立了"窖池生态体系的研究与开发"项目组，长期对窖池生态体系的机理进行持续、深入地剖析和开发应用，努力寻找和诠释五粮液这一原创性核心技术的秘密和技巧。

就像它酿出的美酒，香了长江，醉了中华，香得山高水长，醉得天长地久，香醉了人间 600 年时光。

生产浓香型白酒，窖泥是基础，大曲是动力，工艺是关键。做浓香型优质酒，首先要抓好窖泥质量。窖泥的好坏直接决定着酒质的优劣。因为窖泥是己酸菌、甲烷菌、丁酸菌等各种有益微生物的载体和栖息场所，也是它的繁衍温床，这些有益微生物的种类和数量的多少是衡量窖泥质量的一个标准。浓香型大曲酒的主体香味物质是己酸乙酯，而己酸乙酯是由窖泥中梭状芽孢杆菌（己酸菌）等各种生香产酯微生物的代谢产物，所以没有好的窖泥，就不能生产上乘的浓香型优质酒。"百年老窖出好酒"也就是这个道理。

在浓香型大曲酒生产过程中，由于种种原因，给浓香型优质酒的生产带来很大的困难。一些厂家因窖泥退化导致酒质差，成本高而被迫停产。窖池老化，出现白色颗粒和白色针状结晶，造成原酒己酸乙酯含量降低。白色颗粒和白色针状结晶体是乳酸亚铁和乳酸钙的混合物，其中大部分是乳酸亚铁，当乳酸亚铁含量达到 0.1%，pH 下降，窖泥表面出现板结，含水量和透水能力降低，己酸菌数明显减少，代谢和产己酸能力明显下降，就是窖池老化的症状。窖泥老化严重的部位大部分在窖池中上部，嗅之香气小，是造成浓香型优质酒率低、成本高的主要原因。

做窖泥的各种微生物的最适温度在 32~35℃，而寒冷冬季北方大部分地区都在 5℃ 以下。利用发酵窖底培养窖泥，既利用了酒醅的发酵温度，又避免了空气对窖泥长时间的毒害，给微生物创造一个更适宜生长的环境。在窖底培养窖泥，一般根据窖池大小用泥厚度计算用量，每个窖可平铺窖泥 1~2.5m³，随酒醅发酵一个周期，再投入使用。在酒醅发酵过程中，各种微生物的新陈代谢使酒醅发热升温，保证了窖泥的培养温度。酒醅底部的厌氧条件，给己酸菌创造了一个良好的适应条件，使窖泥中的营养成分进一步得到了补充，各种有益菌数得到了提高，糟、泥优势也得到了互补。

任务十七　窖泥 pH 的测定

一、本任务在课程中的定位

本任务是白酒分析与检测训练中的基础训练项目，按照国家白酒分析与检测专业职业教育培养要求，进行常规分析——窖泥 pH 的测定任务训练。通过此项训练，培养学生熟悉不同窖泥的处理方法，掌握窖泥 pH 测定的基本原理和操作方法，掌握数据处理方法并进行误差分析。

二、本任务与国家（或国际）标准的契合点

本任务是按照食品检验工国家职业资格标准进行的训练。

三、教学组织及运行

本实训任务按照教师讲解、教师演示、学生训练方式进行，最后通过专项实训考核检验教学效果。

四、实训内容及要求

（一）实训目标

1. 知识目标
（1）了解 pH 的测定原理。
（2）熟悉 pH 计的使用方法。

2. 能力目标

（1）能够正确使用 pH 计。

（2）能够用 pH 计准确测出样品的 pH。

（二）实训重点及难点

1. 实训重点

（1）pH 的测定原理。

（2）pH 计的使用方法及步骤。

2. 实训难点

pH 计的使用方法及步骤。

（三）实训材料及设备

1. 实训材料

风干窖泥、pH 标准缓冲溶液。

2. 实训设备

电子天平、pH 计、烧杯 250mL、容量瓶、量筒 200mL、吸量管 10mL、锥形瓶 250mL。

（四）实训内容及步骤

1. 生产准备（或实训准备）

（1）缓冲液 pH4.00。

（2）缓冲液 pH6.86。

2. 操作规程

操作步骤 1：仪器校正

标准与要求：

用于试样 pH 相近的 pH 标准缓冲溶液（pH4.00、pH6.86 缓冲液），对仪器进行校正。

操作步骤 2：试样的测定

标准与要求：

（1）称取制备好的风干试样 5g（准确至 0.1g）于 100mL 烧杯中，加蒸馏水 50mL，间歇地搅拌 30min。

（2）澄清后用 pH 计测定，在试样液中插入 pH 测量电极，待平衡后读取 pH。

（3）每次测定完毕，用水冲洗电极，并将电极浸泡在蒸馏水或 3mol/L 的 KCl 溶液中，以备随时使用。

五、实训考核方法

学生每人测定一个样品的 pH，并计算结果。练习完毕后，对学生进行盲评。结果超出真实值 0.5% 扣 10 分，1% 扣 20 分，1.5% 扣 30 分，以此类推，扣完为止。

六、课外拓展任务

根据班级人数将学生分为 6 组，分别寻找不同地方（如，耕地、树林、马路边、花盆、鱼塘等）的泥土作为样品，测出 pH 并做好记录。比较其差异，并分析原因。

思考：若人工培养窖泥，选择什么样的泥土较为合适？为什么？

七、知识链接

环境中的酸碱度通常以氢离子浓度的负对数即 pH 来表示。环境中的 pH 对微生物的生命活动影响很大，主要作用在于：引起细胞膜电荷的变化，从而影响了微生物对营养物质的吸收；影响代谢过程中酶的活性；改变生长环境中营养物质的可给性以及有害物质的毒性。

每种微生物都有其最适 pH 和一定的 pH 范围。在最适范围内酶活性最高，如果其他条件适合，微生物的生长速率也最高。大多数细菌、藻类和原生动物的最适 pH 为 6.5~7.5，在 pH4~10 也可以生长；放线菌一般在微碱性即 pH7.5~8 最适合；酵母菌、霉菌则适合于 pH5~6 的酸性环境，但生存范围在 pH1.5~10。有些细菌甚至可以在强酸性或强碱性环境中生活。

微生物在基质中生长，代谢作用改变了基质中氢离子浓度。随着环境 pH 的不断变化，微生物生长受阻，当超过最低或最高 pH 时，将引起微生物的死亡。为了维持微生物生长过程中 pH 的稳定，配制培养基时要注意调节 pH，而且往往还要加入缓冲物以保证 pH 在微生物生长繁殖过程中的相对稳定。

强酸和强碱具有杀菌力。无机酸杀菌力虽强，但腐蚀性大。某些有机酸如苯甲酸可用作防腐剂。强碱可用作杀菌剂，但由于它们的毒性大，其用途局限于对排泄物及仓库、棚舍等环境的消毒。强碱对革兰阴性细菌与病毒比对革兰阳性细菌作用强。

较高的酸度可以抑制乃至杀灭许多种类的嗜热菌或嗜温微生物；而在较酸的环境中还能存活或生长的微生物往往不耐热。这样，就可以对不同 pH 的食品物料采用不同强度的热杀菌处理，既可达到热杀菌的要求，又不致因过度加热而影响食品的质量。

对热处理食品按 pH 分类的方法有多种不尽相同的方式，如分为高酸性

（≤3.7）、酸性（>3.7～4.6）、中酸性（>4.6～5.0）和低酸性（>5.0）这四类，也有分为高酸性（<4.0）、酸性（4.0～4.6）和低酸性（>4.6）这三类的，还有其他一些划分法。

但从食品安全和人类健康的角度，只要分成酸性（≤4.6）和低酸性（>4.6）两类即可。这是根据肉毒梭状芽孢杆菌的生长习性来决定的。在包装容器中密封的低酸性食品给肉毒杆菌提供了一个生长和产"毒"的理想环境。肉毒杆菌在生长的过程中会产生致命的肉毒素。因为肉毒杆菌对人类的健康危害极大，所以罐头生产者一定要保证杀灭该菌。试验证明，肉毒杆菌在 pH≤4.8 时就不会生长（也就不会产生毒素），在 pH≤4.6 时，其芽孢受到强烈的抑制，所以，pH4.6 被确定为低酸性食品和酸性食品的分界线。另外，科学研究还证明，肉毒杆菌在干燥的环境中也无法生长。所以，以肉毒杆菌为杀灭对象的低酸性食品被划定为 pH>4.6、A_w>0.85。因而所有 pH 大于 4.6 的食品都必须接受基于肉毒杆菌耐热性所要求的最低热处理量。

在 pH≤4.6 的酸性条件下，肉毒杆菌不能生长，其他多种产芽孢细菌、酵母及霉菌则可能造成食品的败坏。一般而言，这些微生物的耐热性远低于肉毒杆菌，因次不需要如此高强度的热处理过程。

有些低酸性食品物料因为感官品质的需要，不宜进行高强度的加热，这时可以采取加入酸或酸性食品的办法使整罐产品的最终平衡 pH 在 4.6 以下，这类产品称为"酸化食品"。酸化食品就可以按照酸性食品的杀菌要求来进行处理。

任务十八　白酒中酒精含量的测定

一、本任务在课程中的定位

本任务是白酒分析与检测中成品酒检测的基础训练项目，按照国家白酒分析与检测专业职业教育培养要求，进行白酒中酒精含量的测定任务训练。通过此项训练，培养学生熟悉白酒中酒精含量的测定方法，掌握酒精度测定的基本原理和操作方法，掌握数据处理方法并进行误差分析。

二、本任务与国家（或国际）标准的契合点

本任务是按照食品检验工国家职业资格标准进行的训练。

三、教学组织及运行

本实训任务按照教师讲解、教师演示、学生训练方式进行，最后通过专项

实训考核检验教学效果。

四、实训内容及要求

（一）实训目标

1. 知识目标
（1）了解测定酒精含量的影响因素。
（2）熟悉成品酒酒精含量的测定方法。
（3）掌握相对密度法测定原理。
2. 能力目标
（1）熟练样品的蒸馏等操作。
（2）能利用相对密度法测定酒精含量。

（二）实训重点及难点

1. 实训重点
相对密度法测定酒精含量。
2. 实训难点
蒸馏操作。

（三）实训材料及设备

1. 实训材料
白酒。
2. 实训设备
蒸馏烧瓶、冷凝器、容量瓶、酒精计。

（四）实训内容及步骤

1. 生产准备
吸取 100mL 酒样，于 500mL 蒸馏烧瓶中加水 100mL 和数粒玻璃珠或碎瓷片，装上冷凝器进行蒸馏，以 100mL 容量瓶接收馏出液（容量瓶浸在冰水浴中）。收集约 95mL 馏出液后，停止蒸馏，用水稀释至刻度，摇匀备用。

注：原酒样经蒸馏处理，有利于避免酒中固形物和高沸物对酒精含量测定的影响，测出的酒精含量会高一些，高 0.15%～0.45%vol。同时这种蒸馏方法也容易造成酒精挥发损失和蒸馏回收不完全的负效应，使测定值偏低。所以在固形物不超标的情况下，采用不蒸馏直接测定法。

2. 操作规程

操作步骤 1：取样：取样量 100mL；取样仪器：移液管。

标准与要求：样品在装瓶前的温度必须低于 20℃，若高于 20℃，恒温时会因液体收缩而使瓶内样品不满带来误差。

操作步骤 2：移液管的操作：吸液、调整液面、放液。

标准与要求：盛样品所用量筒要放在水平的桌面上，使量筒与桌面垂直。不要用手握住量筒，以免样品的局部温度升高。

操作步骤 3：溜出液的收集：以 100mL 容量瓶接收溜出液，容量瓶浸在冰水浴中，收集约 95mL 溜出液后，停止收集，用水稀释至刻度，摇匀备用。

标准与要求：

（1）注入样品时要尽量避免搅动，以减少气泡混入。注入样品的量，以放入酒精计后，液面稍低于量筒口为宜。

（2）读数前，要仔细观察样品，待气泡消失后再读数。

（3）读数时，可先使眼睛稍低于液面，然后慢慢抬高头部，当看到的椭圆形液面变成一直线时，即可读取此直线与酒精计相交处的刻度。

操作步骤 4：将附温度计的 25mL 密度瓶洗净、烘干、恒重。然后注满煮沸冷却至 15℃ 左右的蒸馏水，插上带温度计的瓶塞，排除气泡，浸入（20±0.1）℃ 的恒温水浴中，待内容物温达 20℃ 时，保持 20min，取出。用滤纸擦干瓶壁，盖好盖子，称重。

倒掉密度瓶中水，洗净、烘干、恒重，注入混匀的溜出液，测定方法同上。

标准与要求：

注意测定酒精度的同时测定温度。

操作步骤 5：计算

$$d_{20}^{20} = \frac{m_2 - m}{m_1 - m}$$

式中　d_{20}^{20}——馏出液 20℃ 时的相对密度

　　m——密度瓶的质量，g

　　m_1——密度瓶和水的质量，g

　　m_2——密度瓶和馏出液的质量，g

根据酒样相对密度 d_{20}^{20}，查表（GB/T 10345—2007），得出酒醅的酒精含量。

五、实训考核方法

学生练习完后采用随机的方式进行项目考核，具体考核表和评分标准如下。

白酒中酒精含量的测定结果

	第1次	第2次	第3次	3个平行样 得分平均值
读数结果				
得分				

评分标准：满分20分；平行样结果允许差不超过0.2%；两次试验结果差超过0.2%为不得分；两次试验结果差不超过0.05%，得20分；两次试验结果差在0.05%~0.2%，得15分。最后取3个平行样得分的平均值。

六、课外拓展任务

根据教室内外温度的不同，分别在不同地方的用酒精计测定不同的白酒样液，测出酒精度值并做好记录。比较其差异，并分析原因。

七、知识链接

酒精计法测定酒精含量

吸取100mL酒样，于500mL蒸馏烧瓶中加水100mL和数粒玻璃珠或碎瓷片，装上冷凝器进行蒸馏，以100mL容量瓶接收馏出液（容量瓶浸在冰水浴中）。收集约95mL馏出液后，停止蒸馏，用水稀释至刻度，摇匀备用。

注：原酒样经蒸馏处理，有利于避免酒中固形物和高沸物对酒精含量测定的影响，测出的酒精含量会高一些，高0.15%~0.45%vol。同时这种蒸馏方法也容易造成酒精挥发损失和蒸馏回收不完全的负效应，使测定值偏低。所以在固形物不超标的情况下，采用不蒸馏直接测定法。

把蒸出的酒样（或原酒样）倒入洁净、干燥的100mL量筒中，同时测定酒精度及酒液温度，然后换算成20℃时酒精含量。

将量筒中馏出液搅拌均匀静置几分钟，排除气泡，轻轻放入洗净、擦干的酒精计。再略按一下，静置后，水平观测与弯月面相切处的刻度示值，同时测量温度。查表（GB/T 10345—2007），换算成20℃时的酒精体积分数。

任务十九　白酒中总酸含量的测定

一、本任务在课程中的定位

本任务是白酒分析与检测中成品酒检测的基础训练项目，按照国家白酒分析与检测专业职业教育培养要求，进行白酒中总酸含量的测定任务训练。通过此项训练，培养学生熟悉白酒中总酸含量的测定方法，熟悉酸碱滴定的原理，掌握碱式滴定管操作和终点判定等操作技巧，掌握数据处理方法并进行误差分析。

二、本任务与国家（或国际）标准的契合点

本任务是按照食品检验工国家职业资格标准进行的训练。

三、教学组织及运行

本实训任务按照教师讲解、教师演示、学生训练方式进行，最后通过专项实训考核检验教学效果。

四、实训内容及要求

（一）实训目标

1. 知识目标
（1）了解白酒中总酸的种类。
（2）理解指示剂法的原理及方法。
2. 能力目标
（1）掌握碱式滴定管操作技巧。
（2）掌握终点判定标准。

（二）实训重点及难点

1. 实训重点
碱式滴定管操作。
2. 实训难点
酸碱滴定的终点判断。

（三）实训材料及设备

1. 实训材料

酚酞、氢氧化钠、苯二甲酸氢钾、白酒。

2. 实训设备

碱式滴定管、电子天平、烘箱、称量瓶、移液管、容量瓶。

（四）实训内容及步骤

1. 生产准备

（1）1%酚酞指示液配制　称取酚酞1.0g，溶于60mL乙醇中，用水稀释至100mL。

（2）0.1mol/L氢氧化钠标准溶液的配制及标定。

①配制：将氢氧化钠配成饱和溶液，注入塑料瓶中，封闭放置至溶液清亮，使用前虹吸上清液。量取5mL氢氧化钠饱和溶液，注入1000mL不含二氧化碳的水中，摇匀。

②标定：称取于105~110℃烘至恒重的基准邻苯二甲酸氢钾0.6g（称准至0.0001g），溶于50mL不含二氧化碳的水中，加入酚酞指示液2滴，以新制备的氢氧化钠溶液滴定至溶液呈微红色为其终点，平行四次，同时做空白试验。

③计算：氢氧化钠标准溶液的摩尔浓度（c）按以下公式计算。

$$c = \frac{m}{(V-V_1) \times 0.2042}$$

式中　c——氢氧化钠标准溶液浓度，mol/L

　　　m——基准邻苯二甲酸氢钾的质量

　　　V——滴定时，消耗氢氧化钠溶液的体积，mL

　　　V_1——空白试验消耗氢氧化钠溶液的体积，mL

0.2042——与1.00mL氢氧化钠标准溶液［c（NaOH）=1.000mol/L］相当的以g表示的邻苯二甲酸氢钾的质量

2. 操作规程

操作步骤1：取酒样50.0mL于250mL锥形瓶中，加入酚酞指示液2滴。

标准与要求：

（1）取样　取样量50mL；取样仪器：移液管。

（2）移液管的操作　吸液、调整液面、放液。

操作步骤2：以0.1mol/L氢氧化钠标准溶液滴定至微红色，为其终点，记录消耗标准溶液的体积（V），平行四次。

标准与要求：

终点判断：待滴定至溶液开始出现微红色时即接近终点，摇匀后红色消失，这时要注意加半滴氢氧化钠充分摇匀，最好每滴半滴间隔 2~3s，滴到溶液呈微红色即为终点。

操作步骤3：数据记录与计算

$$X = \frac{c \times V \times 0.0601}{50.0} \times 1000$$

式中　　X——酒样中总酸的含量（以乙酸计），g/L

　　　　c——氢氧化钠标准溶液浓度，mol/L

　　　　V——测定时消耗氢氧化钠标准溶液的体积，mL

　0.0601——1.00mL 氢氧化钠标准溶液 [c（NaOH）= 1.000mol/L] 相当的以克表示的乙酸的质量

　50.0——取样体积，mL

标准与要求：

精度分析：计算极差，要求四次平行测定结果的极差/平均值不大于0.2%，取算术平均结果为报告结果，配制浓度与规定浓度之差不大于5%。

五、实训考核方法

学生每人测定一个酒样的总酸值，平行三次并计算结果。练习完毕后，对学生进行盲评。结果超出真实值 0.5%扣 10 分，1%扣 20 分，1.5%扣 30 分，以此类推，扣完为止。

六、课外拓展任务

根据班级人数，全班共分为 5 组，分别取浓香型高度白酒，浓香型低度白酒，酱香型高度白酒，酱香型低度白酒及清香型白酒，测出其酸度含量并做好记录。比较各种酒的酸度值，并分析原因。

七、知识链接

白酒中酸的功能

酸与白酒中的酯、醇、醛等物质相比，其作用力最强，功能相当丰富，影响面广。

1. 消除酒的苦味

酒中有苦味是白酒的通病，酒的苦味多种多样，以口和舌的感觉而言，有前苦、后苦、舌苦、舌面苦，苦的持续时间长或短，有的苦味重，有的苦味轻，有的苦中带甜，有的甜中带苦，或者是苦辣、焦苦、杂苦等。白酒不可避免都含有苦味物质，在正常生产的情况下，苦味物质大体相同，但是有的批次酒不苦，有的批次酒苦。不苦的酒苦味物质依然存在，它们不可能消失，显然是苦味物质和酒中的某一些物质之间存在一种明显的相互作用，这些物质就是酸类。

2. 酸是新酒老熟的有效催化剂

白酒内部的酸本身就是很好的老熟催化剂，它们量的多少和组成情况如何及酒本身的协调性如何，对酒加速老熟的能力不同。控制入库新酒的酸量，把握好其他一些必要的协调因素，对加速酒的老熟可起到事半功倍的效果。

3. 酸是白酒最重要的味感剂

白酒对味觉刺激的综合反应就是口味。对口味的描述尽管多种多样，但都有共识，如讲究白酒入口的后味、余味、回味等。酸主要表现出对味的贡献，是白酒最重要的味感物质。主要表现在：增长后味，增加味道，减少或消除杂味，可出现甜味和回甜感，消除燥辣感，可适当减轻中、低度酒的水味。

4. 对白酒香气有抑制和掩蔽作用

勾兑实践中往往碰到这种情况，含酸量高的酒加到含酸量正常的酒中，对正常酒的香气有明显的压抑作用，俗称"压香"；白酒酸量不足时，普遍存在的问题是醋香突出，香气复合程度不高等，含酸量较高的酒做适当调整后，酯香突出，香气复合性差等弊端在相当大的程度上得以解决。酸在解决酒中各类物质之间的融合程度，改变香气的复合性方面，显示出它特殊的作用。

5. 酒中酸控制不当可使酒质变坏

酸的控制主要应注意以下三个方面。

（1）酸量要控制在合理范围内。白酒中的酸量首先符合国家标准或其他行业、企业标准规定。针对不同的酒体来说，总酸量要有多少才有较好或最好效果是一个不定值，要通过勾兑人员的经验和口感来决定。

（2）含量较多的四大酸构成比例是否合理，若这四大酸的比例关系不当，将给酒质带来不良后果。

（3）酸量严重不足或超量太多势必影响酒质甚至改变风格。

实践证明，酸量不足酒发苦，邪杂味露头，酒味不净，单调，不谐调，酸量过多，酒变粗糙，放香差，闻香不正，带涩等。

6. 酸的恰当运用可以产生新风格

老牌国家名酒董酒，特点之一是酸含量特别高，比国家任何一种香型的白酒都高。董酒中的丁酸含量是其他名酒的2~3倍，但它与其他成分谐调而具有爽口的特点，因此可以说在特定条件下，酸的恰当运用可以产生新的酒体和风格。

任务二十　白酒中总酯含量的测定

一、本任务在课程中的定位

本任务是白酒分析与检测中成品酒检测的基础训练项目，按照国家白酒分析与检测专业职业教育培养要求，进行白酒中总酯含量的测定任务训练。通过此项训练，培养学生熟悉白酒中总酯含量的测定方法，熟悉白酒中总酯的种类和测定原理，掌握碱式滴定管操作和终点判定等操作技巧，掌握数据处理方法并进行误差分析。

二、本任务与国家（或国际）标准的契合点

本任务是按照食品检验工国家职业资格标准进行的训练。

三、教学组织及运行

本实训任务按照教师讲解、教师演示、学生训练方式进行，最后通过专项实训考核检验教学效果。

四、实训内容及要求

（一）实训目标

1. 知识目标
（1）了解白酒中总酯的种类。
（2）理解指示剂法的原理及方法。
2. 能力目标
（1）掌握碱式滴定管操作技巧。
（2）掌握终点判定标准。

（二）实训重点及难点

1. 实训重点
碱式滴定管操作。
2. 实训难点
酸碱滴定的终点判断。

（三）实训材料及设备

1. 实训材料

固体 NaOH、酚酞指示剂、硫酸（或盐酸）标准溶液、白酒。

2. 实训设备

碱式滴定管、容量瓶、移液管、锥形瓶、烧杯、量筒。

（四）实训内容及步骤

1. 生产准备

0.1mol/L NaOH 溶液的配制与标定。

（1）配制　通过计算求出配制 500mL 0.1mol/L NaOH 溶液所需的固体 NaOH 的量，在台秤上迅速称出，置于烧杯中，立即用 500mL 水溶解，配制成溶液，贮于具橡皮塞的细口瓶中，充分摇匀。

（2）标定　准确移取 2.5mL 硫酸（或盐酸）标准溶液放入 250mL 锥形瓶或烧杯中，加入二滴酚酞指示剂，用 NaOH 标准溶液滴定至呈微红色 30s 内不褪，即为终点。三次测定的相对平均偏差应小于 0.2%，否则应重复测定。

2. 操作规程

操作步骤 1：吸取酒样 50.0mL 于 250mL 锥形瓶中，加入酚酞指示液 2 滴。以 0.1mol/L 氢氧化钠标准溶液滴定至微红色，为其终点，平行四次。

标准与要求：

终点判断：待滴定至溶液开始出现微红色时即接近终点，摇匀后红色消失，这时要注意加半滴氢氧化钠充分摇匀，最好每滴半滴间隔 2~3s，滴到溶液呈微红色即为终点。

操作步骤 2：吸取酒样 50.0mL 于 250mL 具塞锥形瓶中，加入酚酞指示液 2 滴，以 0.1mol/L 氢氧化钠标准滴定溶液滴定至粉红色（切勿过量），记录消耗氢氧化钠标准溶液的体积数（mL，也可作为总酸含量计算）。再准确加入 0.1mol/L 氢氧化钠标准溶液 25.0mL，若酒样总酯含量高时，可加入 50.0mL，摇匀，装上冷凝管，于沸水浴上回流 0.5h，取下冷却至室温，然后用 0.1mol/L 硫酸标准溶液进行反滴定，使微红色刚好完全消失为其终点，记录消耗 0.1mol/L 硫酸标准溶液的体积，平行四次。

标准与要求：

（1）皂化过程中采用恒温水浴锅 100℃，从第一滴冷凝液滴下开始计时，皂化 30min，确保皂化充分。

（2）在用硫酸进行反滴定过程中，要保持匀速的滴定速度，过快反应不全，容易过量。

操作步骤 3：数据记录与处理。样品中总酯的含量按下式计算：

$$X=\frac{(c\times25.0-c_1\times V)\times0.088}{50.0}\times1000$$

式中　X——酒样中总酯的含量（以乙酸乙酯计），g/L

　　　c——氢氧化钠标准溶液的摩尔浓度，mol/L

　25.0——皂化时，加入 0.1mol/L 氢氧化钠标准溶液的体积，mL

　　　c_1——硫酸标准溶液的摩尔浓度，mol/L

　　　V——测定时，消耗 0.1mol/L 硫酸标准溶液的体积，mL

0.088——1.00mL 氢氧化钠标准溶液 [c（NaOH）= 1.000mol/L] 相当的以

　　　　g 表示的乙酸乙酯的质量

　50.0——取样体积，mL

标准与要求：

精度分析：计算极差，要求四次平行测定结果的极差/平均值不大于 0.2%，取算术平均结果为报告结果，配制浓度与规定浓度之差不大于 5%。

五、实训考核方法

学生每人测定一个酒样的总酯值，平行三次并计算结果。练习完毕后，对学生进行盲评。结果超出真实值 0.5% 扣 10 分，1% 扣 20 分，1.5% 扣 30 分，以此类推，扣完为止。

六、课外拓展任务

根据班级人数，全班共分为 5 组，分别取浓香型高度白酒，浓香型低度白酒，酱香型高度白酒，酱香型低度白酒及清香型白酒，测出其总酯含量并做好记录。

七、知识链接

酯类物质对酒质的影响

微量物质中，含量最多、对白酒影响最大的是酯类，一般优质的白酒，酯类含量相对较高，平均在 0.2%~0.6%，普通白酒不足 0.1%，因此优质白酒比普通白酒香气浓郁。

酯类是组成香味的重要物质，是白酒发酵后期由酸和醇在酿酒微生物的作用下的产物，是一类具有芳香性气味的化合物，多呈现果香。酯类在白酒中主要起呈香作用，可在不同程度上增加酒的香气，是形成酒体香气浓郁的主要因素。在白酒中，起主要呈香作用的酯类有己酸乙酯、乳酸乙酯和乙酸乙酯，三者之和占总酯含量的 85% 以上，因此称为"三大酯"。

酯类是白酒质量鉴定中很重要的指标，如浓香型白酒中检测总酯和己酸乙酯，清香型白酒中检测总酯和乙酸乙酯等。酒中己酸乙酯含量及与其他酯类的比值是否协调决定着浓香型白酒的优劣，研究发现浓香型白酒中，总酯与己酸乙酯之间的比例关系与酒质有一定的关系：己酸乙酯与总酯含量的比值越低，酒质较好；比值越高，酒质越差。

任务二十一　白酒中总醛含量的测定

一、本任务在课程中的定位

本任务是白酒分析与检测中成品酒检测的基础训练项目，按照国家白酒分析与检测专业职业教育培养要求，进行白酒中总醛含量的测定任务训练。通过此项训练，培养学生熟悉白酒中总醛含量的测定方法，熟悉白酒中总醛的种类和测定原理，掌握滴定管操作和终点判定等操作技巧，掌握数据处理方法并进行误差分析。

二、本任务与国家（或国际）标准的契合点

本任务是按照食品检验工国家职业资格标准进行的训练。

三、教学组织及运行

本实训任务按照教师讲解、教师演示、学生训练方式进行，最后通过专项实训考核检验教学效果。

四、实训内容及要求

（一）实训目标

1. 知识目标
（1）了解白酒中总醛的种类。
（2）理解碘量法的原理及方法。
2. 能力目标
（1）掌握总醛的测定方法。
（2）掌握滴定管操作技巧。
（3）掌握终点判定标准。

（二）实训重点及难点

1. 实训重点
滴定管操作。
2. 实训难点
滴定的终点判断。

（三）实训材料及设备

1. 实训材料
0.10mol/L 盐酸溶液（8.4mL 浓盐酸稀释至 1L）；12g/L 亚硫酸氢钠溶液；1mol/L 碳酸氢钠溶液；碘标准液 c（$1/2$ I_2）= 0.1mol/L：称取 12.8g 碘、40g 碘化钾于研钵中，加少量水研磨至溶解，用水稀释至 1L，贮存于棕色瓶中；碘标准使用液 c（$1/2$ I_2）= 0.1mol/L：取 0.1mol/L 碘标准溶液 500mL，用水定容至 1L，贮存于棕色瓶中；1% 淀粉指示剂。

2. 实训设备
分光光度计、碘量瓶、滴定管。

（四）实训内容及步骤

1. 生产准备
吸取酒样 25.0mL 于 250mL 碘量瓶中。
2. 操作规程
操作步骤 1：在盛有 25.0mL 酒样的碘量瓶中，加亚硫酸氢钠溶液 25mL、0.1mol/L 盐酸溶液 10mL，摇匀，于暗处放置 1h。

标准与要求：乙醛的水溶液与亚硫酸氢钠的反应比较彻底，乙醛在（水 + 乙醇）体系中与 $NaHSO_3$ 的反应不完全。

操作步骤 2：取出用少量水冲洗瓶塞，以 0.1mol/L 碘液滴定，接近终点时，加淀粉指示剂 1mL，改用 0.05mol/L 碘标准使用液滴定至淡蓝紫色出现（不计数）。加 1mol/L 碳酸氢钠溶液 30mL，微开瓶塞，摇荡 0.5min（溶液呈无色），用 0.05mol/L 碘标准使用液释放出的亚硫酸氢钠至蓝紫色为终点，消耗体积 V，平行四次。

同时做空白实验，消耗体积为 V_0。

标准与要求：

（1）当加入 $NaHSO_3$ 的量增加 1 倍时，反映测定醛含量准确度的回收率提高约 5%。

（2）通过增加亚硫酸氢钠溶液的加入量，能够提高测量酒样总醛含量的准确度，能防止发生因亚硫酸氢钠加入量不足导致的总醛含量超标却检验合格的错误。

操作步骤 3：计算。

$$X=\frac{(V-V_0)\times c\times 0.022}{25}\times 1000$$

式中　X——酒样中醛含量（以乙醛计），g/L

　　　　V——酒样中消耗碘标准使用液的体积，mL

　　　　V_0——空白消耗碘标准使用液的体积，mL

　　　　c——碘标准使用液的浓度，mol/L

　　　　25——取样体积，mL

　0.022——与 1.00mL 碘标准使用液浓度 $[c(1/2\ I_2)=1.000$mol/L$]$ 相当的以克表示的乙醛的质量

五、实训考核方法

学生每人测定一个酒样的总醛值，平行三次并计算结果。练习完毕后，对学生进行盲评。结果超出真实值 0.5% 扣 10 分，1% 扣 20 分，1.5% 扣 30 分，以此类推，扣完为止。

六、课外拓展任务

比色法测定白酒中的总醛。

1. 分析步骤

吸取酒样和醛标准系列溶液各 2mL，分别注入 25mL 具塞比色管中，加水 5mL、显色剂 2.00mL，加塞摇匀，在室温（应不低于 20℃）放置 20min 显色后比色。

用 2cm 比色杯，于 555nm 波长处，以试剂空白（零管）调零，测定吸光度。绘制标准曲线，或用目测法比较。

2. 计算

$$X=\frac{m}{V\times 1000}\times 1000$$

式中　X——酒样中总醛（以乙酸计）含量，g/L

　　　　m——测定试样中的醛量，mg

　　　　V——取样体积，mL

七、知识链接

白酒中的醛类是有害的吗？

长期以来我们对于白酒中的微量香气成分检测停留在常规分析水平上，以致造成认知上某种局限，其中之一就是总醛，一般以乙醛为主。乙醛在酒精正常发酵过程中是由酵母将糖变为乙醇的中间产物，同时乙醇经氧化也会产生乙醛，因此有时把它看作酸败过程的产物。纯品乙醛为无色液体，有特殊辛辣刺激臭，能与水、醇混合，从而对于白酒中所存在的总醛往往和酒精生产中一样认为是杂质或有害物质。近年来，为了提高产品质量，某些固态法发酵或液态法发酵白酒厂试验报道了降低乙醛含量的技术措施。也有的同志认为经常喝含游离状态乙醛的酒，容易养成酒瘾，因此应规定其含量指标。随着色谱分析技术应用到白酒芳香成分剖析以后，经对大量酒样的分析，对于醛类组分的认识也深化了。兹将有关代表性的酒样分析结果列表如下。

几种白酒中乙醛及乙缩醛含量   单位：mg/100mL

	茅台酒	汾酒	泸州特曲	五粮液	双沟大曲	湘山酒	包头二锅头	呼和浩特液态法白酒
乙缩醛	121.4	51.4	122.1	86.4	70.2	14.2	37.1	25.0
乙醛	55.0	14.0	44.0	26.0	22.8	4.0	7.6	8.0

从上表可见凡风味质量好的优质白酒，除米香型湘山酒外，其乙醛及乙缩醛的含量是较多的，而普通二锅头或液态法白酒中的含量却较低，虽然纯品乙醛有刺激臭，但乙缩醛却有愉快的清香感。乙缩醛是由一分子乙醛和两分子的乙醇缩合而成，这是蒸馏酒老熟的重要反应。刚蒸馏出来的新酒经贮存后，一部分乙醛挥发掉，一部分缩合成乙缩醛，则醛所特有的刺激臭消失，香气平和，口味由粗糙辛辣变为醇和；这一平衡反应在酒精度高时生成缩醛要多，同时反应速度在 pH 低时则快（实例：在 40% 溶液酒精中 pH=3 时，36h 即达到平衡；而在 pH=5 时则需要一个月才能达到平衡）。

显然乙醛与乙缩醛是白酒中重要芳香组成分之一，就风味质量而言不是有害的，它们在白酒中的作用可能是有助于放香。此外，在酱香型白酒中还含有较多量的糠醛以及某些芳香族的醛类（如香草醛、肉桂醛、丁香醛等），在酱香型白酒中可能也是需要进一步研究的芳香成分。

但是，另一方面，对醛类也得具体分析，不能笼统说是好是坏。丙烯醛与壬二酸半乙醛乙酯等在白酒中就属于坏的成分。丙烯醛是某些采用液态发酵法生产的白酒厂由于生产工艺中卫生条件差，有时出现异常发酵而产生，与它同时产生的还有丙烯醇。丙烯醛的来源主要是污染了某些种类的乳酸菌，它将甘油生成一羟基丙醛（乳醛），在蒸馏时变成丙烯醛。异常发酵酒对人体鼻、眼有强烈的刺激作用，嗅之刺鼻并流泪。丙烯醛和丙烯醇含量分别高达 80mg/100mL 及 150mg/100mL 以上，在酒尾中仍有相当的含量。纯品丙烯醛有窒息的不愉快气味，伤眼睛和黏膜，有毒，是一种催泪气，沸点 52.5℃。丙烯醇有刺激性，像芥末气味，有毒，尤有害于眼睛，为战争用毒气之一，沸点 95～98℃。可见这两种成分的毒性比甲醇有过之而无不及，在有的异常发酵酒中的含量比以薯类为原料的甲醇还高得多，因此，生产厂必须设法严加防止，上级主管部门应列为食品卫生控制指标。

最近日本烧酒出现的油臭异味，经试验研究证实油臭来自于成品酒中的亚油酸乙酯。它在贮存过程中氧化分解成壬二酸半醛乙酯，并伴随有微量的正己醛、2，4-香堇叶醛、庚二酸单乙醛乙酯。这四种醛类都为油臭物质而使成品酒风味质量下降，这对我国生产 40%vol 以下的白酒具有一定参考意义。

诚然，对于白酒中的微量成分，须自实际出发，以实事求是的态度，从风味质量、食品卫生等各方面综合分析，才能予以确切的评论，随着今后研究工作的开展，必将会有更为全面的认识。

任务二十二　白酒中固形物含量的测定

一、本任务在课程中的定位

本任务是白酒分析与检测中成品酒检测的基础训练项目，按照国家白酒分析与检测专业职业教育培养要求，进行白酒中固形物含量的测定任务训练。通过此项训练，培养学生熟悉白酒中固形物含量的测定方法，熟悉白酒中总酯的种类和测定原理，掌握碱式滴定管操作和终点判定等操作技巧，掌握数据处理方法并进行误差分析。

二、本任务与国家（或国际）标准的契合点

本任务是按照食品检验工国家职业资格标准进行的训练。

三、教学组织及运行

本实训任务按照教师讲解、教师演示、学生训练方式进行，最后通过专项实训考核检验教学效果。

四、实训内容及要求

（一）实训目标

1. 知识目标
（1）了解白酒中总酯的种类。

（2）理解指示剂法的原理及方法。

2. 能力目标

（1）掌握碱式滴定管操作技巧。

（2）掌握终点判定标准。

（二）实训重点及难点

1. 实训重点

碱式滴定管操作。

2. 实训难点

酸碱滴定的终点判断。

（三）实训材料及设备

1. 实训材料

固体 NaOH、酚酞指示剂、硫酸（或盐酸）标准溶液、白酒。

2. 实训设备

碱式滴定管、容量瓶、移液管、锥形瓶、烧杯、量筒。

（四）实训内容及步骤

1. 生产准备

吸取酒样 50mL，注入已烘干恒重的 100mL 瓷蒸发皿中。

蒸发皿的洗涤是一项很重要的操作。蒸发皿洗得是否合格，会直接影响固形物分析结果的可靠性与准确度。选择合适的刷子，蘸水（或根据情况使用洗涤剂）刷洗，洗去灰尘和可溶性物质，用洁净的镊子夹住蒸发皿，先反复刷洗，然后边刷边用自来水冲洗，当倾去自来水后，达到蒸发皿上不挂水珠，则用少量蒸馏水或去离子水分多次（最少三次）冲洗，洗去所沾的自来水，干燥后使用。

2. 操作规程

操作步骤 1：将盛有酒样的瓷蒸发皿于沸水浴上蒸发至干。

标准与要求：电热恒温水浴锅水箱要定期刷洗，箱内加入足够量的蒸馏水，一定不要加自来水，因为自来水含有杂质，蒸发皿置于沸水浴上蒸发时，水箱内水沸腾会附在蒸发皿的底部引起固形物检测结果偏高。

操作步骤 2：于 100~105℃烘箱内干燥 2h。

标准与要求：

（1）电热恒温箱内要保持整洁，蒸发皿放入烘箱内，不要和试剂同时烘，否则可能延长烘干时间，甚至引起样品变化。

（2）电热恒温箱温度控制在恒温（103±2）℃，可防止因温度偏低而使固形物偏高，温度偏高使固形物偏低，同时也保证了检测结果的平行性及恒重的要求。

操作步骤3：取出置于干燥器内冷却30min后称量，再烘1h，于干燥器内冷却30min后称量。反复上述操作，直至恒重。

标准与要求：

（1）分析天平是准确称量物质必不可少的仪器。称量前要校准天平，检查天平秤盘是否干净，称量速度要快、稳，读数据要准。

（2）蒸发皿取出置于干燥器内冷却时，干燥器内变色硅胶要呈天蓝色，磁板要无灰尘。

（3）在检测固形物的操作过程中，操作者在取用蒸发皿时，一定要使用镊子，切忌用手直接拿取，而影响固形物的检测结果。

操作步骤4：计算。

固形物含量的计算公式如下：

$$固形物含量（g/L）=（m-m_1）×（1/50）×1000$$

式中　m——固形物和蒸发皿的质量，g

　　m_1——蒸发皿的质量，g

　　50——取样体积，mL

标准与要求：

精度分析：计算极差，要求四次平行测定结果的极差/平均值不大于0.2%，取算术平均结果为报告结果，配制浓度与规定浓度之差不大于5%。

五、实训考核方法

学生每人测定一个酒样的固形物含量值，平行三次并计算结果。练习完毕后，对学生进行盲评。结果超出真实值0.5%扣10分，1%扣20分，1.5%扣30分，以此类推，扣完为止。

六、课外拓展任务

根据班级人数，全班共分为5组，分别取浓香型高度白酒，浓香型低度白酒，酱香型高度白酒，酱香型低度白酒及清香型白酒，测出其白酒检验原始数据并做好记录。

白酒检验原始记录

样品编号		样品名称		检验日期		室温		℃
执行标准				GB/T 10345—2007				
测定仪器 及编号：								
酒精度	测定值：		测定温度		℃	校正值%（体积分数）		
	吸样体积			计算公式				平均值
固形物 $X_1/(g/L)$	空皿质量 m_1/g			$X_1 = \dfrac{(m-m_1) \times 1000}{50.0}$				
	干燥后质量 m/g							
	计算结果							
总酸 $X_2/(g/L)$	氢氧化钠 标准浓度 c			$X = \dfrac{V \times c \times 60}{50.0}$				
	试样体积/mL							
	消耗体积 V/mL							
	计算结果							
总酯 $X_3/(g/L)$	硫酸标准浓度 c			$X = \dfrac{c \times (V_0-V_1) \times 88}{50.0}$				
	氢氧化钠 体积/mL							
	空白体积 V_1/mL							
	样品消耗体积 V_2/mL							
	计算结果							

检验：   复核：

七、知识链接

白酒固形物超标的原因

白酒固形物超标，在白酒生产、贮存及销售过程中，往往会出现失光、浑浊和沉淀现象，对产品感官质量影响甚大，同时也严重地影响产品的内在质量，白酒厂因白酒固形物超标出现沉淀现象而造成退货时有发生，这不但使酒厂在经济上蒙受损失，而且对厂家的质量声誉也造成很大影响，直接影响到厂家的经济效益。为此，分析白酒固形物超标的原因，并提出相应的预防措施，对白酒生产企业尤为重要。

1. 酿酒工艺引起

在白酒生产过程中，由于发酵控制不严，生成过多的乳酸、乙酸等酸类物质，勾兑时，与水中的钙、镁离子起反应，生成钙、镁盐类，使白酒固形物超标。另外发酵时生成过多的高级脂肪酸酯类及少量的高级醇类等高沸点物质，蒸馏时不按工艺操作，快火蒸馏，造成大部分高级脂肪酸酯类及高级醇类进入酒中，随酒精度降低，温度降低，易使白酒固形物超标。

2. 水质引起固形物超标

随着白酒向低度化发展，白酒中的水所占比例越来越大，对水质要求也越来越高。由于白酒用水处理不好或未处理，水中的钙、镁离子及硫酸根、碳酸根和其他矿物质就会与白酒中其他有机物质发生反应，形成不溶性物质，也造成白酒固形物超标。水中的钙、镁离子对白酒固形物超标起重要作用。有的水还含有偏硅酸，在还原时生成二氧化硅沉淀，引起固形物超标。水中的氯离子与重金属反应，也生成沉淀，使固形物超标。勾兑好的白酒，经过存放，水质硬度越大的白酒，析出沉淀物越多，固形物越高。一般以钙、镁离子的硫酸盐、碳酸盐、乳酸盐为主的沉淀物为白色针状结晶，以氯化物为主的沉淀物为白色粉状结晶。另外，水中的钙、镁离子的介入，可导致溶液中正负电荷的平衡变化，对胶体的凝聚产生正面效应，也使白酒固形物超标。

3. 添加香料引起

白酒调酸是一个普遍现象，酸对白酒口感产生积极作用。酸大，酒柔和爽口。现大多用调酸剂调酸，市售调酸剂大多是各种酸的混合物，质量不够稳定，含有少量乳酸，化学性质比较活泼，挥发系数低，乳酸间易发生加成反应，生成丙交酯，不溶于水和乙醇，易引起固形物超标。同时，乳酸与水中钙、镁离子形成盐类，使白酒固形物超标。实验证明，42%vol白酒中加万分之三的不合格乳酸，20d左右，即可出现沉淀。其次，调酸剂中的少量柠檬酸是一个三元酸，与水中的钙、镁离子反应，虽缓慢，但时间长也易造成固形物超标。若添加四大酯类的纯度不够，也会产生固形物超标。

4. 贮存容器引起

白酒贮存在铁制的容器内，由于长时间浸泡，猪血糊制的铁制容器部分保护层脱落，铁皮露在外面，铁离子溶于酒中，易与酒中酸性物质起反应，生成铁盐。同时，二价铁离子被空气中氧气氧化，会生成三价铁化合物沉淀，使白酒固形物超标。

5. 酒瓶卫生和助滤剂引起

处理过的白酒装入酒瓶，一般不应该出现问题，但在实际生产中，往往忽视了包装工序，新瓶内壁往往存留不少硅酸盐类。洗瓶后，瓶内水控不净或新瓶没洗涮，只用清水冲一遍，易使瓶内壁硅酸盐类进入酒中，经还原生成二氧化硅，是多孔物质，比表面积大，吸附力强。若洗瓶用水质量不合格，一般酒瓶控不尽内部水，瓶内至少存留 2mL 水，这也是造成固形物超标的一个原因。白酒采用硅藻土过滤机过滤时，会因其助滤剂硅藻土不同批次或产地，使过滤效果受影响，或因使用不当，滤布漏、滤盘松等，也会引起固形物超标．这一点也应注意。

6. 贮存时间短引起

白酒的贮存期都有一定的时间限制，白酒贮存期分为勾兑成品前贮存及勾兑成品后贮存。特别是旺季，由于时间紧，任务重，有时达不到贮存期要求。一般勾兑好成品酒贮存期要求 7d 以上，有的时间短，只 4~5d 时间就包装，这就造成酒内分子间缔合及氧化还原等反应不够，使酒中游离物质结合较少，一些沉淀物还没完全沉淀下来，装瓶后经过一段时间后产生沉淀，造成固形物超标。

任务二十三　白酒中四大酯含量的测定

一、本任务在课程中的定位

本任务是白酒分析与检测中成品酒检测的重点训练项目，按照国家白酒分析与检测专业职业教育培养要求，进行白酒中四大酯含量的测定任务训练。通过此项训练，培养学生熟悉白酒中乙酸乙酯含量的测定方法，掌握色谱分析法测定白酒中酯的原理，掌握数据处理方法并进行误差分析。

二、本任务与国家（或国际）标准的契合点

本任务是按照食品检验工国家职业资格标准进行的训练。

三、教学组织及运行

本实训任务按照教师讲解、教师演示、学生训练方式进行，最后通过专项实训考核检验教学效果。

四、实训内容及要求

（一）实训目标

1. 知识目标

（1）了解白酒中的四大酯的作用及来源。

（2）掌握气相色谱仪的结构及使用方法。

（3）掌握测定白酒中四大酯的测定方法。

2. 能力目标

（1）掌握气相色谱仪的操作技术。

（2）掌握色谱图的分析和数据处理。

（二）实训重点及难点

1. 实训重点

色谱图的分析和处理。

2. 实训难点

气相色谱仪的操作方法。

（三）实训材料及设备

1. 实训材料

（1）乙醇　色谱纯，配成60%乙醇水溶液。

（2）乙酸乙酯　色谱纯，作标样用，2%溶液（用60%乙醇水溶液配制）。

（3）己酸乙酯　色谱纯，作标样用，2%溶液（用60%乙醇水溶液配制）。

（4）乳酸乙酯　色谱纯，作标样用，2%溶液（用60%乙醇水溶液配制）。

（5）丁酸乙酯　色谱纯，作标样用，2%溶液（用60%乙醇水溶液配制）。

（6）乙酸正丁酯　色谱纯，作内标用，2%溶液（用60%乙醇水溶液配制）。

（7）乙酸正戊酯　色谱纯，作内标用，2%溶液（用60%乙醇水溶液配制）。

2. 实训设备

（1）气相色谱仪　备用氢火焰离子化检测器（FID）。

（2）色谱柱　毛细管柱。

（3）微量注射器　10μL。

（四）实训内容及步骤

1. 生产准备

仪器的准备，色谱条件的确定：

氮气（高纯氮）　流速为0.5~1.0mL/min。

氢气　流速为40mL/min。

空气　流速为400mL/min。

检测器温度　220℃。

进样口温度　220℃。

柱温程序　60℃保持3min，以3.5℃/min的速率升到180℃，继续恒温 10min。

2. 操作规程

操作步骤 1：校正系数（f 值）的测定

吸取 1mL 2%（体积分数）乙酸乙酯标准溶液及 1mL 2%（体积分数）乙酸正戊酯内标溶液，用 60%乙醇稀释定容至 100mL，进样分析。

其计算公式：

$$f = \frac{A_2}{A_1} \times \frac{d_2}{d_1}$$

式中　f——乙酸乙酯校正系数

　　　A_1——内标峰面积

　　　A_2——乙酸乙酯峰面积

　　　d_1——内标物相对密度

　　　d_2——乙酸乙酯相对密度

标准与要求：

（1）使用气相色谱时氢气发生器液位不得过高或过低。

（2）空气源每次使用后必须进行放水操作。

（3）进样操作要迅速，每次操作要保持一致。

（4）使用完毕后须在记录本上记录使用情况。

操作步骤 2：酒样测定

吸取 10mL 酒样于 10mL 容量瓶中，加 0.1mL 2%（体积分数）乙酸正戊酯内标溶液，摇匀，进样分析。

计算：

$$C = f \times \frac{A_3}{A_4} \times I \times 10^{-3}$$

式中　C——酒样中乙酸乙酯含量，g/L

　　　f——乙酸乙酯校正系数

　　　A_3——乙酸乙酯峰面积

　　　A_4——内标峰面积

　　　I——内标物的质量浓度，mg/L

标准与要求：在重复性条件下获得的两次独立测定结果的绝对差值，不应超过平均值的 5%。

己酸乙酯、乳酸乙酯、丁酸乙酯操作步骤同上。

五、实训考核方法

学生每人测定一个酒样的四大酯的含量值，平行三次并计算结果。练习完毕后，对学生进行盲评。结果超出真实值 0.5%扣 10 分，1%扣 20 分，1.5%扣 30 分，以此类推，扣完为止。

六、课外拓展任务

根据班级人数，全班共分为 5 组，分别取酱香型高度白酒，酱香型低度白酒两个样，测出其乙酸乙酯含量并做好记录。

七、知识链接

乙酸乙酯是清香型白酒的主要香味成分，在浓香型、酱香型等白酒中含量均很高，是形成白酒香味的重要物质，它们的含量在 1~3g/L，具有苹果和香蕉的水果香气，含量过高或量比关系失调，会带来甘蔗的香味，它能促进酒的放香，并有辛辣、粗糙感。对乙醛有制约作用，它通过肾调动体液来排除酒中对人体不适反应的物质，加速人体的新陈代谢。乙酸乙酯、乳酸乙酯进入人体后，水解或酶解成乙酸、乳酸，再与苹果酸、酒石酸等其他微量有机酸协同作用，达到消炎扩张血管的作用。同时，酒中的亚油酸乙酯、亚麻酸乙酯等酯类物质进入人体后水解为多种不饱和脂肪酸且含量较高，可以抑制胆固醇的合成。

己酸乙酯是浓香型白酒的主要香味成分，人们认为浓香型白酒是以己酸乙酯为主的综合香气，它具有菠萝香，味甜、爽口，有浓香型大曲酒的特殊香味。浓香型白酒国家规定了己酸乙酯的含量标准，40 度以上的中高度酒，优级为 1.5~2.5g/L，40 度以下（不含 40 度）的低度优级酒为 1.2~2.0g/L，一级酒、二级酒规定了阶梯式的标准，可以看出己酸乙酯含量高的浓香型白酒质量比低的要好。从生产企业确认酒质的规律来看，最好的调味酒己酸乙酯含量一般均在 5g/L 以上，特级酒在 3g/L 以上，优级酒在 2.5g/L 以上，当己酸乙酯含量在 1.8g/L 以上时会有浓郁的底窖香，多则刺舌、燥辣。好的浓香型白酒中己酸乙酯要占总酯量的 40%以上；在酱香型白酒中，己酸乙酯含量较低，一般为 0.38g/L 左右；在清香型白酒中，己酸乙酯含量不得超过 0.028g/L；米香型白酒中基本没有；药香型白酒的己酸乙酯含量较高，一般在 0.88g/L 左右，但均大大低于浓香型白酒。

所有的中国白酒中均存在不同量的乳酸乙酯含量，乳酸乙酯被认为是中国白酒主体风格物质，是中国白酒共有的特性。乳酸乙酯与酒精构成的香味、香气是白酒的共有特征。在好的浓香型白酒中它仅次于己酸乙酯含量居第二位，在一般或较差的浓香型白酒中，乳酸乙酯则跃居第一位，超过己酸乙酯含量；在清香型白酒中含量约为 1.6g/L；在酱香型白酒中为 1.38g/L，均仅次于乙酸乙酯含量，居第二位；在米香型白酒中，乳酸乙酯含量最高，在 1.10~1.36g/L，是该香型白酒的主体香味的重要成分；药香型白酒乳酸乙酯含量较低，一般在 0.6g/L 左右。乳酸乙酯香弱、不爽、微甜，在浓香型白酒中的含量 1.20g/L 左右时，微带甜香，味醇、浓厚、净、微甜，含量较高时带闷香，甜味加重，产生闷涩感，有压香的副作用。

丁酸乙酯是白酒中主要的香味成分之一，在药香型白酒的董酒中含量最高，可达 1g/L 左右；浓香型白酒排列在第二，为 0.38g/L 左右；酱香型白酒略低于浓香型白酒，含量在 0.18g/L 左右；清香型白酒含量甚微。它具有似菠萝香，带脂肪臭，爽快、可口。在董酒的介绍中提到丁酸乙酯与己酸乙酯的比较，认为丁酸乙酯比己酸乙酯香味明显清雅爽口、醅香幽柔、入口浓郁，突出了甘爽风格。在浓香型白酒中，经测试认为，含量在 0.15～0.50g/L 为好，有老窖泥香味，香度较大，并有清淡而舒爽的菠萝香，随含量的增加窖香渐大，有增前香和陈味的作用，多则显燥，带泥臭，似汗气及丁酸臭。在清香型白酒中丁酸乙酯则认为是杂味，含量高就会失去典型风格。

任务二十四　白酒中正丙醇含量的测定

一、本任务在课程中的定位

本任务是白酒分析与检测中成品酒检测的重点训练项目，按照国家白酒分析与检测专业职业教育培养要求，进行白酒中正丙醇含量的测定任务训练。通过此项训练，培养学生熟悉白酒中正丙醇含量的测定方法，掌握色谱分析法测定白酒中正丙醇的原理，掌握数据处理方法并进行误差分析。

二、本任务与国家（或国际）标准的契合点

本任务是按照食品检验工国家职业资格标准进行的训练。

三、教学组织及运行

本实训任务按照教师讲解、教师演示、学生训练方式进行，最后通过专项实训考核检验教学效果。

四、实训内容及要求

（一）实训目标

1. 知识目标

（1）了解白酒中的正丙醇的作用及来源。

（2）掌握气相色谱仪的结构及使用方法。

（3）掌握测定白酒中正丙醇的测定方法。

2. 能力目标

（1）掌握气相色谱仪的操作技术。

（2）掌握色谱图的分析和数据处理。

（二）实训重点及难点

1. 实训重点

色谱图的分析和处理。

2. 实训难点

气相色谱仪的操作方法。

（三）实训材料及设备

1. 实训材料

（1）乙醇　色谱纯，配成60%乙醇水溶液。

（2）正丙醇　色谱纯，作标样用，2%溶液（用60%乙醇水溶液配制）。

（3）乙酸正戊酯　色谱纯，作内标用，2%溶液（用60%乙醇水溶液配制）。

2. 实训设备

（1）气相色谱仪　备用氢火焰离子化检测器（FID）。

（2）色谱柱　毛细管柱。

（3）微量注射器　10μL。

（四）实训内容及步骤

1. 生产准备

仪器的准备，色谱条件的确定：

氮气（高纯氮）　流速为0.5~1.0mL/min。

氢气　流速为40mL/min。

空气　流速为400mL/min。

检测器温度　220℃。

进样口温度　220℃。

柱温程序　60℃保持3min，以3.5℃/min的速率升到180℃，继续恒温10min。

2. 操作规程

操作步骤1：校正系数（f值）的测定

吸取1mL 2%（体积分数）正丙醇标准溶液及1mL 2%（体积分数）乙酸

正戊酯内标溶液，用 60%乙醇稀释定容至 100mL，进样分析。

其计算公式如下：

$$f=\frac{A_2}{A_1}\times\frac{d_2}{d_1}$$

式中　f——正丙醇校正系数

A_1——内标峰面积

A_2——正丙醇峰面积

d_1——内标物相对密度

d_2——正丙醇相对密度

标准与要求：

（1）使用气相色谱时氢气发生器液位不得过高或过低。

（2）空气源每次使用后必须进行放水操作。

（3）进样操作要迅速，每次操作要保持一致。

（4）使用完毕后须在记录本上记录使用情况。

操作步骤 2：酒样测定

吸取 10mL 酒样于 10mL 容量瓶中，加 0.1mL 2%（体积分数）乙酸正戊酯内标溶液，摇匀，进样分析。

计算：

$$\rho=f\times\frac{A_3}{A_4}\times I\times10^{-3}$$

式中　ρ——酒样中正丙醇含量，g/L

f——正丙醇校正系数

A_3——正丙醇峰面积

A_4——内标峰面积

I——内标物的质量浓度，mg/L

标准与要求：

在重复性条件下获得的两次独立测定结果的绝对差值，不应超过平均值的 5%。

五、实训考核方法

学生每人测定一个酒样的正丙醇的含量值，平行三次并计算结果。练习完毕后，对学生进行盲评。结果超出真实值 0.5%扣 10 分，1%扣 20 分，1.5%扣 30 分，以此类推，扣完为止。

六、课外拓展任务

根据班级人数，全班共分为 5 组，取不同浓度的酱香型白酒，测出其正丙醇含量并做好记录。

酒类气相色谱原始记录

样品编号		样品名称		检验日期		室温	℃
执行标准	GB/T 10345—2007						
测定仪器及编号	气相色谱仪						
检测项目	内标浓度 I /(mg/L)	内标物峰高 A_4	目标物峰高 A_3	结果 X /(g/L)	计算公式		平均值
己酸乙酯							
乙酸乙酯							
乳酸乙酯				$X = f \times \dfrac{A_3}{A_4} \times I \times 10^3$			
丁酸乙酯							
正丙醇							

检验：　　　　　　　　　　　　　　　　　　复核：

七、知识链接

白酒中均含一定数量的正丙醇，其含量最高的是酱香型白酒，一般含量在 0.6g/L 左右，高时可达 1.6g/L 以上，所以有人认为酱香型白酒香味的形成与正丙醇有较大关系；其次是浓香型白酒，一般在 0.16g/L 左右为最好，新窖或人工培养窖正丙醇含量较高，均在 0.3g/L 以上，酒味辛辣、不丰满；清香型白酒含量最低，一般在 0.1g/L 左右；米香型白酒为 0.18~0.28g/L；药香型董酒正丙醇含量也很高，仅次于酱香型白酒，在 1.0g/L 左右。正丙醇在浓香型白酒中具有浓陈醇味，多则带闷而不爽，似酒精气味，香气清雅，单独品尝有较重的苦味，带轻微的燥感，但在白酒中时没有苦味的感觉，对提高白酒的浓陈味有一定贡献。

任务二十五　白酒中甲醇含量的测定

一、本任务在课程中的定位

本任务是白酒分析与检测中成品酒检测的重点训练项目，按照国家白酒分析与检测专业职业教育培养要求，进行白酒中甲醇含量的测定任务训练。通过此项训练，培养学生熟悉外标法进行色谱定量分析的原理和方法，掌握气相色谱法测定甲醇含量的分析方法，掌握数据处理方法并进行误差分析。

二、本任务与国家（或国际）标准的契合点

本任务是按照食品检验工国家职业资格标准进行的训练。

三、教学组织及运行

本实训任务按照教师讲解、教师演示、学生训练方式进行，最后通过专项实训考核检验教学效果。

四、实训内容及要求

（一）实训目标

1. 知识目标
（1）了解甲醇的化学性质。
（2）熟悉气相色谱仪氢火焰离子检测器的性能和操作方法。
2. 能力目标
（1）掌握气相色谱仪的结构及使用方法。
（2）掌握色谱图的分析和数据处理。

（二）实训重点及难点

1. 实训重点
色谱图的分析和处理。
2. 实训难点
气相色谱仪的操作方法。

（三）实训材料及设备

1. 实训材料

乙醇，色谱纯，配成40%乙醇-水溶液；甲醇，纯度≥99%；叔戊醇，纯度≥99%。

2. 实训设备

分析天平。

气相色谱仪，备用氢火焰离子化检测器（FID）。

色谱柱：毛细管柱。

微量注射器：10μL。

（四）实训内容及步骤

1. 生产准备

（1）甲醇标准储备液（5000mg/L）　准确称取0.5g（精确至0.001g）甲醇至100mL容量瓶中，用乙醇溶液定容至刻度，混匀。0~4℃低温冰箱密封保存。

（2）叔戊醇标准溶液（20000mg/L）　准确称取2.0g（精确至0.001g）叔戊醇至100mL容量瓶中，用乙醇溶液定容至100mL，混匀。0~4℃低温冰箱密封保存。

（3）吸取酒样10.0mL于试管中，加入0.10mL叔戊醇标准溶液，混匀，备用。

（4）仪器的准备，色谱条件的确定。

①色谱柱：毛细管柱。

②色谱柱温度：初温40℃，保持1min，以4.0℃/min升到130℃，以20℃/min升到200℃，保持5min。

③检测器温度：250℃。

④进样口温度：250℃。

⑤进样量：1.0μL。

2. 操作规程

操作步骤1：

甲醇系列标准工作液：分别吸取0.5mL、1.0mL、2.0mL、4.0mL、5.0mL甲醇标准储备液，于5个25mL容量瓶中，用乙醇溶液定容至刻度，依次配制成甲醇含量为100mg/L、200mg/L、400mg/L、800mg/L、1000mg/L系列标准溶液。

标准与要求：

（1）吸液要准确。

（2）现配现用。

操作步骤2：标准曲线的制作

分别吸取10mL甲醇系列标准工作液于5个试管中，然后加入0.10mL叔戊醇标准溶液，混匀，测定甲醇和内标叔戊醇色谱峰面积，以甲醇系列标准工作液的浓度为横坐标，以甲醇和叔戊醇色谱峰面积的比值为纵坐标，绘制标准曲线（甲醇及内标叔戊醇标准的气相色谱图）。

标准与要求：

（1）使用气相色谱时氢气发生器液位不得过高或过低。

（2）进样操作要迅速，每次操作要保持一致。

操作步骤3：试样溶液的测定

将制备的试样溶液注入气相色谱仪中，以保留时间定性，同时记录甲醇和叔戊醇色谱峰面积的比值，根据标准曲线得到待测液中甲醇的浓度。

试样中甲醇含量（测定结果需要按100%酒精度折算时）按下式计算：

$$X = \frac{\rho}{\varphi \times 1000}$$

式中　X——试样中甲醇的含量，g/L

　　　ρ——从标准曲线得到的试样溶液中甲醇的浓度，mg/L

　　　φ——试样的酒精度，%

　1000——换算系数

标准与要求：

在重复性条件下获得的两次独立测定结果的绝对差值，不应超过平均值的5%。

五、实训考核方法

学生每人测定一个酒样的甲醇的含量值，平行三次并计算结果。练习完毕后，对学生进行盲评。结果超出真实值0.5%扣10分，1%扣20分，1.5%扣30分，以此类推，扣完为止。

六、课外拓展任务

根据班级人数，全班共分为5组，取不同浓度的清香型和酱香型白酒，测出其甲醇含量并做好记录。

七、知识链接

显色法检测白酒中甲醇的研究进展

　　显色法检测白酒中的甲醇主要分为两个步骤，首先通过氧化剂氧化甲醇生成甲醛，随后再利用显色剂与甲醛发生化学反应进行显色，从而达到检测目的。氧化剂通常选用具有强氧化性的高锰酸钾，显色剂通常选用品红或 2，4-二硝基苯肼等。

　　由于白酒中醇类化合物种类较多，所以氧化成醛的种类也较多，通常对检测有一定的干扰。2001 年，赵艳萍等利用亚硫酸品红溶液为显色剂，以高锰酸钾为氧化剂氧化醇类生成醛，通过研究发现白酒中的其他醛类以及经过高锰酸钾氧化后生成的醛类化合物（如乙醛、丙醛等）与亚硫酸品红溶液作用也显色，但在一定浓度的硫酸酸性溶液中，除甲醛可以形成历久不褪色的紫色外，其他醛类所显示的紫色在一定时间后可消褪。通过实验发现，经高锰酸钾氧化后需要静置 60min 后再比色，其结果具有色泽稳定、结果准确、便于操作、干扰低等优点。

　　利用分光光度法测定白酒中甲醇普遍采用氧化法，将甲醇氧化成甲醛再用亚硫酸品红显色。在此过程中，由于氧化显色等诸多因素的影响，往往造成样品的检测结果具有差异性。

　　2001 年，李强等对影响甲醇检测准确度的诸因素，进行试验分析，发现标准曲线、氧化时间及显色温度和时间都有一定影响。通过标准曲线可发现在甲醇浓度小于 0.08mg/mL 和大于 0.8mg/mL 时，曲线呈弯曲状，已偏离朗伯-比尔定律，当所测样品浓度在此范围内时，测定结果的准确度已降低；在 T-A 曲线中，随着时间的延长，吸光度逐渐增大，当时间为 10min 时，吸光度达到最大，此时氧化已完全。随着时间的延长，吸光度又逐渐变小，这时甲醇又进一步被氧化成甲酸，不能与亚硫酸品红溶液显色。在氧化时，必须注意氧化时间，保证定时氧化 10min；在亚硫酸品红溶液显色过程中，随着温度的升高，显色时间逐渐变短，但所测数据波动较大。这是因为在温度升高后，亚硫酸品红与甲醛生成络合物的性质已不稳定，造成显色后颜色的变化。在 20℃、25℃ 时，所测数据波动不大，但 20℃ 时显色所需的时间较长。所以在测定时，选择 25℃，显色 30~40min，检测效果较理想。

　　2002 年，王洪勇等利用高锰酸钾氧化甲醇，在变色酸法的基础上，通过采用固体试剂、混合试剂及微型光电比色计，建立能在现场进行酒中甲醇测定的方法，解决了现场检测甲醇的需要。该方法具有灵敏、准确、迅速等特点，符合国家卫生评定要求。

2003 年，路纯明等提出了一种方便、高效、实用的检测白酒中甲醇的方法。该方法中以 2，4-二硝基苯肼作为显色剂，利用高锰酸钾为氧化剂氧化甲醇生成甲醛，最后生成的甲醛与 2，4-二硝基苯肼发生反应生成稳定的酒红色腙类物质，该腙类物质最大吸收波长为 390nm，$\varepsilon = 1.64 \times 103 L/(mol \cdot cm)$，线性范围为 $0 \sim 0.53mg/mL$，线性方程 $y = 0.00758 + 0.3257x$。测定酒样回收率 $94.3\% \sim 104.8\%$，相对标准偏差 $0.3\% \sim 0.6\%$（$n = 6$）。通过这些结果可以看出，利用 2，4-二硝基苯肼作为显色剂线性关系良好，检出限较低，回收率较高，而且该方法具有方便、快捷、灵敏度高、选择性好等优点，所用仪器设备在基层单位能够普及，具有一定的实用性和推广性。

2004 年，路纯明等利用酒卫生标准的分析方法。用光度法测定白酒中甲醇含量的标准曲线不理想，对草酸硫酸溶液加入量进行了研究发现，标准曲线与草酸硫酸溶液加入量有很大关系，灵敏度和精密度都有提高。测定了一些白酒样品中的甲醇含量，测定结果令人满意。

2011 年，牛桂芬等经过对显色剂品红-亚硫酸试剂的改进，使得标准曲线线性关系得到很大提高，结果更加准确。通过实验可知，该法准确率较高，重复性较好，结果可靠，并且此法简便灵敏，适宜于白酒中甲醇测定。

2012 年，蔡燕等利用分光光度法测定了长沙几种市售白酒中甲醇的含量。在最佳条件的选择中发现，测定甲醇含量的最佳波长为 590nm。6 种白酒甲醇含量在 $0.23 \sim 0.27mg/mL$。

任务二十六　白酒中杂醇油含量的测定

一、本任务在课程中的定位

本任务是白酒分析与检测中成品酒检测的重点训练项目，按照国家白酒分析与检测专业职业教育培养要求，进行白酒中杂醇油含量的测定任务训练。通过此项训练，培养学生熟悉内标法进行色谱定量分析的原理和方法，掌握气相色谱法测定杂醇油含量的分析方法，掌握数据处理方法并进行误差分析。

二、本任务与国家（或国际）标准的契合点

本任务是按照食品检验工国家职业资格标准进行的训练。

三、教学组织及运行

本实训任务按照教师讲解、教师演示、学生训练方式进行，最后通过专项实训考核检验教学效果。

四、实训内容及要求

（一）实训目标

1. 知识目标
（1）了解杂醇油的化学性质。
（2）熟悉气相色谱仪氢火焰离子检测器的性能和操作方法。
2. 能力目标
（1）掌握气相色谱仪的结构及使用方法。
（2）掌握色谱图的分析和数据处理。

（二）实训重点及难点

1. 实训重点
色谱图的分析和处理。
2. 实训难点
气相色谱仪的操作方法。

（三）实训材料及设备

1. 实训材料
5g/L 对二甲氨基苯甲醛硫酸溶液；无杂醇油酒精；杂醇油标准溶液；杂醇油标准液；2%（体积分数）异丁醇标准溶液；2%（体积分数）异戊醇标准溶液；2%（体积分数）乙酸正戊酯标准溶液。
2. 实训设备
分析天平。
气相色谱仪，备用氢火焰离子化检测器（FID）。
色谱柱：毛细管柱。
微量注射器：10μL。

（四）实训内容及步骤

1. 生产准备
按照实验要求配制各溶液。
2. 操作规程
操作步骤 1：校正系数测定
吸取 1mL 2%（体积分数）异丁醇标准溶液、1mL 2%（体积分数）异戊醇标准溶液，置于 50mL 容量瓶中，加 1mL 2%（体积分数）内标溶液（DNP

柱内标为乙酸正丁酯，PEG 柱内标为乙酸正戊酯），用 60%（体积分数）乙醇稀释定容至 50mL。在一定的色谱条件下进样分析，求得异丁醇、异戊醇、内标峰高或峰面积，分别求得异丁醇与异戊醇校正系数。

校正系数计算：

$$f = \frac{A_1}{A_2} \times \frac{d_2}{d_1}$$

式中　f——异丁醇或异戊醇校正系数

　　　A_1——内标峰高或峰面积

　　　A_2——异丁醇或异戊醇峰高或峰面积

　　　d_1——内标相对密度

　　　d_2——异丁醇或异戊醇相对密度

标准与要求：

（1）使用气相色谱时氢气发生器液位不得过高或过低。

（2）空气源每次使用后必须进行放水操作。

（3）进样操作要迅速，每次操作要保持一致。

（4）使用完毕后须在记录本上记录使用情况。

操作步骤 2：样品测定

吸取 10mL 酒样，置入 10mL 容量瓶中，加 0.2mL 2%（体积分数）内标溶液，与 f 值测定相同条件下进样分析，求得异丁醇、异戊醇、内标峰高或峰面积。

计算：

$$\rho = f \times \frac{A_3}{A_4} \times I$$

式中　ρ——样品中异丁醇或异戊醇含量，g/L

　　　f——异丁醇或异戊醇校正系数

　　　A_3——样品中异丁醇或异戊醇峰高或峰面积

　　　A_4——添加于酒样中内标峰高或峰面积

　　　I——添加于酒样中内标的质量浓度，0.352g/L

杂醇油含量以异丁醇与异戊醇含量之和表示。

标准与要求：

（1）若酒中乙醛含量过高对显色有干扰，则应进行预处理：取 50mL 加 0.25g 盐酸间苯二胺，煮沸回流 1h，蒸馏，用 50mL 容量瓶接收馏出液，馏至瓶中尚余 10mL 左右时加水 10mL，继续蒸馏至馏出液为 50mL 止。馏出液即为供试酒样。

（2）酒中杂醇油成分极为复杂，故用某一醇类以固定比例作为标准计算杂醇油含量时，误差较大，准确的测定方法应用气相色谱法定量。

（3）在重复性条件下获得的两次独立测定结果的绝对差值，不应超过平均值的 5%。

五、实训考核方法

学生分组测定一个酒样的杂醇油的含量值，平行三次并计算结果。练习完毕后，对学生进行盲评。结果超出真实值 0.5% 扣 10 分，1% 扣 20 分，1.5% 扣 30 分，以此类推，扣完为止。

六、课外拓展任务

根据班级人数，全班共分为 5 组，取不同浓度的酱香型白酒，测出其杂醇油含量并做好记录。

七、知识链接

异丁醇在白酒中普遍微量存在，它与异戊醇统称为杂醇油，是传统白酒中必然含有的成分，味微苦，较柔，较醇净，稍有苦涩。在浓香型白酒中含量在 0.1~0.3g/L 为好，在 0.3g/L 时，尚未发现苦味，却有陈、甜、净之感且酒精燥感减少，实测含量 0.15g/L 左右；在清香型白酒中为 0.12g/L 左右；酱香型白酒中含量约为 0.18g/L；在米香型白酒中含量最高，约为 0.44g/L；在药香型董酒中约为 0.38g/L。

异戊醇是白酒中醇类含量最高的一种醇，除甲醇、酒精以外的醇在酒精生产企业中称为杂醇油，在固态法的白酒生产企业中，称为高级醇，它们的首席代表就是异戊醇。在浓香型白酒中以 0.25~0.6g/L 为适宜，0.38g/L 左右为最好，含量高时前浓后燥，带异臭味或称杂醇油气味；酱香型白酒异戊醇的含量在 0.46~0.8g/L，有时丙醇的含量会高于异戊醇；清香型白酒异戊醇含量在 0.3~0.5g/L，与浓香型和酱香型含量接近，有时还会高一些，这说明异戊醇不会产生怪杂味，不影响"一清到底"的风格，而且认为没有异戊醇或异戊醇含量偏低，还会失去白酒的典型风格和自然感，是白酒不可缺少的一种微量成分；米香型白酒属半液半固法生产的蒸馏酒，它们的异戊醇含量比较高，一般在 0.86g/L 左右；董酒的异戊醇含量与米香型白酒接近或略高。异戊醇在白酒中含量适当时，可以增大香度，味浓甜、顺口，尾味较长，含量偏高时酒燥，刺激感大，有刺舌感觉，甚至带涩臭气（似杂醇油气味）。

任务二十七　白酒中铅含量的测定

一、本任务在课程中的定位

本任务是白酒分析与检测中成品酒检测的重点训练项目，按照国家白酒分析与检测专业职业教育培养要求，进行白酒中铅含量的测定任务训练。通过此项训练，培养学生熟悉火焰原子吸收光谱法测定铅含量的原理和方法，掌握数据处理方法并进行误差分析。

二、本任务与国家（或国际）标准的契合点

本任务是按照食品检验工国家职业资格标准进行的训练。

三、教学组织及运行

本实训任务按照教师讲解、教师演示、学生训练方式进行，最后通过专项实训考核检验教学效果。

四、实训内容及要求

（一）实训目标

1. 知识目标
（1）了解铅的化学性质及危害。
（2）理解火焰原子吸收光谱法测定铅含量的原理和方法。
2. 能力目标
（1）掌握原子吸收光谱仪的结构及使用方法。
（2）掌握数据的分析和处理。

（二）实训重点及难点

1. 实训重点
吸收光谱仪的结构。
2. 实训难点
原子吸收光谱仪的操作方法。

（三）实训材料及设备

1. 实训材料

硝酸（优级纯）；高氯酸（优级纯）；硫酸铵；柠檬酸铵；溴百里酚蓝；二乙基二硫代氨基甲酸钠；氨水（优级纯）；4-甲基-2-戊酮（MIBK）；盐酸：优级纯；硝酸铅（纯度>99.99%）。

2. 实训设备

原子吸收光谱仪：配火焰原子化器，附铅空心阴极灯。

分析天平。

可调式电热炉。

可调式电热板。

（四）实训内容及步骤

1. 生产准备

溶液的配制如下。

（1）硝酸溶液（5+95）　量取50mL硝酸，加入950mL水中，混匀。

（2）硝酸溶液（1+9）　量取50mL硝酸，加入450mL水中，混匀。

（3）硫酸铵溶液（300g/L）　称取30g硫酸铵，用水溶解并稀释至100mL，混匀。

（4）柠檬酸铵溶液（250g/L）　称取25g柠檬酸铵，用水溶解并稀释至100mL，混匀。

（5）溴百里酚蓝水溶液（1g/L）　称取0.1g溴百里酚蓝，用水溶解并稀释至100mL，混匀。

（6）DDTC溶液（50g/L）　称取5g DDTC，用水溶解并稀释至100mL，混匀。

（7）氨水溶液（1+1）　吸取100mL氨水，加入100mL水，混匀。

（8）盐酸溶液（1+11）　吸取10mL盐酸，加入110mL水，混匀。

（9）铅标准储备液（1000mg/L）　准确称取1.5985g（精确至0.0001g）硝酸铅，用少量硝酸溶液（1+9）溶解，移入1000mL容量瓶，加水至刻度，混匀。

（10）铅标准使用液（10.0mg/L）　准确吸取铅标准储备液（1000mg/L）1.00mL于100mL容量瓶中，加硝酸溶液（5+95）至刻度，混匀。

2. 操作规程

操作步骤1：

分别吸取铅标准使用液0mL、0.250mL、0.500mL、1.00mL、1.50mL和

2.00mL 于 125mL 分液漏斗中，补加水至 60mL。加 2mL 柠檬酸铵溶液（250g/L），溴百里酚蓝水溶液（1g/L）3~5 滴，用氨水溶液调 pH 至溶液由黄变蓝，加硫酸铵溶液 10mL，DDTC 溶液 10mL，摇匀。放置 5min 左右，加入 10mL MIBK，剧烈振摇提取 1min，静置分层后，弃去水层，将 MIBK 层放入 10mL 带塞刻度管中，得到标准系列溶液。

将标准系列溶液按质量由低到高的顺序分别导入火焰原子化器，原子化后测其吸光度值，以铅的质量为横坐标，吸光度值为纵坐标，制作标准曲线。

标准与要求：

（1）在不损失铅元素的前提下灰化温度不要低，能高尽量高，否则背景较高或出现前延峰。

（2）原子化温度过低会造成拖尾峰或记忆效应，原子化温度太高，谱图会开叉。

操作步骤 2：试样溶液的测定

将试样消化液及试剂空白溶液分别置于 125mL 分液漏斗中，补加水至 60mL。加 2mL 柠檬酸铵溶液，溴百里酚蓝水溶液 3~5 滴，用氨水溶液调 pH 至溶液由黄变蓝，加硫酸铵溶液 10mL，DDTC 溶液 10mL，摇匀。放置 5min 左右，加入 10mL MIBK，剧烈振摇提取 1min，静置分层后，弃去水层，将 MIBK 层放入 10mL 带塞刻度管中，得到试样溶液和空白溶液。

将试样溶液和空白溶液分别导入火焰原子化器，原子化后测其吸光度值，与标准系列比较定量。

标准与要求：

（1）部分复杂基体有机物常常会与金属离子螯合，改变原子化过程，此时需要加入某些试剂，或用标准加入法。

（2）尽量稀释样品溶液，基体浓度大，灰化原子化会提前，且谱图形状变坏。

操作步骤 3：结果计算

试样中铅的含量按下式计算：

$$X = \frac{m_1 - m_0}{m_2}$$

式中　X——试样中铅的含量，mg/kg 或 mg/L

　　　m_1——试样溶液中铅的质量，μg

　　　m_0——试样称样量或移取体积，g 或 mL

　　　m_2——当铅含量≥10.0mg/kg（或 mg/L）时，计算结果保留三位有效数字；当铅含量<10.0mg/kg（或 mg/L）时，计算结果保留两位有效数字

标准与要求：

在重复性条件下获得的两次独立测定结果的绝对差值不得超过算术平均值的 20%。

五、实训考核方法

学生分组测定一个酒样的铅的含量值，平行三次并计算结果。练习完毕后，对学生进行盲评。结果超出真实值 0.5% 扣 10 分，1% 扣 20 分，1.5% 扣 30 分，以此类推，扣完为止。

六、课外拓展任务

根据班级人数，全班共分为 5 组，取不同品牌的浓香型白酒，测其铅的含量并做好记录。

七、知识链接

白酒中含铅的来源

白酒含铅主要是由于蒸馏器、冷凝导管、贮运酒容器、劣质锡制器具等含铅量高所致。另外，白酒中的酸度越高（特别是醋酸），对上述器具的铅溶蚀作用也强，酒中含铅量也高。醋酸在白酒中可生成可溶性醋酸铅而溶于酒，其反应式如下：

$$PbO+2CH_3COOH \longrightarrow (CH_3COO)_2Pb+H_2O$$

铅是重金属，是主要金属毒物之一，它在人体内有蓄积作用，长期饮用含铅量过高的白酒会发生慢性中毒。铅中毒早期症状是贫血、神经衰弱、食欲不佳、乏力等；严重者出现腹剧烈绞痛、多发性神经炎、铅性脑病等症状。因此，酒中含铅量应严格限制在国家卫生标准规定以下，即 60%vol 蒸馏酒的铅含量不超过 1mg/L（以 Pb 计）。

任务二十八　白酒中锰含量的测定

一、本任务在课程中的定位

本任务是白酒分析与检测中成品酒检测的重点训练项目，按照国家白酒分析与检测专业职业教育培养要求，进行白酒中锰含量的测定任务训练。通过此项训练，培养学生熟悉火焰原子吸收光谱法测定锰含量的原理和方法，掌握数据处理方法并进行误差分析。

二、本任务与国家（或国际）标准的契合点

本任务是按照食品检验工国家职业资格标准进行的训练。

三、教学组织及运行

本实训任务按照教师讲解、教师演示、学生训练方式进行，最后通过专项实训考核检验教学效果。

四、实训内容及要求

（一）实训目标

1. 知识目标
（1）了解锰的化学性质及危害。
（2）理解火焰原子吸收光谱法测定锰含量的原理和方法。
2. 能力目标
（1）掌握原子吸收光谱仪的结构及使用方法。
（2）掌握数据的分析和处理。

（二）实训重点及难点

1. 实训重点
吸收光谱仪的结构。
2. 实训难点
原子吸收光谱仪的操作方法。

（三）实训材料及设备

1. 实训材料
硝酸；高氯酸；标准品：金属锰标准品（Mn），纯度大于 99.99%。
2. 实训设备
原子吸收光谱仪，配火焰原子化器、锰空心阴极灯；分析天平：感量为 0.1mg 和 1.0mg；分析用钢瓶乙炔气和空气压缩机；样品粉碎设备：匀浆机、高速粉碎机；马弗炉；可调式控温电热板；可调式控温电热炉；微波消解仪，配有聚四氟乙烯消解内罐；恒温干燥箱。

（四）实训内容及步骤

1. 生产准备

（1）混合酸　高氯酸+硝酸（1+9）：取100mL高氯酸，缓慢加入900mL硝酸中，混匀。

（2）硝酸溶液（1+99）　取10mL硝酸，缓慢加入990mL水中，混匀。

（3）标准溶液配制

①锰标准储备液（1000mg/L）：准确称取金属锰1g（精确至0.0001g），加入硝酸溶解并移入1000mL容量瓶中，加硝酸溶液至刻度，混匀，贮存于聚乙烯瓶内，4℃保存，或使用经国家认证并授予标准物质证书的标准溶液。

②锰标准工作液（10.0mg/L）：准确吸取1.0mL锰标准储备液于100mL容量瓶中，用硝酸溶液稀释至刻度，贮存于聚乙烯瓶中，4℃保存。

③锰标准系列工作液：准确吸取0mL、0.1mL、1.0mL、2.0mL、4.0mL、8.0mL锰标准工作液于100mL容量瓶中，用硝酸溶液定容至刻度，混匀。此标准系列工作液中锰的质量浓度分别为0mg/L、0.010mg/L、0.100mg/L、0.200mg/L、0.400mg/L、0.800mg/L，也可依据实际样品溶液中锰浓度，适当调整标准溶液浓度范围。

（4）优化仪器至最佳状态　主要参考条件：吸收波长279.5nm，狭缝宽度0.2nm，灯电流9mA，燃气流量1.0L/min。

2. 操作规程

操作步骤1：微波消解

称取0.29~0.59g（精确至0.001g）试样于微波消解内罐中，含乙醇或二氧化碳的样品先在电热板上低温加热除去乙醇或二氧化碳，加入5~10mL硝酸，加盖放置1h或过夜，旋紧外罐，置于微波消解仪中进行消解。冷却后取出内罐，置于可调式控温电热板上，于120~140℃赶酸至近干，用水定容至25mL或50mL，混匀备用；同时做空白试验。

标准与要求：

（1）设定压力、温度不能超过仪器规定最高值，以免损坏消解罐及其他配件。

（2）消解过程结束后，所有消解罐必须待温度降至80℃以下，才可以在通风橱内慢慢松开放气螺丝，待罐内气体释放完毕之后方可松开顶丝，取出消解罐，否则带压操作会导致罐内酸液喷溅，伤害实验人员。

操作步骤 2：标准曲线的制作

将标准系列工作液分别注入原子吸收光谱仪中，测定吸光度值，以标准工作液的浓度为横坐标，吸光度值为纵坐标，绘制标准曲线。

标准与要求：

（1）选择性能好的空心阴极灯，减少发射线变宽。

（2）灯电流不要过高，减少自吸变宽。

操作步骤 3：试样溶液的测定

于测定标准曲线工作液相同的实验条件下，将空白和试样溶液注入原子吸收光谱仪中，测定锰的吸光值，根据标准曲线得到待测液中锰的浓度。

标准与要求：同操作步骤 2。

操作步骤 4：分析结果的计算

试样中锰含量按下式计算：

$$X = \frac{(\omega - \omega_0) \times V \times f}{m}$$

式中　X——样品中锰含量，mg/kg 或 mg/L

　　ω——试样溶液中锰的质量浓度，mg/L

　　ω_0——样品空白试液中锰的质量浓度，mg/L

　　V——样液体积，mL

　　f——样液稀释倍数

　　m——试样质量或体积，g 或 mL

计算结果保留三位有效数字。

标准与要求：

精密度：在重复性条件下获得的两次独立测定结果的绝对差值不得超过算术平均值的 10%。

五、实训考核方法

学生分组测定一个酒样的锰的含量值，平行三次并计算结果。练习完毕后，对学生进行盲评。结果超出真实值 0.5% 扣 10 分，1% 扣 20 分，1.5% 扣 30 分，以此类推，扣完为止。

六、课外拓展任务

根据班级人数，全班共分为 5 组，取不同品牌的浓香型白酒，测其锰的含量并做好记录。

七、知识链接

蒸馏酒检验原始记录

样品编号		样品名称		检验日期		室温	
检测标准	GB/T 5009.48—2003						
测定仪器及编号：	分析天平 气相色谱仪 原子吸收光谱仪						

乙醇浓度/%vol	酒精计标示值		测定温度		20℃时乙醇浓度		结果表示

甲醇 X_1/(g/L)	标准浓度 A	标准进样体积 V_1/μL	试样进样体积 V_2/μL	测试结果	$X_1 = \dfrac{H_1 \times A \times V_1}{H_2 \times V_2}$		

杂醇油 X_2/(g/100mL)	标准浓度 A	标准进样体积 V_1/μL	试样进样体积 V_2/μL	测试结果	$X_2 = \dfrac{H_1 \times A \times V_1}{H_2 \times V_2 \times 1000} \times 100$		

铅 X_3/(mg/L)	样品体积 V_1/mL	定容体积 V_2/mL	测试结果		$X_3 = \dfrac{(c_1-c_0) \times V_2 \times 1000}{V_1 \times 1000}$		

锰 X_4/(mg/L)	样品体积 V_1/mL	定容体积 V_2/mL	测试结果		$X_4 = \dfrac{(c_1-c_0) \times V_2 \times 1000}{V_1}$		

备注							

项目三 培菌制曲实训

项目目标

本项目是通过学习培菌制曲的生产流程、操作方法，掌握培菌制曲职业标准对曲坯成型、培菌管理、成品曲质量检测、成品曲贮藏管理相关知识的要求。通过选料、润料、粉碎、曲坯成型、入室安曲、翻曲、收拢、成品曲鉴定和入库贮藏操作实践，掌握培菌制曲生产管理技能和操作技能。

（一）总体目标

参照国家培菌制曲工职业技能要求，本项目以培养中高温大曲生产技术为目标，根据白酒行业对培菌制曲职业岗位的任职要求，构建项目化实训内容，为学生参加品酒师、白酒酿造工、食品检测工等职业资格鉴定起重要支撑作用。

（二）能力目标

通过曲坯制作、培菌管理和大曲质量鉴定的训练，使学生具备以下能力。

（1）能判断制曲原料质量。

（2）能根据制曲原料的质量特点进行润粮、粉碎、曲坯成型等操作。

（3）能掌握不同培菌管理阶段曲坯的颜色、香气和水分的变化情况。

（4）能根据不同的气候和设备条件，应用水、温、堆、细（度）、境等要素管理和控制大曲生产。

（5）能根据成品曲的香味、色泽等进行质量判断并分析酒曲的微生物系和酶系特点及其糖化发酵能力。

（6）能分析影响机制曲质量的关键因素，完成机制曲操作。

（三）知识目标

（1）掌握制曲原辅料的质量标准，能够通过感官对制曲原料进行质量判断。

（2）掌握曲坯制作标准，熟悉曲坯制作的工艺流程及其关键控制点。

（3）掌握培菌制曲过程大曲温度的变化特点；掌握原料粉碎（细）度、加水量对大曲培菌管理的影响和大曲质量关系。

（4）掌握培菌制曲常用的管理办法和管理手段；掌握实现曲坯升温"前缓、中挺、后缓落"的培菌管理关键控制点。

（5）掌握各等级大曲的感官指标和理化指标，能根据大曲的理化指标分析培菌制曲管理过程存在的问题及提出合理化建议。

（6）了解大曲在贮存期间微生物种类和数量的变化情况；掌握大曲贮存期间的质量管理控制要点。

（四）素质目标

（1）具有行业规范意识，吃苦耐劳的精神，工作认真负责，自觉履行职责。

（2）良好的沟通和书面表达能力，诚实守信的作风。

（3）质量第一，客户至上的精神。

（4）具有安全意识和质量意识，同时树立责任意识、安全意识、环保意识，培养学生继续学习、善于从生产实践中学习和创新的精神。

任务一　曲坯制作

一、本任务在课程中的定位

本任务是培菌制曲（中高温大曲制作）中的一个单元操作，按照国家培菌制曲工职业技能要求进行曲坯制作，通过对原料质量和粉碎度的判断及曲坯成型等操作进行专门训练。

二、本任务与国家（或国际）标准的契合点

本任务符合高级培菌制曲工国家职业技能要求。

三、教学组织及运行

本实训任务按照教师讲解、教师演示、学生实操方式进行，最后通过专项

实训考核检验教学效果。

四、实训内容及要求

（一）实训目标

1. 知识目标
（1）掌握制曲原辅料的质量标准。
（2）掌握润料和粉碎操作知识。
（3）掌握曲坯制作标准，熟悉曲坯制作的工艺流程及其关键控制点。
2. 能力目标
（1）能判断制曲原料质量。
（2）能根据制曲原料的质量特点进行润粮、原料粉碎。
（3）能制作符合生产标准的曲坯。

（二）实训重点及难点

1. 实训重点
原料粉碎。
2. 实训难点
曲坯成型。

（三）实训材料及设备

1. 实训材料
小麦、草帘（枯草）、稻壳（糠壳）、硫黄、甲醛。
2. 实训设备
对辊式粉碎机、曲盒［尺寸为：$(27\sim32)\,cm\times(18\sim25)\,cm\times(5\sim6)\,cm$］、拌料锅、运曲车（平板车）、温度计、20目筛盘、计重器（台秤）、方铲、铁锨、水桶。

（四）实训内容及步骤

1. 生产准备
（1）物料准备　本实验采用纯小麦制曲，根据生产任务安排和发酵室容量，正确计量需要的小麦数量。
（2）原料要求　颗粒饱满、新鲜、无虫蛀、无霉变、干度适宜、无异杂味、无泥沙及其他杂物。
（3）清洁卫生　对发酵室的门窗、制曲盒子、搭盖使用的草帘（或散谷草）、铺垫的糠壳厚度进行检查，并将曲盒清洗干净，并检查制曲盒子有无损坏、销子有无脱落等情况。

（4）曲房灭菌　1m³ 曲房，用硫黄 5g 和 30%～35% 甲醛 5mL，将硫黄点燃并用酒精灯加热蒸发皿中的甲醛，如果只用硫黄杀菌，每 1m³ 用量约 10g。

（5）检查设备　检查小麦粉碎机、搅拌机及电控信号系统等状态是否完好和正常。检查生产过程中使用的计量器具如温度计、20 目筛盘、称重计等，确保完好及满足生产使用的要求。

2. 操作规程

操作步骤 1：润麦

标准与要求：

（1）润麦后感官标准为：表面收汗，内心带硬，口咬不粘牙，尚有干脆响声。

（2）润麦水温 65～85℃，水量 4%～7%。

操作步骤 2：粉碎

标准与要求：

（1）将小麦粉碎成"烂心不烂皮"的梅花瓣。

（2）粉碎度要求粗粒及麦皮不可通过 20 目筛，而细粉要求通过 20 目筛，细粉冬春季占 30%～35%；夏秋季占 36%～40%。

操作步骤 3：加水拌料

标准与要求：

（1）要求夏季用冷水，冬季用 40～50°C 的热水进行拌料。

（2）拌和后的感官标准：以手捏成团不粘手，未见明显生粉为准。

（3）粉料含水春季占 32%～37%；夏秋季占 36%～43%。

操作步骤 4：曲坯成型（人工成型）

标准与要求：

（1）踩制好的曲坯感官标准要求　四角整齐，不缺边掉角，以中心松四周紧，其余松紧一致，提浆效果好为准。

（2）踩制后的曲坯重量控制在 6.5～7kg，成品曲的重量控制在 3.5～5kg 为宜。

操作步骤 5：晾汗

标准与要求：

（1）用食指在曲坯的表面轻压，不粘手即可。

（2）晾置时间冬春季不超过 30min，夏秋季不超过 10min。

操作步骤 6：转运曲坯

标准与要求：

（1）轻拿轻放，避免损坏曲坯的形状。

（2）每一小车装曲坯数不超过 20 块。

操作步骤 7：入室安曲

标准与要求：

（1）曲房地面糠壳厚约 5cm。

（2）按一字形摆放，四周离墙间隙 10cm，曲坯间距 1~2cm，中间留一行不摆放曲坯。

（3）安满一间发酵室后，随即盖上草帘，插上温度计，关闭门窗。

五、实训考核方法

序号	考核内容及要求	配分	评分标准	得分
1	检查粮食	20	（1）仔细检查小麦是否霉烂、变质等，得 20 分 （2）检查不认真或不检查，扣 10 分 （3）无此操作，扣 20 分	
2	粉碎粮食	30	（1）小麦润麦后符合表面收汗、内心带硬，口咬不粘牙，尚有干脆响声，且能将小麦碎成"烂心不烂皮"的梅花瓣。粉碎度要求粗粒及麦皮不可通过 20 目筛，而细粉要求通过 20 目筛，细粉冬春季占 30%~35%；夏秋季占 36%~40%，得 30 分 （2）润麦时间过短或过长，扣 10 分 （3）将小麦粉碎过细或过粗，扣 10 分	
3	曲坯成型	50	（1）一次性将曲料装入曲盒，且踩制的曲坯四角整齐，不缺边掉角，以中心松四周紧，其余松紧一致，且能正确入室安曲，得 50 分 （2）多次装入曲料，每添 1 次曲料扣 10 分。最多扣 20 分 （3）缺角或中心松，四周紧，扣 10 分 （4）晾汗时间过长或过短，扣 10 分 （5）曲坯转运后有变形，扣 10 分	

六、课外拓展任务

选用不同粉碎度的麦粉，按照本任务曲坯成型方法制作曲坯，并做好自己的观察记录，观察不同粉碎度的麦粉对曲坯成型的影响。

七、知识链接

机械制曲的主要设备及介绍

机械制曲就是要用机械化取代传统的人工踩制大曲的方式。机械制曲的主要设备由磨粉机、下料斗（调节）、加水装置、曲料拌和、输送带、成型机等组成。与传统人工踩制曲坯比较，优点是：可节约操作人员人数 30%～40%，产量提高 1～2 倍，加水量稳定，曲坯松紧度一致，同时大大地降低了生产工人的劳动强度和缩短踩制作业时间。缺点是：提浆效果较差，四周较松。由于曲坯是一次挤压成型，表面过于紧密，发酵内外温差大，散热差，曲子断面中心常出现烧曲的现象，曲块发酵力低。

在洋河基地粉碎制曲二车间，现代化制曲大楼为整体设计，各环节相互连通，从原料入仓到成品曲粉碎形成一个有机整体，展示出现代化制曲生产的恢宏气魄。从原辅料的处理到曲坯成型两个系统各环节经中心控制室电脑联网控制，真正实现了一键控制和自动化、封闭式，员工在操作过程中真正做到足不出户，节约了大量的人力，减轻了劳动强度，并保证了曲的生产过程中配料更精确、拌料更均匀、各种技术参数控制更科学，确保曲块松紧度一致，曲坯成型规范、统一。传统的制曲生产随着现代化的科技发展，也在进行着变革提升，今后必然会朝着低劳动强度、高机械化、数字化的方向发展。

任务二　培菌管理

一、本任务在课程中的定位

本任务是培菌制曲（中高温大曲制作）实训中的重要项目之一。培菌是控制大曲质量的关键环节，有效的管理就能够保证所生产出大曲的质量。大曲的培菌管理就是给不同种类的微生物提供不同的生长繁殖环境条件，通过在不同温度、湿度、营养物质等培养条件下，进行优胜劣汰、生与死的反复交替，最终的代谢物质和微生物就富集于所生产的曲块之中。按照国家高级培菌制曲工的考核要求，通过控温控湿操作的训练，学习培菌管理。本任务主要是为了更好实现大曲制作而进行的一项针对性的实训。

二、本任务与国家（或国际）标准的契合点

本任务符合培菌制曲工国家职业技能要求。

三、教学组织及运行

本实训任务按照教师讲解、教师指导、学生操作方式进行，最后通过专项实训考核检验教学效果。

四、实训内容及要求

（一）实训目标

1. 知识目标

（1）了解温度、湿度等因素对大曲微生物生长的影响。

（2）了解利用洒水、通风排潮等手段调节发酵室内温、湿度的方法。

（3）根据培菌过程"前缓、中挺、后缓落"的品温控制要求，把握生产过程中洒水的时机、通风排潮的次数、时间长短。

2. 能力目标

（1）掌握培菌制曲常用的管理办法和管理手段；掌握实现曲坯升温"前缓、中挺、后缓落"的培菌管理关键控制点。

（2）掌握曲虫的种类和生长特点，熟悉捕（诱）杀曲虫的主要方式。

（3）掌握各等级大曲的感官指标和理化指标，能根据大曲的理化指标分析培菌制曲管理过程存在的问题及提出合理化建议。

（4）了解大曲在贮存期间微生物种类和数量的变化情况；掌握大曲贮存期间的质量管理控制要点。

（二）实训重点及难点

1. 实训重点

培菌管理操作。

2. 实训难点

翻曲、排潮、通风等。

（三）实训材料及设备

1. 实训材料

新制曲坯、糠壳、草帘、水。

2. 实训设备

温度计、湿度计。

（四）实训内容及步骤

1. 生产准备（或实训准备）

检查发酵室的门窗是否完好，糠壳是否按要求铺好，草帘是否充足。

2. 操作规程

操作步骤 1：控温、控湿操作

标准与要求：

（1）室温 10~20℃时，前 7d 曲坯品温≤50℃，3d 内不排潮，3~7d，每天 9 点、16 点进行排潮，根据潮气的大小，每次排潮时间不超过 10min，只半开门或窗。

（2）室温 20~30℃时，前 5d 曲坯品温≤50℃，2d 内不排潮，2~7d，每天 8 点、13 点、18 点进行排潮，根据潮气的大小，每次排潮时间不超过 20min，开门和窗。

（3）室温 30℃以上，前 3d 曲坯品温≤50℃，15d 以内，品温≤63℃，15d 后逐渐降至 35~45℃。当天即可开门或窗，并向墙壁和草帘等覆盖物上面喷洒冷水，6~10d，每天 8 点、13 点、19 点进行排潮，根据潮气的大小，每次排潮时间不超过 60min，开门和窗；11~20d 内白天只开小洞窗，晚上全关闭。

操作步骤 2：第一次翻曲

标准与要求：冬春季，品温 45~50℃时；夏秋季，品温 50~60℃时即可进行第一次翻曲，把曲坯由一层堆为二层。

操作步骤 3：第二次翻曲

标准与要求：冬春季，品温 62~56℃时；夏秋季，品温 63~55℃时即可进行第二次翻曲，把曲坯由二层堆为四层。

操作步骤 4：第三次翻曲（堆烧或收拢）

标准与要求：冬春季，品温 56~50℃时；夏秋季，品温 60~45℃时即可进行堆烧（收拢），把曲坯由四层堆为八层。

操作步骤 5：堆烧（收拢）

标准与要求：一般 5~8 间转 1 间，夏秋季可略少一点，冬春季可多一点，曲坯的堆码层数为 8~10 层。曲块用 3~5 张草帘遮盖，靠门和窗的一面还应加厚 1~2 张草帘。

操作步骤 6：入库贮存

曲坯培养达到成曲要求后入库贮存。

标准与要求：

（1）成曲水分一般是热季水分≤12%，冷季水分≤14%。

（2）贮存成曲的曲房要求通风干燥，曲块堆码整齐，层次清楚，曲块间应有一定空隙，严防因二次返潮而引起二次发酵。

五、实训考核方法

考核记录表

序号	考核内容及要求	配分	评分标准	得分
1	翻曲	80	（1）能准确根据湿度、温度确定翻曲的时间以及进行翻曲，得80分 （2）翻曲时间或次数不当，扣10~30分 （3）翻曲时未排潮或控温不当，扣20分	
2	入库贮存	20	（1）能判断曲坯的水分，并将符合要求的大曲贮存到相应的曲库里正确贮存，得20分 （2）大曲贮存不当或大曲贮存中未查看贮存状况，扣5~10分	

六、课外拓展任务

选取数块质量颜色等一致的曲块，置于不同湿度、温度的培养室中培养。观察曲块的变化，并分析出现变化的原因。

七、知识链接

制曲

1. 制曲生产的最佳季节的选择

制曲生产的最适宜季节为春末夏初至中秋节前后，即 3~10 月。例如《齐民要术》"大凡作曲七月（阴历）最良"，夏季气温高，湿度大，空气中微生物数量多，是制曲的最佳季节。不同季节的微生物分布：春秋季，温度较低，湿度较大，酵母数量较多；夏季，高温高湿，适宜霉菌生长，霉菌数量较多；冬季，气温低，空气干燥，细菌较多。

2. 大曲的作用和特点

大曲是酿制大曲酒用的糖化发酵剂，制造过程中依靠自然界带入的各种野生菌在淀粉质原料中进行富集、扩大培养，保留了各种酿酒用的有益微生物，再经过风干、贮存，即成为成品大曲。

（1）生料制曲、自然接种、开放式制作　许多研究表明，生料上生长的微生物群比熟料上的微生物群要适用得多，如生料上的菌可以产生酸性羧基蛋白酶，可以分解加热变性后的蛋白质，霉菌的生成量十分可观，这样有利于保存原料中所含有的丰富的水解酶类，有利于大曲酒酿造过程中淀粉的糖化作用。大曲无须人工接种而采用自然接种，并采用开放式制作，最大限度地网罗了环境中的微生物，增加了大曲培养过程中微生物的种类和数量。利用有益微生物的生长繁殖，在曲坯内积累酶类及发酵前体物质，为自身的微生物发酵提供营养物质和产生特有的香味物质成分。大曲菌种繁多、酶系复杂，菌酶共生共效，营养物质丰富，使大曲酒比其他纯种曲酿制的酒的口感和风味更为突出。也因为如此，"一高两低"又是它显然不足的特点，即"残余淀粉高、酶活力低、出酒率低"。

（2）作为酿酒原料的一部分，对白酒香型风格起着重要作用　大曲用量较大，有的大曲酒（酱香型白酒）曲的使用量和原料使用比例可达 1:1，一般多粮浓香型大曲用曲量为粮食的 18%~25%，所以也是酿酒原料的重要组成部分。微生物在曲坯上生长繁殖时，分泌出各种水解酶类，使大曲具有液化力、糖化力和蛋白分解力等。大曲中含有多种酵母菌，具有发酵力、产酯力。在制曲过程中，微生物分解原料所形成的代谢产物，如氨基酸，阿魏酸等，它们是形成大曲酒特有的香味前体物质，氨基酸同时也是酿酒微生物生长的氮源，所以酒曲的质量直接关系出酒的质量。

（3）提倡生产伏曲、使用陈曲　大曲的踩曲季节，在春末夏初这个季节，气温及湿度都比较高，有利于控制曲室的培养条件，一般认为"伏曲"质量较好。大曲必须贮存一段时间才能投入生产环节使用，通过贮存使大曲的水分减少，产酸细菌失活或死亡，同时延长发酵时间，增加香气，一般要求贮存三个月以上才能使用，否则因其酶活力强，影响酿酒生产的发酵速度。

3. 大曲中的微生物及酶系

（1）大曲中的微生物

①霉菌类：大曲中的霉菌主要包括曲霉（米曲霉、黑曲霉、红曲霉）、根霉、毛霉、犁头霉、青霉，主要是分解蛋白质和糖化作用。

②酵母菌类：大曲中的酵母菌主要包括酒精酵母、产膜酵母、汉逊酵母、假丝酵母、拟内孢霉、芽裂酵母等。酒精酵母能将可发酵糖变成酒精，而产酯酵母可产酸或酯类。

③细菌类：大曲中的细菌主要包括醋酸菌、乳酸菌、芽孢杆菌。细菌能分解蛋白质和产酸，有利于酯的合成。

（2）大曲中的酶系　制曲过程微生物的消长变化直接影响大曲中的微生物酶系。培曲中期，曲皮部分的液化酶、糖化酶、蛋白酶活性最高，以后逐渐下降；酒化酶活性变化是前期曲皮部分最高，中期曲心部分最高；酯化酶在温度高时比较多，因此，在培曲中期曲皮部分比曲心部分酯化酶活性高，但酒化酶则曲心部分比曲皮部分高。

任务三　大曲质量感官鉴定

一、本任务在课程中的定位

本任务是中高温大曲制作实训中的重要项目之一。对大曲质量的鉴定进行感官鉴定不仅可以快速准确检验大曲的质量，还可以分析培菌制曲过程出现的问题。按照国家高级培菌制曲工的考核要求，学习观察大曲颜色和菌丝生长状况以及闻大曲的香味的技能，本任务主要是为了实现准确鉴定大曲的质量而进行的一项针对性的实训。

二、本任务与国家（或国际）标准的契合点

本任务符合培菌制曲工国家职业技能要求。

三、教学组织及运行

本实训任务按照教师理论讲解、教师实物演示、学生感官鉴别和理化检测相结合方式的进行，最后通过专项实训考核检验教学效果。

四、实训内容及要求

（一）实训目标

1. 知识目标

（1）掌握各等级大曲的感官指标和理化指标，能根据大曲的理化指标分析培菌制曲管理过程存在的问题及提出合理化建议。

（2）了解大曲在贮存期间微生物种类和数量的变化情况；掌握大曲贮存期间的质量管理控制要点。

2. 能力目标

（1）能根据成品曲的香味、色泽等进行质量判断并分析酒曲的微生物系和酶系特点及其糖化发酵能力。

（2）能运用水、温、堆、细（度）、境等要素管理和控制大曲生产。

（二）实训重点及难点

1. 实训重点

大曲感官质量评价标准。

2. 实训难点

大曲质量等级和酶系的相关性。

（三）实训材料及设备

1. 实训材料

发酵好的成品曲、大曲感官评价标准。

2. 实训设备

托盘、钉锤、小刀。

（四）实训内容及步骤

1. 生产准备（或实训准备）

复习大曲感官质量评价标准，感官质量评价标准如下表所示。

感官质量评价标准

技术要求＼项目＼等级	外表面	断面1/2处	香味	皮厚
优级曲	呈灰褐色或淡黄色，菌丝均匀，生长良好，光滑一致	断面整齐，呈乳白色或深褐色，允许有少量红、黄色斑块	曲香纯正浓郁，无其他异香、异味	≤0.1cm
一级曲	呈灰褐色或淡黄色，菌丝均匀，生长较好，光滑一致	断面整齐，有少量黑色或红、黄色斑点	曲香味较纯正，允许有较微的异味	≤0.2cm
二级曲	乳白色或灰白色，菌丝分布不匀，生长较差或有裂纹	灰白色中夹黑色斑块或脱层，或不规则的其他圆点块	曲香味淡薄，有轻微异香、异臭或其他异杂味	≤0.3cm

2. 操作规程

操作步骤1：取样

标准与要求：

（1）采用"5点法"（即4角1中心）进行随机取样。

（2）每间发酵室取 20 块样曲。

操作步骤 2：样品处理

标准与要求：

将大曲分别进行对半断开，折断部位平整度一致。

操作步骤 3：大曲质量等级的确定

标准与要求：

（1）记录观察到的颜色、菌丝生长状况及曲块香味特点。

（2）严格按照大曲感官质量标准逐一进行评价和打分。

五、实训考核方法

考核记录表

序号	考核内容 及要求	配分	评分标准	得分
1	取样	20	（1）取样操作正确，扣 0 分 （2）取样操作不正确，扣 10 分 （3）取样数量过少，扣 10 分	
2	样品处理	30	（1）样品处理正确，得 30 分 （2）样品断面不整齐，扣 10 分	
3	大曲质量 等级的确定	50	（1）能正确描述大曲感官特征，且能根据大曲表面的颜色、气味和菌丝整齐度，判断大曲质量等级，得 50 分 （2）能正确描述大曲感官特征，但对大曲质量的感官鉴定不正确，扣 20 分 （3）不能正确描述大曲感官特征，对大曲质量的感官鉴定不正确，扣 50 分	

六、课外拓展任务

选取不同等级的中高温大曲：优级曲、特级曲、一级曲各 5 块，进行感官鉴定。

七、知识链接

大曲的感官鉴定

1. 大曲质量感官评价术语

（1）皮张 大曲发酵完成后，曲坯表面的生淀粉部分，称为皮张。

（2）窝水　大曲发酵完成后，曲块内心留有不能挥发水的严重现象。

（3）穿衣　大曲培养时，霉菌着生于曲坯表面的优劣状态，或大曲培养时霉菌着生于大曲表面出现的白色针尖大小的现象。

（4）泡气　培养成熟后的大曲，其断面所呈现的一种现象。

（5）生心　大曲培养后曲心有生淀粉的现象。

（6）整齐　培养成熟后的大曲，其切面上出现较规则的现象。这里主要指菌丝的生长健壮与否。

（7）死板　培养成熟后的大曲，其断面表现出一种结实、硬板、不泡气的现象。

（8）香味（浓香）　指大曲在成熟贮存以后散发出的一种扑鼻的气味中带有的浓厚香味。

2. 大曲感官质量标准要求

（1）香味　曲块折断后用鼻嗅之，应有纯正的固有的曲香，无酸臭味和其他异味。

（2）外表颜色　曲的外表应有灰白色的斑点或菌丝均匀分布，不应光滑无衣或有成絮状的灰黑色菌丝；（光滑无衣是因为曲料拌和时加水不足或踩曲场上放置过久，入房后水分散失太快，未成衣前，曲坯表面已经干涸，微生物不能生长繁殖所致；絮状的灰黑色菌丝，是曲坯靠拢、水分不易蒸发和水分过多、翻曲又不及时造成的）。

（3）曲皮厚度　曲皮越薄越好。曲皮过厚是由于入室后升温过猛，水分蒸发太快；或踩好后的曲块在室外搁置过久，使表面水分蒸发过多等原因致使微生物不能正常繁殖。

（4）断面颜色　曲的断面应有较密集的菌丝，断面结构均匀，颜色基本一致。

项目四　白酒酿造实训

项目目标

本项目是通过学习白酒生产的基本原理、生产流程、操作方法，掌握白酒酿造工职业标准中的入窖条件分析、发酵管理、上甑蒸馏、量质摘酒相关知识。通过开窖、起糟、蒸糠、上甑、蒸馏、出甑、打量水、摊晾、加曲、入窖、封窖操作实践，掌握白酒酿造生产操作技能和具备一定的生产管理能力。

（一）总体目标

本项目以培养掌握五粮浓香白酒酿造职业技术能力为目标，按照白酒行业对白酒生产职业岗位的任职要求，参照国家白酒酿造工职业标准对知识和技能进行重构，构建项目化实训内容，为学生参加品酒师、白酒酿造工等职业资格鉴定起重要支撑作用。

（二）能力目标

（1）能完成对粮食质量的判断。

（2）能正确地开窖起糟，能准确判断打黄水坑的时间和滴窖时间。

（3）能通过对母糟颜色、口感、水分、酸度、淀粉和黄水感官的初步判断，确定发酵情况。

（4）能根据发酵情况调整、指导配料和润料及拌和等生产工艺操作。

（5）能做到撒得准、轻、松、平、匀、不压汽、不跑汽，能从感官鉴别蒸煮（饭）质量是否符合工艺要求，并提出改进措施。

（6）能分清不同层次和同一层次的酒，并能分层摘酒、分段摘酒及掌握粮食蒸煮的质量标准。

（7）能及时出甑、打量水、摊晾、下曲和分层入窖以及能根据发现的问题做出纠正、预防措施。

（8）能正确封窖及进行窖池管理，根据窖皮泥的变化和温度变化判断发酵情况，及时做出相应的措施。

（9）能判断窖池的窖泥的退化状况，并根据窖泥的退化程度正确养护窖池。

（三）知识目标

（1）掌握原辅料的质量标准与判断方法。

（2）理解环境温度、蒸粮、水分、酸度、淀粉与产、质量之间的大致关系。

（3）掌握母糟的识别方法，通过母糟的感官鉴定、理化分析等情况，为配料做好准备，达到入窖母糟满足"前缓—中挺—后缓落"的发酵要求。

（4）掌握上甑的操作要领，蒸煮（饭）的质量标准知识。

（5）了解白酒蒸馏设备知识，馏分的变化知识。

（6）掌握微生物学和白酒酿造过程中有益菌和有害菌的基本知识。

（7）掌握白酒生产工艺操作规程。

（8）了解分层摘酒、分段摘酒的知识。

（9）掌握窖池养护的知识，尤其是窖泥老化及退化的窖池的养护知识。

（四）素质目标

（1）具有行业规范意识、吃苦耐劳的精神，工作认真负责，自觉履行职责。

（2）良好的沟通和书面表达能力，诚实守信的作风。

（3）具有安全意识和质量意识。

任务一　开窖起糟

一、本任务在课程中的定位

本任务是白酒生产实训的重要子项目之一，按照国家高级白酒酿造工的考核要求，本任务通过剥窖皮、起丢糟、起上层母糟、打黄水坑、滴窖、起下层母糟等操作，掌握中高级白酒酿造工基本理论和技能要求。本任务是按照标准职业技能需求进行的专门训练。

二、本任务与国家（或国际）标准的契合点

本任务符合高级白酒酿造工国家职业技能要求。

三、教学组织及运行

本实训任务按照教师讲解、学生实操、教师指导方式进行，最后通过专项实训考核检验教学效果。

四、实训内容及要求

（一）实训目标

1. 知识目标
（1）掌握正确开窖的方法和注意事项。
（2）掌握分层起糟的方法和注意事项。
（3）掌握打黄水坑、滴窖、舀黄水等的操作及注意事项。

2. 能力目标
（1）能按规定进行开窖操作。
（2）能够按照要求分层起糟。
（3）能够掌握打黄水坑的时机，及时打黄水坑、滴窖、舀黄水。

（二）实训重点及难点

1. 实训重点
开窖起糟。

2. 实训难点
打黄水坑。

（三）实训材料及设备

1. 实训材料
糟醅、糠壳（2~4瓣）、粮食（大米、糯米、糯高粱、玉米、小麦）。

2. 实训设备（工具）
窖池、插刀、铁锨、手推车、耙梳、方铲、筛盘等。

（四）实训内容及步骤

1. 生产准备
（1）清洁卫生　将堆糟坝、糠壳清蒸池子、甑子和其他生产工具等彻底清

扫干净。

（2）原料的粉碎 粉碎的技术要求是：高粱、大米、糯米、小麦的粉碎度为 4、6、8 瓣，无整粒混入。玉米的粉碎颗粒相当于前四种，不大于 1/4 粒的混入。五种粮食混合粮粉能通过 20 目筛的细粉不超过 20%。

（3）清蒸糠壳 圆汽后清蒸 30min，摊晾收堆成为熟（冷）糠，备用。

2. 操作规程

操作步骤 1：开窖

标准与要求：

（1）不用铁锹开窖，用耙梳将窖皮泥挖成块状（大约是 20cm²）。

（2）将跌入窖池的窖皮泥清扫出来，注意不能损伤窖泥。

（3）用手将粘在窖皮泥上的糟醅尽量除尽。

（4）将窖皮泥装入泥斗中运回泥池，用热水进行发泥，踩制揉熟，无硬块即可，待下次封窖使用。

操作步骤 2：起面糟

标准与要求：

（1）面糟中若出现霉烂糟醅，须清除干净才能起糟。

（2）严格分开面糟与发酵母糟。

（3）将面糟起至堆糟坝一边。尽量拍光，并撒上一层熟（冷）糠。

操作步骤 3：起上层或中层母糟

标准与要求：

（1）起出的母糟，进行分层堆放，糟醅堆团好，拍紧，撒上薄层熟冷糠，防止酒精挥发。

（2）待起糟至见黄水时，就停止起糟。

（3）窖池周围和干道掉落的糟醅和糟醅堆的卫生打扫好。

（4）起糟中要注意每甑必须起平，同时不要伤害窖壁。

操作步骤 4：打黄水坑

标准与要求：

（1）在母糟的中间或一端打黄水坑。

（2）打黄水坑的母糟往两边朝窖壁堆积。

（3）黄水坑的宽度小于 50cm，深度为直至窖底。

（4）舀黄水前应将窖内 CO_2 尽量排出。

操作步骤 5：滴窖

标准与要求：

（1）滴窖时间不少于 12h，使母糟含水量保持 60% 左右。

（2）滴窖过程中用食品级 PVC 薄膜遮窖口以减少糟醅酒分的蒸发和窖壁水分的散失，防止窖壁泥板结老化。

操作步骤 6：起下层母糟

标准与要求：

（1）滴窖 12h 后，根据母糟的干湿度，一般水分在 60% 左右，即可起下层母糟。

（2）起糟时不要触伤窖池，不使窖壁、窖底老泥脱落。

操作步骤 7：窖池管理

标准与要求：

（1）起完糟后，窖池内外残留的糟醅必须清扫干净。

（2）清扫干净后，淋优质酒尾和曲粉或喷洒养窖液养窖。

（3）养窖后用食品级 PVC 薄膜遮窖口以减少窖泥水分的散失，防止窖泥微生物死亡。

五、实训考核方法

考核记录表

序号	考核内容及要求	配分	评分标准	得分
1	开窖操作	30	（1）开窖操作正确，并将面糟中发霉的糟子清除干净，并将窖皮泥中的残糟去除，得 30 分 （2）未去除窖皮泥中的残糟，扣 10 分 （3）未去除面糟中的霉糟，扣 10 分	
2	起糟操作	70	（1）将糟醅按照先起中上层糟，当起糟至被黄水淹至糟醅时，打黄水坑滴窖，再起底层糟，并分层次堆放，得 70 分 （2）未及时打黄水坑，扣 10 分 （3）滴窖时间低于 12h，扣 30 分 （4）起糟后团堆或未用熟冷糠盖在糟醅表面上，扣 10 分	

六、课外拓展任务

对上、中、下层糟醅的水分进行初步鉴定，并记录不同糟醅的水分含量，用以判断发酵情况，对后续配料和工艺调整做准备。

七、知识链接

浓香型白酒酿造工艺

浓香型大曲酒历史悠久，是我国特有的传统产品，以其独特的风格，享誉全世界。浓香型白酒的酿造工艺总体来说可归纳为三大类：以四川酒为代表的原窖法和跑窖法工艺类型，以苏、鲁、皖、豫一带为代表的老五甑法工艺类型。现对上述三种工艺类型简单介绍如下。

1. 原窖法工艺

原窖法生产工艺，又称为原窖分层堆糟法，采用该工艺方法的有泸州老窖、全兴大曲酒等。

该方法是将本窖的发酵母糟，加入原辅料经过混蒸混烧，蒸馏取酒，摊晾下曲后，仍入该窖进行发酵的生产工艺。在整个过程必须严格按照分层起糟、分层堆糟、分层入窖的原则进行，不能互混。如果不进行分层堆糟，以后对酒质的影响较大，遵循不到万年糟的目的。

2. 跑窖法工艺

跑窖法工艺又称跑窖分层蒸馏法工艺，该工艺方法以四川宜宾五粮液最为著名。

所谓"跑窖"，就是预先准备一口空窖，然后把另一个窖内的糟醅分层取出，进行续糟配料，混蒸混烧，蒸馏取酒，摊晾下曲后分层入窖到预先准备的空窖中，依次循环的方法。随着人们对生产工艺的不断演化，现在有些地方的酒厂把"跑窖法"和"原窖法"进行结合，出现了底层糟醅回原窖，中上层糟醅进行跑窖。这也是工艺不断创新的结果。

3. 老五甑法工艺

老五甑法工艺是将窖中的已经发酵的糟醅分成五次蒸酒和配醅的生产方法。在正常情况下，窖内有四甑酒醅，即大楂、二楂、小楂和回糟各一甑，出窖后加入新原料，分成五甑进行蒸馏，其中四甑入窖发酵，拿一甑糟醅取完酒后作丢糟。

任务二　配料

一、本任务在课程中的定位

本任务是白酒生产实训中的基础项目，按照国家高级白酒酿造工的考核要求，本任务主要是通过分析母糟和黄水情况，判断母糟发酵情况，并根据母糟发酵情况进行准确配料，从而保证产品产量和质量，达到循环生产的目的。本任务是按照标准职业技能需求进行的专门配料训练。

二、本任务与国家（或国际）标准的契合点

本任务符合高级白酒酿造工国家职业技能要求。

三、教学组织及运行

本实训任务按照教师讲解、学生实操、教师指导方式进行，最后通过专项实训考核检验教学效果。

四、实训内容及要求

（一）实训目标

1. 知识目标
（1）了解浓香型原酒生产的几种投窖方法。
（2）了解环境温度、蒸粮、水分、酸度、淀粉与产、质量之间的关系。
（3）熟悉母糟和黄水的鉴别方法。
2. 能力目标
（1）能按投窖方式选择配料。
（2）能够通过对母糟及黄水的鉴别判断发酵情况。
（3）能够根据发酵情况对配料进行调整。

（二）实训重点及难点

1. 实训重点
续糟配料。
2. 实训难点
续糟配料。

（三）实训材料及设备

1. 实训材料
母糟、黄水、大米、糯米、玉米、高粱、小麦。
2. 实训设备
铁锨。

（四）实训内容及步骤

1. 生产准备（或实训准备）

（1）清洁卫生　堆糟坝彻底清扫干净，铁锨清洗干净。

（2）粮食的配比　五种粮食按比例准确配料后经充分粉碎拌匀（均匀度 >90%）。

五粮液的原料配比如下表所示。

原料配比表

粮食种类	高粱	大米	糯米	小麦	玉米
配比	36%	22%	18%	16%	8%

2. 操作规程

操作步骤1：开窖鉴定

标准与要求：

（1）观察母糟的骨力质地、颜色，闻糟香，尝其味道。

（2）观察黄浆水颜色，闻香和尝味。

（3）记录观察结果，应及时分析原因。

操作步骤2：续糟配料

标准与要求：

（1）粮糟比，一般是1∶（3.5~5.5），即以1∶4.5为宜。

（2）入窖母糟的淀粉要控制在18%~22%的正常范围内。

操作步骤3：加糠量

标准与要求：

（1）必须使用熟冷糠。

（2）糠壳的粗细要一致。

（3）掌握加糠的原则。

操作步骤4：润料、拌和

标准与要求：

（1）配粮要准确　冷季20%~22%，热季18%~22%。

（2）配糟要准确　甑与母糟量应基本一致，出入控制在3%以内。

（3）配糠要准确　粮糠比为17%~23%。

（4）拌粮要均匀　拌和需做到无"灰包、疙瘩、白粉子"出现，充分拌和均匀。

（5）拌糠要均匀　同拌粮标准，红糟、面糟用糠量视糟醅情况确定，尽量少用。拌和时要低翻快拌，次数不可过多，时间不可过长。

五、实训考核方法

考核评分记录表

序号	考核内容	配分	评分标准	得分
1	检查粮食	20	（1）认真仔细检查粮粉是否霉烂、变质等，得10分 （2）检查粮粉不认真，扣10分 （3）无此操作，扣20分	
2	开窖鉴定	30	（1）能准确通过发酵糟醅或黄水的情况判断发酵情况，正确配料，得30分 （2）若不能正确鉴定糟醅或黄水的发酵情况，扣10分	
3	配料	40	（1）准确配料，拌和均匀，无灰包、白粉子，且拌和2次以上，得40分 （2）拌和1次，扣5分 （3）未把糟醅团打散，泥团未捡起另做处理或无打扫操作，扣5分 （4）拌和基本均匀，有少量灰包、白粉子，扣10分 （5）拌和不均匀，有明显灰包、白粉子，扣20分	
4	团堆	10	（1）拌和好的糟醅团堆拍紧，并撒上一层熟冷糠，得10分 （2）拌和好的糟醅团堆拍紧，并及时撒上一层熟冷糠，扣5分 （3）拌和好的糟醅无团堆拍紧操作，未撒糠，扣10分	

六、课外拓展任务

选取黄水、酒头、酒尾、窖泥、霉糟、曲药、橡胶、软木塞进行嗅闻，区分异常气味（其中霉糟、窖泥、曲药可以用酒精度为54%的酒精浸提得到浸出液后通过澄清选取上层清液进行嗅闻）。

七、知识链接

糠壳与产酒的关系

糠大，酒味糙辣且淡薄；糠少，酒味醇甜，香味长。糠大易操作，且产量有保证，拌料、滴窖、蒸馏都较易进行。糠少，母糟中包含的水分就大，滴窖、拌料和蒸馏都不易掌握，操作不当就会影响出酒率，如其他条件适合，操作细致得当，产质就会好。在保证酒糟不糙的情况下，尽量少用糠，以提高产品质量。生产中用糠过多和过少易产生以下现象。

1. 用糠量过多

在生产中用糠过多的现象常产生在淡季和平季，造成窖内发酵升温快而猛，主发酵期过短，只有2~3d（淀粉变糖变酒这阶段称主发酵期，时间一般在10~15d，即封窖到升温达到最高点这段时间内）。其现象一般是：

（1）母糟 显硬、显糙，上干下湿，上层糟在窖内倒烧。

（2）黄水 黑清，下沉快，味酸而不涩，也不甜。

（3）下排入窖粮糟不起悬，不起"瓜瓜"，量水易流失，不保水。

2. 用糠量过少

用糠量过少一般在产酒旺季，而酒糟显腻，其现象一般是：

（1）发酵升温缓慢，最终温度低，甚至不升温，无吹口或吹口差等。

（2）发酵糟死板，跌头小。

（3）母糟腻，黄水黏，滴不出。

（4）蒸馏时穿烟慢，夹花吊尾，出甑后粮糟显软，无骨力。

任务三 上甑

一、本任务在课程中的定位

本任务是白酒生产实训中的基础项目，按照国家高级白酒酿造工的考核要求，本任务通过上甑前拌糠、加底锅水、上甑等操作掌握上甑技巧，为量质摘酒，增加优质酒产质量提供保障。本任务是按照标准职业技能需求进行的专门上甑训练。

二、本任务与国家（或国际）标准的契合点

本任务符合高级白酒酿造工国家职业技能要求。

三、教学组织及运行

本实训任务按照教师讲解、教师演示、学生操作、教师指导方式进行，最后通过专项实训考核检验教学效果。

四、实训内容及要求

（一）实训目标

1. 知识目标

（1）了解上甑的具体步骤。

（2）熟悉上甑操作的步骤。

（3）掌握上甑操作的技巧。

2. 能力目标

（1）能按生产要求拌入糠壳。

（2）能做到"松、轻、准、薄、匀、平"的上甑技巧。

（二）实训重点及难点

1. 实训重点

上甑。

2. 实训难点

掌握上甑技巧。

（三）实训材料及设备

1. 实训材料

粮糟、黄水、酒尾等。

2. 实训设备

锅炉、酒甑、铁锨、耙梳。

（四）实训内容及步骤

1. 生产准备（或实训准备）

（1）粮糟加糠拌和均匀。

（2）打好底锅水、调整蒸汽量。

2. 操作规程

操作步骤1：拌糠

标准与要求：

（1）采用低翻快拌法。

（2）拌和均匀、无坨坨疙瘩。

（3）拌和次数：2次以上。

操作步骤 2：加底锅水

标准与要求：

（1）底锅水不能反复使用，做到一甑一底锅水。

（2）底锅水水位不能太高，没过加热管套即可。

操作步骤 3：上甑

标准与要求：

（1）蒸汽压力控制在 0.03~0.05MPa。

（2）上甑要平，穿汽要匀，探汽上甑，不准跑汽，轻撒匀铺，严禁塌汽。

（3）调整气压，使上甑时间控制为 35~40min，盖盘后 5min 内必须流酒。

五、实训考核方法

考核评分记录表

序号	考核内容	配分	评分标准	得分
1	检查底锅水	5	（1）水没过蒸汽盘管 1~3cm，得 5 分 （2）高于蒸汽盘管 3cm 以上，扣 3 分 （3）露出蒸汽盘管，扣 5 分	
2	铺撒熟糠壳	5	（1）厚薄均匀，不超过 0.5cm，得 5 分 （2）厚薄不均匀或见甑箅子，扣 2 分 （3）超过 0.5cm，扣 4 分	
3	撒糟醅	5	（1）糟醅厚度为 2~5cm，得 5 分 （2）低于 1cm 或高于 6cm，扣 2 分 （3）有可见糠壳的，扣 4 分	
4	气压调节	15	（1）观察气压次数不少于 3 次并进行气压调节，且满足持续上甑要求，得 15 分 （2）观察气压次数少于 3 次的，扣 3 分 （3）没有观察气压，扣 5 分 （4）上甑过程中在上满前没有调小气压的，扣 5 分 （5）观察过程中如有超过规定气压的没有进行调节的情况，1 次扣 3 分	
5	上甑至上满的时间	20	（1）从开启阀门上甑至上满的时间（不包括刮平）为 35~45min 的，得 20 分 （2）上甑时间超过 3min，扣 3 分 （3）上甑时间超过 5min，扣 10 分 （4）上甑时间超过 8min 扣 15 分	

续表

序号	考核内容	配分	评分标准	得分
6	上甑气压	15	(1) 整个上甑过程中气压始终在 0.05～0.1MPa，得 15 分 (2) 气压 0.05MPa 以下或 1.0kg/cm² 以上超过 1 次，得 3 分 (3) 气压超过又没有进行调节的，1 次扣 5 分	
7	上甑动作应娴熟规范	5	(1) 上甑动作规范，身体紧靠甑沿，使用铲熟练，没有回马上甑次数≤5 次，得 5 分 (2) 没有紧靠甑沿，扣 2 分 (3) 没有回马上甑次数>5 次，≤10 次，扣 1 分 (4) 没有回马上甑次数>10 次，扣 2 分	
8	持续探汽上甑	10	(1) 进行探汽，上甑速度一致，得 10 分 (2) 探汽次数少于 3 次的，扣 2 分 (3) 中途上甑停止时间超过 2min 的，1 次扣 2 分，至多扣 3 分 (4) 穿汽冒烟达 3 次或以上的，扣 3 分；达 5 次或以上的，扣 4 分；达 8 次或以上的，扣 5 分	
9	轻撒匀铺	20	(1) 均匀上甑，四周略高于中心并形成一定斜度，每铲糟量半铲及以下、下甑糟面的高度 5～10cm，上完 1/3 甑以上过程中对糟醅用耙梳挖松的，得 20 分 (2) 每铲糟量为平铲或以上，每次扣 1 分 (3) 下甑铲与糟面的高度高于 10cm 或以上，1 次扣 2 分 (4) 上完 1/3 甑以上过程中对糟醅没有用耙梳挖松的，扣 3 分	

六、课外拓展任务

练习铁锨的使用技巧，能做到撒得准、轻、松、薄、匀、平。也可反复练习糟醅上甑技巧。

七、知识链接

上甑蒸馏技术与白酒产质量的关系

科学技术史专家李约瑟说："中国古代科学非常注重实际应用，在这一方面，其他民族只能望其项背。白酒固态酿造工艺以及将大豆做成豆腐的技术就是很好的典型。"中国白酒酿造技艺，数百年来都是凭借历代"口传心授"而薪火相传。如今，白酒行业"拜师学艺"的古老习俗仍在许多知名企业延续，师徒同处车间酿酒，技艺相互切磋，由于运用了科学的理论知识及通过长年累月生产实践的数据分析，加上先进检测设备的支撑，才使古老的酿酒技艺在传承中得以不断发展和创新。中国固态法白酒传统的蒸馏设备是甑桶，其原理至今仍是不解之谜。千百年来，历代酒师都用甑桶来蒸酒，酒蒸气的冷凝从"天锅"到现在的"不锈钢冷凝器"，几经改进，但甑桶还是甑桶，只不过是大小不一、材质有异。如何使得甑桶充分发挥出其独有的设备特点，那就要依靠对上甑蒸馏技术的重视和运用。能否做到"丰产丰收"，其中上甑蒸馏技术是关键，否则"最适的入窖条件""细致的晾堂操作""成功的人工老窖"等效果都会大打折扣。在这一点上，全行业应给予足够的重视。

上甑机器人生产工艺现状

1. 机器人探汽

（1）红外热成像仪探汽应用原理　上甑机器人均采用了红外热成像仪，通过监测酒醅表面温度来判断酒醅下方蒸汽上升高度。程序设计上多采用如下方式：设定两个温度阈值 f_1、f_2（$f_1 < f_2$），当红外热成像仪获取的酒醅表面温度分布总体均小于 f_1 时，机器人处于待机状态；当监测到酒醅表面局部区域的温度超过 f_2 时，识别该区域为临界跑汽点，机器人及时定位至该区域进行补料防止跑汽；当监测到酒醅表面温度大部分区域超过 f_2 时，机器人进行整层铺料。

（2）红外热成像探汽的不足　红外热成像技术主要检测物体表面的红外辐射能量，无法直接获取被测物体的内部温度分布状况。因此，学者通过热传导反过来推算出物体内部的热源分布和热源强度。但探汽的本质在于探测甑桶内蒸汽上升的高度，蒸汽上升高度又是蒸汽压力、物料松散度、物料温度、室温等多元因素的综合结果。因此，需要建立一个复杂的数学模型才能达到目的。李宏等在上甑机器人的设计中均采用了红外测温探汽方法，但并未阐明酒醅表面温度与蒸汽高度的确定关系，以及如何选取参考温度阈值。因此能否仅通过红外热成像仪检测的单一温度参数来确定蒸汽的上升高度还需进一步研究论证。

另外，由于甑桶不锈钢材料的导热系数远大于酒醅的导热系数，因此，甑桶壁温度较高。为了避免引起上甑机器人的误判断，需要对甑桶壁进行屏蔽处理。然而正是由于甑桶壁的高温，极易引起蒸汽上升速度快而出现跑汽现象，即所谓的"甑边效应"。针对该问题，张良栋等在不锈钢甑桶内壁嵌入一层木片以改善甑边效应，但木片会吸收酒醅中的物质成分，其中的淀粉、糖等物质易引起木片表面发霉，由此又引入了食品卫生问题。

目前，在白酒自动化生产研究中，"探汽上甑"监测方法研究还处于相对落后的地位。

2. 机器人铺料

（1）抖动式上甑机器人铺料方法探讨　抖动式上甑机器人采用间断性、抖动式铺料方式，优势在于抖动式铺料基本可以满足轻、松、匀、平、缓的工艺要求；间断性铺料方法为"接料—铺料—接料"循环往复的运动过程，其不足之处表现在：首先，当物料表面出现多点跑汽现象时，由于间断性铺料方式导致补料不及时，易造成酒损。其次，循环往复的运动存在轨迹重叠现象，易造成上甑时间延长，以及先铺的物料先受热，后铺的酒醅后受热等受热不均现象。随着铺料层数的增多，会进一步造成蒸汽上升的高度差，引起局部压汽现象，降低酒质，影响产酒率。

（2）旋转式上甑机器人铺料方法探讨　旋转式上甑机器人出料口绕甑桶内部旋转，铺料平整度、松散度不及抖动式上甑机器人。该机器人的优点在于：内嵌的物料传送装置使机器人实现了连续性铺料，相比抖动式上甑机器人，运动轨迹更加合理，提高了对跑汽点补料的响应速度。而缺点也比较明显：在铺料方面，由于物料是自上而下滑落，当出料口较低时，易造成物料堆积，物料表层凹凸不平；当出料口较高时，由于重力作用易造成物料挤压成块，以上不足均会造成受热不均，影响酒质和产酒率；一般在食品卫生方面，由于采用了内嵌式履带传送物料，物料容易粘连在机器人内部，不宜清理，随时间的延长导致霉变，严重影响食品卫生安全。

自动化、智能化生产已成为白酒行业发展的必然趋势，而"探汽上甑"工艺是整个行业实现自动化最困难、最复杂的工艺环节之一，甚至部分白酒企业在推动自动化生产过程中，仍然在这两个工艺环节保留着人工操作。因此，自动化上甑技术正处于不断探索和改进的发展阶段，距离人工工艺效果还存在一定的差距。现有不足之处也正是今后自动化上甑应重点开展研究的方向之一，一是如何实现精准探汽和精细化铺料，二者是密切相关、相互制约的，探汽不准影响铺料决策，铺料不均影响蒸汽在酒醅中的运动，增加探汽难度；二是要对机器人的铺料运动路径进行优化，提高响应速度，改善对上甑时间的把控，合理的上甑时间才能保证酒质和产酒量。白酒蒸馏自动化上甑还有很多值得探讨和改进的技术难点，相信随着不断地深入研究，上甑机器人在白酒酿造中将会得到更加广泛的应用，推动白酒生产的标准化、统一化，为我国传统白酒的快速发展提供新动力。

任务四　量质摘酒

一、本任务在课程中的定位

本任务是白酒生产实训中的核心项目，其实质是通过蒸馏温度和取酒时间段的控制实现分级分段摘酒。在实际操作中则根据酒花的大小和消散的速度选择酒头、前段、中段、尾段酒取酒的时间，从而控制每段酒的酒精度和质量特点。

二、本任务与国家（或国际）标准的契合点

本任务符合高级白酒酿造工国家职业技能要求。

三、教学组织及运行

本实训任务按照教师讲解、师生交流、学生操作，教师指导方式进行，最后通过专项实训考核检验教学效果。

四、实训内容及要求

（一）实训目标

1. 知识目标
（1）了解物料在蒸煮过程中的变化。
（2）熟悉酒花与酒精度的关系。
（3）能把握酒头、前段酒、中段酒、尾段酒以及尾水的感官特点和主要理化指标。
2. 能力目标
（1）能根据酒花的大小和消散的速度判断酒度高低。
（2）能把握各段酒的感官特点。
（3）能进行按质摘酒、看花摘酒、分级入坛操作。

（二）实训重点及难点

1. 实训重点
看花摘酒。
2. 实训难点
按质摘酒。

（三）实训材料及设备

1. 实训材料

粮糟。

2. 实训设备

接酒桶、温度计、酒甑、锅炉、小水杯。

（四）实训内容及步骤

1. 生产准备（或实训准备）

清洗干净接酒桶并用油漆编号。

2. 操作规程

操作步骤1：接酒

标准与要求：

（1）缓汽流酒　流酒时蒸汽压力≤0.03MPa。

（2）流酒温度　20~30℃。

（3）酒头量　0.5kg左右。

（4）流酒速度　3~4kg/min。

（5）根据看花摘酒技巧，分别摘取酒头、前段酒、中段酒、尾酒。

操作步骤2：蒸粮

标准与要求：

（1）蒸粮时间不小于60min，蒸粮合格标准应是"内无生心，外无粘连"。

（2）热季抬盘冲酸时间不少于10min。

五、实训考核方法

考核评分记录表

序号	考核内容	配分	评分标准	得分
1	接酒	70	（1）能根据酒花或酒质将不同品质的酒摘出来，得70分 （2）未能准确识别酒花或未及时将不同品质的酒接出，扣10分 （3）酒头接得过多或过少，扣10分	
2	蒸粮	30	（1）蒸粮合格：内无生心，熟而不黏，得30分 （2）未蒸熟蒸透或蒸煮过度，扣10分 （3）未抬盘冲酸，扣10分	

六、课外拓展任务

观察水花和酒花的区别，同时观看不同酒精度的酒花，练习品尝不同糟层和不同时段的酒，并记下体会和感受。

七、知识链接

（一）蒸馏条件对白酒生产的影响

甑桶这一特殊蒸馏设备，是将发酵糟醅作为被蒸物料，同时又是浓缩酒精和香气成分的填料层，最后酒气经冷却而得到白酒。这种蒸馏方法决定了装甑技术、醅料松散程度、蒸汽量大小及均衡供汽，分段量质摘酒等蒸馏条件是影响蒸馏得率及质量的关键因素。

1. 操作师傅上甑技术的影响

在长期的生产实践中大家总结了上甑的技术要点是"松、轻、准、薄、匀、平"六字。即醅料要疏松，上甑动作要轻，撒料要准确，醅料每次撒得要薄层、均匀，甑内酒气上升要均匀，上甑的糟醅每个料层要保持在一个平面。这些都受上甑人员掌握这些技术要点的好坏和蒸汽量大小有关，操作不好就会出现"丰产不丰收"的现象。

2. 缓火和大火蒸馏对酒质的影响

缓火蒸馏的乳酸乙酯与己酸乙酯的比例较合适，口感甘洌爽口；而大汽蒸馏酒中乳酸乙酯较高，使酒口感发闷，放香不足。

（二）甑边效应及减少酒损的措施

在利用甑桶上固态糟醅时，会看见一种现象就是延着甑边先来汽，然后才是中间。根据蒸汽在糟醅的走势进行上甑结果就出现了类似于锅底形状的上甑糟醅或称为凹形糟醅形状，这种现象称为甑边效应或边界效应。这一物理现象不仅发生于白酒蒸馏的甑边固-固界面上，而且发生在固-液界面上。如液态发酵罐内产生的 CO_2 气体，沿罐壁或冷却管壁上升较从醅液中溢出更为容易。这种甑边效应，意味着糟醅在甑子里的蒸汽的不均匀性，特别是甑子的材质、结构或保温材料的灌注不好或材质不好等原因，更易影响酒质和蒸馏效率。为了尽量减小甑边效应的影响，可以从以下几个方面采取措施。

（1）在甑算汽孔上采用不同的孔密度，孔距由甑边缘区域向甑中心递增密度，目的是让甑桶平面上各区域酒醅加热上汽趋向一致。

（2）对金属材料的甑桶和甑盖采取保温措施。

（3）甑盖口接过汽管道应高于冷却器端，以防冷凝酒液倒流入甑内。

（4）采用双层甑桶，间距在 5~10cm 空隙，上甑的料层厚度控制在 5cm 之下，以减轻酒醅自身压力，利于蒸汽在酒醅中穿汽均匀，减少踏汽或穿汽不均现象，提高蒸馏效率。

另外，可适当加大甑边倾斜度，甑内壁改成波纹状或锯齿状、凸形甑算以及适当降低甑桶高度等，从而减轻甑边效应。

任务五　出甑、打量水和下曲

一、本任务在课程中的定位

本任务是白酒生产实训中的一个单元操作，根据浓香型白酒固态蒸馏的特点，粮糟经蒸煮后需及时出甑和打入一定量的量水，确保蒸煮后粮食中的淀粉充分吸收水分达到完全糊化状态保证糖化发酵顺利进行；下曲操作确保微生物能有效分解糟醅中的营养成分产生更多的风味物质，从而提高白酒的产量和质量。本任务是按照高级白酒酿造工技能需求进行的专门训练。

二、本任务与国家（或国际）标准的契合点

本任务符合高级白酒酿造工国家职业技能要求。

三、教学组织及运行

本实训任务按照教师讲解、师生交流、学生操作，教师指导方式进行，最后通过专项实训考核检验教学效果。

四、实训内容及要求

（一）实训目标

1. 知识目标
（1）掌握粮食蒸煮及出甑的时间。
（2）了解量水的温度选择及如何判断加入量。
（3）掌握判断曲药添加量方法及加曲的手段。

2. 能力目标
（1）能按规定将蒸煮糊化好的糟醅及时出甑。
（2）能够根据粮食的添加量和蒸煮程度确定量水加入量。
（3）能够控制打量水的温度及摊晾的时间。
（4）能够根据糟醅的淀粉含量确定曲药加入量。
（5）能够进行拌曲操作。

（二）实训重点及难点

1. 实训重点

打量水、下曲的原则和方法。

2. 实训难点

粮食完全糊化的判断。

（三）实训材料及设备

1. 实训材料

蒸煮后的糟醅、曲药。

2. 实训设备

酒甑、行车、（手推车、铁锹）、晾糟床、量水桶、温度计。

（四）实训内容及步骤

1. 生产准备（或实训准备）

（1）准备好95℃以上的热水。

（2）晾糟床清洗干净晾干。

（3）曲药按要求粉碎。

2. 操作规程

操作步骤1：出甑

标准与要求：

（1）底窖湿糟醅酸度大，可敞盖大汽（或大火）冲酸2~3min。

（2）活动甑起吊离开锅底前，人必须离开锅底距离1.5m外，严防事故发生。

（3）根据底锅水质量情况可换底锅水，班后必须放出底锅水并用清水冲洗。

操作步骤2：打量水

标准与要求：

（1）要根据粮食添加量和蒸煮程度确定量水加入量，一般75%~90%。

（2）量水温度必须达到95℃以上特别是第一甑必须设法达到此要求。

（3）出甑后（特别在冷季）必须立即打量水。

（4）泼洒要均，严禁打竹筒水，严禁量水遍地流失。

（5）量水桶内外必须清洁。

（6）红糟用量水视其母糟情况，控制入窖水分50%~56%。

操作步骤3：摊晾

标准与要求：

（1）堆闷后的糟醅，均匀地铺到晾床上，进行冷翻一次，并打散坨坨疙瘩。

（2）打开风机进行风冷，并翻划两次，调节温度和打散糟醅。

（3）在晾床上同时选 4~5 个测温点（插放温度计），直至各温差≤1℃。

操作步骤 4：下曲

标准与要求：

（1）尽量缩短摊晾时间 除夏季外，其余 25min 以内。

（2）曲粉用量 为 18%~25%。

（3）下曲温度 冬季比地温高 3~6℃，热季平地表温度。

（4）拌和曲药 做到低撒匀铺，拌和均匀，无灰包、白杆。

操作步骤 5：收摊场

标准与要求：

（1）清除晾糟床附带的糟醅并用热水冲洗干净。

（2）打扫干净晾糟床周围残余的糟醅并用水冲洗干净晾堂。

（3）残糟作丢糟处理或者回蒸灭菌。

五、实训考核方法

考核记录表

序号	考核内容	配分	评分标准	得分
1	出甑	20	（1）认真仔细检查粮食蒸煮效果，并及时出甑，得 20 分 （2）若未检查粮食蒸煮情况或未及时出甑，扣 10 分	
2	打量水	30	（1）能及时将出甑糟醅团堆，打入适量的量水，得 30 分 （2）打量水未根据糟层做调整，扣 6 分 （3）使用量水的温度低于 80℃，扣 10 分 （4）打入量水的量不足，扣 10 分	
3	摊晾	30	（1）能正确将糟醅摊晾在晾床上将糟醅温度降低到不烫手，并防止糟醅结块或起坨坨疙瘩，得 30 分 （2）若摊晾过程中未进行翻糟，扣 5 分 （3）若糟醅在摊晾过程中凝结或起坨坨疙瘩，扣 20 分	
4	下曲	20	（1）将曲药拌和均匀，无灰包、白杆，得 20 分 （2）拌和基本均匀，有少量灰包、白杆，扣 8 分 （3）拌和不均匀，有明显灰包、白杆，扣 16 分	

六、课外拓展任务

选取不同温度的量水，区分水温对打量水操作工艺的影响。练习上摊床和翻糟醅的技巧以及下曲操作技巧。

七、知识链接

（一）低温入窖，缓慢发酵有哪些好处呢？

（1）糟醅入窖后，温度缓缓上升，升温幅度大，主发酵期长，糟醅发酵完全，出酒率高，质量好。

（2）可以抑制有害菌的繁殖生长。入窖温度低，适合有益菌的生长繁殖，而不适合有害菌如醋酸菌、乳酸菌等的生长繁殖。

（3）升酸幅度小，糟醅不易产生病变。因为入窖温度低，生酸菌的生长繁殖受到阻碍，所以生酸量较少，淀粉、糖分、酒精的损失就会大量减少，这样发酵糟醅正常，母糟基础好，有利于下排生产。

（4）有利于醇甜物质与酯类物质的生成。窖池内，酵母菌在厌氧条件下进行酒精发酵的同时，能产生以丙三醇为主的多元醇，增强了酒的甜味感。多元醇在窖内的生成是极其缓慢的，但在酵母活动末期则产生较多。如果入窖温度过高，窖内升温迅猛，酵母易早衰甚至死亡，那么醇甜物质的生成量就会减少。综上所述，入窖温度应掌握在 16~19℃ 这个范围内，总的升温幅度在 15℃ 左右，否则可视为不正常。

（二）投入原料淀粉与糟醅淀粉含量之间有什么关系呢？

糟醅中所含的淀粉来源于原料中的淀粉。糟醅单位体积投入原料淀粉多，则糟醅中淀粉含量也多；反之，投入原料淀粉少，糟醅中淀粉含量也少。粮醅比例小的，糟醅中淀粉含量多；粮醅比例大的，糟醅中淀粉含量少。另外，糟醅发酵好，产酒多，糟醅中所含残余淀粉就会少；反之，发酵不好的，产酒会少，含残余淀粉就会多。在糟醅中还有一部分不能被微生物作用，经发酵而不能生成酒精的"虚假淀粉"（实为半纤维素、纤维素），占淀粉总量的7%左右。增加糟醅1%淀粉含量，需要投入多少原料呢？这与甑桶的容积有关。若甑桶容积在 $1.3m^3$ 左右，它能盛装 650kg 左右的糟醅。假定高粱原料淀粉含量为 60%，则每增加 15kg 原料淀粉，就可提高糟醅1%淀粉含量。在正常的发酵中，消耗糟醅1%淀粉含量，每 50kg 发酵糟醅可产 60%vol 白酒 0.5kg。

（三）入窖淀粉含量的高低有哪些原则呢？

根据入窖糟醅温度的高低确定投粮量的原则：入窖温度低，入窖槽淀粉含量可稍高一点；入窖温度高，入窖槽淀粉含量可稍低一点。

根据糟醅中残余淀粉的含量确定投粮量的原则：糟醅中残余淀粉高，应减少投粮量；相反，残余淀粉低，应增加投粮量。

根据产品质量的要求确定投粮量的原则：要求产量高，入窖糟醅淀粉含量可略偏高一点；要求产品质量好，入窖糟醅淀粉含量可偏低一点。

根据大曲中酵母菌发酵能力的强弱确定投粮量的原则：大曲中酵母菌的发酵力强，入窖淀粉含量可大一些；反之，则小一些。

任务六　发酵管理

一、本任务在课程中的定位

本任务是白酒生产实训中的一个单元操作，根据浓香型白酒固态酿造的特点，在糟醅固态发酵过程中进行发酵管理操作，确保微生物能有效分解糟醅中的营养成分产生更多的风味物质，从而提高白酒的产量和质量。本任务是按照高级白酒酿造工技能需求进行的专门训练。

二、本任务与国家（或国际）标准的契合点

本任务符合高级白酒酿造工国家职业技能要求。

三、教学组织及运行

本实训任务按照教师讲解、教师演示、学生实操、教师指导方式进行，最后通过专项实训考核检验教学效果。

四、实训内容及要求

（一）实训目标

1. 知识目标
（1）了解入窖和封窖的方法。
（2）了解固态发酵原理，熟悉酿酒原料中主要成分在糖化发酵过程中的变化机理。
（3）掌握发酵管理的基本要求和判断发酵效果的常用方法。

2. 能力目标

（1）能根据季节的不同控制入窖糟醅温度和踩窖方法。

（2）能进行正确的封窖操作。

（3）能根据吹口点火情况和温度计温度判断发酵进程。

（4）能进行窖池发酵异常情况处理。

（二）实训重点及难点

1. 实训重点

入窖和封窖操作。

2. 实训难点

发酵异常的处理。

（三）实训材料及设备

1. 实训材料

窖皮泥、新鲜黄泥。

2. 实训设备

耙梳、铁铲、拖把、小推车。

（四）实训内容及步骤

1. 生产准备（或实训准备）

将窖皮泥用底锅水或热水浸泡后柔熟，备用。

2. 操作规程

操作步骤1：入窖

标准与要求：

（1）入窖淀粉含量旺季是20%~22%，淡季是18%~20%。

（2）正常出窖糟的残余淀粉含量为8%~12%。

（3）正常粮醅比为1:4.5。

（4）入窖水分在54%左右。

（5）入窖糟醅的适宜酸度范围为1.4~2.0。

操作步骤2：封窖

标准与要求：

（1）窖皮泥厚度不低于10cm。

（2）窖皮泥厚薄均匀。

（3）踩封窖泥时，用水不宜过多，避免封窖后窖皮泥脱落、裂口。

操作步骤3：窖池管理

标准与要求：

（1）封窖后 15d 内必须每天坚持清窖，15d 后保持无裂口。

（2）用较高温度的水调新鲜黄泥浆并洒窖帽表面，保持窖帽湿润不干裂、不生霉。

（3）观察温度　在封窖后的 15d 内，观察温度是否上升或是不升温，升温是急还是缓，通过对窖内温度详细观察可得出发酵情况，测温后要立即处理缝口。

（4）看"跌头"　"跌头"也称"走窖"，即糟醅发酵情况。

（5）看"吹口"　预先在封窖的时候，插入一根不锈钢管（直径大致 10mm 即可），把出口密封好。若在观察时开口，若有白汽冒出或用蜡烛点燃靠近，蜡烛熄灭，证明在进行糖化发酵和产酒。

五、实训考核方法

评分记录表

序号	考核内容	配分	评分标准	得分
1	入窖操作	30	（1）能根据天气选择正确的入窖温度，糟醅入窖后能及时踩窖，得 30 分 （2）入窖温度过高或过低，扣 10 分 （3）糟醅入窖后未及时踩窖，扣 10 分	
2	封窖操作	30	（1）窖皮泥厚度不低于 10cm；窖皮泥厚薄均匀无脱落、裂口，得 30 分 （2）窖皮泥厚薄不均匀，扣 10 分 （3）窖皮泥太薄，低于 10cm，扣 10 分	
3	窖池管理	40	（1）在封窖后的 15d 内，观察温度是否上升或是不升温，升温是急还是缓，通过对窖内温度详细观察可得出发酵情况，测温后要立即处理封口，得 40 分 （2）若窖皮泥出现裂口或窖皮泥上出现白色霉菌后未及时处理，扣 10 分	

六、课外拓展任务

可以用烧杯制米酒，观察发酵情况，掌握固态酿造的原理及处理发酵异常情况。

七、知识链接

入窖条件相互之间的关系

所谓"入窖条件"，是指浓香型大曲酒在酿造过程中，与糖化发酵密切相关的一些控制因素。这些因素不是单独作用于糟醅，互相之间又有一定的关联，它们共同作用于糟醅，下面简单介绍一下。

（1）温度与淀粉浓度成反比关系　入窖温度低时，入窖淀粉的浓度宜大；入窖温度高时，淀粉浓度宜小。

（2）温度与水分成正比关系　温度高，水分挥发快，糟醅水分含量高；反之则低。

（3）温度与酸度成正比关系　温度高，酒醅酸度高；温度低，酒醅酸度低。

（4）温度与大曲用量成反比关系　入窖温度高时，大曲用量应少一些。如果入窖温度高，而大曲用量又大，则会造成升温快，生酸快，主发酵期缩短，糟醅发酵不完全，产出的酒数量少，质量差。

（5）温度与糠壳用量成反比关系　入窖温度高时，应少用一些糠壳；反之，当入窖温度低时，则多用一些糠壳。

（6）淀粉浓度和水分在理论上成正比关系　理论上，当淀粉多时，则应多用一些水，这才有利于淀粉的糖化、糊化。然而，在实际的酿酒生产中，淀粉与水分则是反比关系。热季生产时，水用量大，淀粉用量减小；冬季生产时，水用量减小，淀粉用量增大。为什么这样呢？这是温度在起支配作用，其他的入窖条件都受着"温度"的制约和影响。

（7）淀粉浓度与糠壳用量成正比关系　糠壳具有调节淀粉浓度的作用，当淀粉多时，糠壳也应多一点。

（8）酸度与水分成正比关系　水分能稀释酸而降低酸度。当糟醅酸大时，用水量适当大些；反之，酸度小时，用水量也应小一点。但在实际生产中，如果酸度过高而影响生产时，不宜采取加大用水量的方法来解决酸度高的问题。

（9）酸度与糠壳用量成正比关系　糠壳可稀释酸度，当糟醅酸度大时，宜多用一点糠壳来降低酸度。但由于受入窖温度的制约，往往在生产上，冬季生产时，酸度低而多用糠壳；夏季生产时，酸度高反而少用糠壳。

任务七　窖池养护

一、本任务在课程中的定位

本任务是白酒生产实训中的辅助项目，本任务通过配制窖池养护液、窖池清理、窖池养护管理等操作手段实施对窖池的养护。

二、本任务与国家（或国际）标准的契合点

本任务符合高级白酒酿造工国家职业技能要求。

三、教学组织及运行

本任务按照教师讲解、学生实操、教师现场指导方式进行，最后通过专项实训考核检验教学效果。

四、实训内容及要求

（一）实训目标

1. 知识目标

（1）了解窖泥微生物和营养物的存在情况。

（2）掌握窖池养护液配制的方法和步骤。

（3）掌握窖池清理具体措施。

（4）熟悉窖池养护的常用方法。

2. 能力目标

（1）能按规范要求清理窖池。

（2）能够配制效果较好的窖池养护液。

（3）能够针对不同的窖池采取不同的养护方法。

（二）实训重点及难点

1. 实训重点

窖池养护液的配制。

2. 实训难点

窖池养护。

（三）实训材料及设备

1. 实训材料

母糟、黄水、大曲、酒尾等。

2. 实训设备

铁锹、扫帚、喷壶、打孔器等。

（四）实训内容及步骤

1. 生产准备（或实训准备）

配制窖池养护液：窖池养护液配方如下表所示：

窖池养护液配方

品名	大曲粉	酒尾	优质老窖泥	优质黄水
用量/kg	16	60	15	30

注：老窖泥需用90℃热水处理5min后，方可使用。

2. 操作规程

操作步骤1：窖池清理

标准与要求：

（1）窖壁上附着的残糟必须用地扫清扫干净，且不能损伤窖壁的窖泥。

（2）保持窖泥的湿润，特别是窖池中上半窖壁。

（3）淋窖时要注意少量多次，以保持窖壁的营养和水分。

（4）对于窖池起泥包，要及时拍打平整，不可直接将泥包去除掉。

操作步骤2：窖池养护

标准与要求：

（1）常规性养护

①进出窖要求：进出窖操作要求仔细，不得损伤窖壁和窖底的窖泥。

②打扫残糟和遮窖：出窖完成后要及时打扫窖壁残糟并用塑料薄膜遮盖窖口，以防水分散失和杂菌感染。

③控制空窖时间：空窖时间不要过长，以防窖池水分散失，引起窖池老化，同时可以避免杂菌感染和垮窖。

④入窖前窖池管理：入窖前要去除窖壁上的白霉等杂菌，并用优质窖底泥补窖，从而保证母糟发酵和出酒的质量。

⑤入窖窖口要求：入窖时应使粮糟高出窖面，跌窖后粮糟还能平窖口，并且封窖时一定要将封窖泥铺出窖口10cm以上，这样既保证了窖形窖帽，同时

还能保持窖壁尤其是上层和窖口的水分。

（2）特殊性养护　开窖后，首先对窖壁进行常规性养护，然后用养窖液淋窖池的四周；对于部分窖泥老化较严重的窖池，可先在窖池的四壁打孔，要求排与排错位打孔，孔向上倾斜45°，孔距4~6cm，下稀上密。淋养窖液后，将孔抹平，粮糟才能进窖，否则糟醅进入窖壁，下轮出窖时窖壁残糟不易清除，同时还会影响出酒的质量。养窖液的用量要根据窖池实际而定，过多，窖泥中的水分会向母糟中渗透，导致下轮出酒含泥腥味，影响酒的口味，同时还有可能引起垮窖；过少，达不到养窖的目的。

五、实训考核方法

评分记录表

序号	考核内容	配分	评分标准	得分
1	窖池清理	40	（1）窖壁窖泥中无残糟、窖泥完整，得40分 （2）直接将泥包去除，扣10分 （3）清窖过程中窖泥有损伤，扣10分 （4）窖泥中有糟子残留，扣20分	
2	窖池养护	60	（1）窖池窖泥完好，得60分 （2）长时间空窖，扣10分 （3）未分析窖泥特征直接进行窖池养护，扣20分 （4）未将窖泥清扫干净、直接进行窖池养护，扣10分 （5）窖池养护液未按要求使用，扣10分	

六、课外拓展任务

浓香型大曲酒优良的品质与"百年老窖"有关，好酒必有好窖，好窖必有好窖泥。通过查阅现代生物技术知识了解有关人工培窖和加速窖泥老熟的方法及有关窖泥退化的知识及养护的方法。

七、知识链接

窖池养护

1. 窖池养护的重要性

窖池是浓香型白酒生产企业最重要的设备，是发酵的主要场所，不仅影响酒的产量，更影响酒的质量，窖池在酿造使用过程中，通过长期的驯化，会形成特定的微生物环境，而这个特定的微生物环境是酿造发酵和产优质酒的生化反应基础。这种特殊的、专为酿酒所形成的微生物环境，需要长期地、不间断地培养，加之特殊的地质、土壤、气候条件等，才能形成真正意义的"老窖"。"老窖"形成不易便体现了窖池养护的重要性。尽管现在人工老窖技术已相当成熟，但从出酒的口感以及酒的内在质量上分析，与自然老窖仍然有较大的差距。同时，老窖形成后，保持并延续其使用年龄即窖龄，也是值得白酒生产者探讨的课题。通常情况下有百年以上窖龄的窖池，一旦空置3~5个月，便只能废弃。因此，窖池，尤其是"老窖"，可以说是浓香型白酒生产历史的见证。因此，窖池不仅是浓香型酒生产企业最重要的设备，也是最重要的资源。正因为此，窖池养护对于浓香型酒的长期、稳定、连续生产尤为重要。科学合理的窖池养护不仅能够保证窖池中窖泥微生物的活性和数量，还能加速窖泥的自然"老熟"，防止窖池老化，进而稳定和提高酒的内在质量。因此窖池养护是稳定窖池功能，加快窖池成熟，延长窖池寿命中最重要、最有效的措施之一。

2. 窖池养护的必要性

窖池养护是浓香型白酒生产者必须采取和重视的一项工序。一方面，窖泥老化是浓香型白酒生产过程中常遇到的问题之一，是窖池作为酿造发酵的设备运作的必然。在窖池发酵条件下，窖泥中存在大量的亚铁离子，当含有乳酸等有机酸的糟醅淋浆向窖泥渗透时，就生成了具有一定溶解度的乳酸亚铁盐，这些乳酸亚铁盐可随淋浆的溶解作用而带走。但在窖泥水分缺乏的情况下，乳酸亚铁的生成速度大于溶解速度，便出现了乳酸亚铁的积累和结晶，并对窖泥微生物产生毒害作用，此时的窖泥失去了其活性而成为老化窖泥；另一方面，窖池是浓香型大曲酒的基础，是浓香型白酒功能菌生长繁殖的载体，浓香型白酒的主体香味物质是己酸乙酯，而己酸乙酯是由栖息在窖泥中的梭状芽孢杆菌在生长代谢过程中先产生己酸，然后与乙醇酯化作用而生成的。同时，梭状芽孢杆菌等功能菌在其代谢过程中必须向周围环境吸收包括水分等营养物质。因此，我们必须进行窖池养护，这既是防止窖池老化的需要，同时也是提供充足的营养，保证窖池中微生物的活性和窖池正常发酵的需要。

3. 窖池养护的生物学基础

窖池对酿酒生产而言，不仅是重要的反应容器，同时它还是有生命的设备。窖泥内含有许多微生物，在长期的酿造驯化过程中积累了许多特征性的代谢产物，它们与母糟一道成了特殊的具有个性特征的酿造微生态系统。这是我们进行窖池养护的生物学基础。窖池微生物在地区之间，厂际之间，不同窖之间，甚至是同一窖池的不同部位之间都存在着差异。一般而言，从数量看，老窖窖泥细菌数量是新窖的3倍多，其中嫌气性细菌数量更是新窖的4倍，芽孢菌是新窖的2倍多；从类群看，嫌气性细菌数量多于好气性细菌，嫌气性芽孢菌也明显多于好气性芽孢菌，并且窖龄越长趋势越明显。浓香型曲酒的老窖，更是嫌气性细菌，特别是嫌气性芽孢菌的主要栖息地。对于同一个窖池，窖壁的细菌数多于窖底，黑色内层的细菌多于黄色内层，而产生己酸的梭状芽孢杆菌主要栖息于黑色内层窖泥中。总之新窖和老窖，其微生物的种类和数量不同。即使是同一窖池不同部位，微生物分布也有较大差异。因此我们在进行窖池养护时，一定要对其生态系统加以保护。

　　总之，对于浓香型白酒企业而言，窖池是非常重要的设备，也是一种特殊的有生命的设备，对窖池的养护是值得长期坚持的工作。因此，在认识窖池养护重要性的同时，更要明确窖池养护的必要性，要从窖池养护的生物学角度出发，充分理解"以糟养窖，以窖养糟"的辩证关系和"以防为主，防重于治"的原则，强化科学配料，合理控制入窖条件，精细操作，规范管理，将窖池养护纳入浓香型酒生产的工艺工序，进一步开展养窖液的制备研究和养窖措施的规范工作，让窖池这一特殊的生命设备永葆其神秘的魅力。

项目五　白酒品评与勾调实训

项目目标

本项目属于专业核心实训项目，重点通过物质颜色、香气、滋味的训练培养学生对白酒质量、白酒香型的感官品评鉴别能力以及了解白酒勾调的基本方法和小样调酒的能力。其实质是在了解白酒品酒规则、白酒酿造工艺、各品种白酒质量标准基本知识的基础上让学生掌握白酒的加浆降度操作；能识别物质浓度差；能识别各香型酒的风格特点；能判断白酒质量差；能品评基础酒样的特点与缺陷；能初步进行白酒小样勾调操作。

（一）总体目标

本项目以培养白酒尝评和勾调职业技术能力为目标，按照白酒行业对白酒尝评和勾调职业岗位的任职要求，参照国家品酒师和贮存勾调工职业标准对知识和技能进行重构，构建项目化训练内容，为学生参加品酒师、白酒酿造工、食品检测工等职业资格鉴定起到重要支撑作用。通过学习，也培养学生具有秉公守法、大公无私，客观准确、科学评判，精心勾兑、用心品评，质量第一、客户至上的精神，使学生形成良好的职业素养。

（二）能力目标

通过色香味等感官的训练，使学生具备以下能力：
（1）能进行酒精度的测定和换算。
（2）能按要求对原酒进行加浆降度操作。
（3）能品评出原酒酒精度差和质量差。
（4）能品评出原酒中的异杂味。
（5）能填写原酒感官品评意见并按照评分标准打分。

（6）能按原酒评定结果进行原酒拆分与合并入库。

（7）能填写原酒入库品评档案。

（8）能品评出新入库原酒与陈酿后基酒的区别。

（9）能品评出 5 年酒龄差的基酒。

（10）能根据酒体风味设计方法和步骤实施风味设计调查。

（11）能根据酒体风味设计调查结果进行基酒组合。

（12）能根据合格基础酒的特点和成品酒的质量要求选择合适的调味酒。

（13）能根据成品酒的感官和理化要求进行白酒的勾调。

（三）知识目标

（1）品评基本知识和基本技巧。

（2）白酒酿造工艺基本知识。

（3）酒中风味物质产生的机理和异杂味的类型及产生的原因。

（4）原酒质量等级划分标准。

（5）原酒入库管理基本知识。

（6）酒精度测定和换算基本知识。

（7）白酒在陈酿过程中的变化机理及感官特征。

（8）酒体风味设计基本理论。

（9）白酒勾兑和调味基本知识和基本方法。

（10）调味酒的生产基本知识。

（四）素质目标

通过该课程的学习培养，使学生具有如下工作精神：①秉公守法，大公无私；②客观准确，科学评判；③精心勾兑，用心品评；④质量第一，客户至上。同时树立责任意识、安全意识、环保意识，培养学生继续学习，善于从生产实践中学习和创新的精神。

任务一　物质颜色梯度的鉴别

一、本任务在课程中的定位

本任务是白酒尝评训练中的基础训练项目，按照国家三级品酒师的考核要求，白酒的尝评需要按照颜色、香气和滋味三方面进行鉴别，从而得出白酒的感官特征，本任务是为了分辨白酒的色度而进行色差训练。

二、本任务与国家（或国际）标准的契合点

本任务符合品酒师国家职业技能要求。

三、教学组织及运行

本实训任务按照教师讲解、教师演示、学生训练方式进行，最后通过专项实训考核检验教学效果。

四、实训内容及要求

（一）实训目标

1. 知识目标
（1）了解物质色度梯度鉴别的具体步骤。
（2）了解不同色差溶液配制的步骤。
（3）知道酒体出现浑浊、沉淀的原因及类型。
2. 能力目标
（1）能按规定配制出具有一定色度梯度的溶液。
（2）能够采用有效辅助手段鉴别溶液色度差。
（3）能够初步鉴别酒体是否浑浊、沉淀以及产生浑浊和沉淀的物质类型。

（二）实训重点及难点

1. 实训重点
物质色度差的鉴别。
2. 实训难点
溶液配制过程中物质用量计算。

（三）实训材料及设备

1. 实训材料
第一组：黄血盐或高锰酸钾。
第二组：陈酒大曲（贮存 2 年以上）、新酒、60%vol 酒精和白酒（一般白酒）。
第三组：浑浊、失光、沉淀和有悬浮物的样品。
2. 实训设备
品酒杯、容量瓶、电子天平。

（四）实训内容及步骤

1. 实训准备

（1）准备 5 个白酒专用品酒杯（郁金香型，采用无色透明玻璃，满容量 50~55mL，最大液面处容量为 15~20mL），按顺序在杯底贴上 1~5 的编号，数字向下。

（2）取黄血盐或高锰酸钾，配制成 0.1%、0.15%、0.2%、0.25%、0.3% 不同浓度的水溶液。

（3）准备陈酒大曲（贮存 2 年以上）、新酒、60% 酒精和白酒（一般白酒）。

（4）准备有浑浊、失光、沉淀和有悬浮物的样品。

2. 操作规程

操作步骤 1：清洗干净品酒杯并控干水分

标准与要求：

（1）品酒杯内外壁无任何污物残留。

（2）品酒杯内外壁无残留的水渍。

操作步骤 2：按照分组把配制好的黄血盐或高锰酸钾水溶液倒入品酒杯

标准与要求：

（1）按照颜色梯度依次倒入白酒品酒杯。

（2）倒入量为品酒杯的 1/3~1/2。

（3）每杯容量基本一致。

操作步骤 3：观测色度并判断色度差

标准与要求：

（1）品酒环境要求明亮、清静，自然通风。

（2）环境灯光一律采用白光，严禁采用有色光。

（3）为便于观测，可选用白色背景作为衬托。

操作步骤 4：第二组和第三组样品液的观察。

标准与要求：参照黄血盐或高锰酸钾水溶液色度梯度的观察步骤和要求进行

操作步骤 5：实行项目化考核

标准与要求：

（1）采用盲评方式进行考核。

（2）对五杯酒样进行色差排序。

五、实训考核方法

学生练习完后采用盲评的方式进行项目考核，具体考核表和评分标准如下。

物质颜色梯度鉴别考核表

杯号	1	2	3	4	5
排序					

评分标准：对照正确序位，每杯酒样答对 20 分，每个序差 5 分，偏离 1 位扣 5 分；偏离 2 位扣 10 分；偏离 3 位扣 15 分；偏离 4 位不得分。请将色度从高→低排序，即最高的写 1，次高的写 2，依此类推，最低的写 5。

六、课外拓展任务

选用酱油、醋、墨水等有色物质，按照本任务第一组浓度梯度鉴定要求配成系列溶液进行颜色梯度观察，并做好自己的观察记录。

七、知识链接

当白酒出现浑浊和沉淀时，如何进行鉴别呢？

1. 观察是否浑浊和沉淀

将白酒倒入清洁的无色透明的酒杯中，用肉眼观察是否浑浊和沉淀。

2. 观察浑浊和沉淀物是否溶解

将有浑浊物或沉淀物的白酒放于 15~20℃ 水浴中。如果发现浑浊物或沉淀物立即溶解，证明该种物质不是外来物。主要是酒中的高级脂肪酸及其乙酯，如棕榈酸乙酯、油酸乙酯和亚油酸乙酯等。

对沉淀物的过滤和鉴别：将沉淀物过滤后，观察其色泽及形态，可做如下判断。

（1）白色沉淀物　可能是钙镁盐物质或铝的化合物，大多数来自勾兑用水或盛酒容器。

（2）黄色或棕色沉淀物　可能是铁、铜等金属物质，来自于盛酒容器和管路或瓶盖的污染。

（3）黑色沉淀物　可能是铅、单宁铁和硫化物。多来自于锡锅冷却器。酒中的硫化物与铅生成硫化铅或醋酸铅，铁与软木塞中的单宁生成单宁铁而产生黑色沉淀物。

任务二 物质香气的鉴别

一、本任务在课程中的定位

本任务是白酒尝评训练中的基础训练项目，按照国家三级品酒师的考核要求，白酒的尝评需要按照颜色、香气和滋味三方面进行鉴别，从而得出白酒的感官特征，本任务是为了分辨白酒的香气而进行的专项训练。

二、本任务与国家（或国际）标准的契合点

本任务符合品酒师国家职业技能要求。

三、教学组织及运行

本实训任务按照教师讲解、教师演示、学生训练方式进行，最后通过专项实训考核检验教学效果。

四、实训内容及要求

（一）实训目标

1. 知识目标
（1）了解芳香物质溶液配制的步骤。
（2）熟悉各芳香物质的香气特征。
（3）熟悉同一物质不同浓度溶液的香气转变。
2. 能力目标
（1）能按规定配制一定浓度的芳香物质溶液。
（2）能够采用有效辅助手段鉴别芳香物质香气。
（3）能够初步掌握同一物质不同浓度溶液的香气转变。
（4）能够判断芳香物质浓度差。
（5）能够参考标准记录芳香物质的香气特征。

（二）实训重点及难点

1. 实训重点
芳香物质香气及香气浓度鉴别。
2. 实训难点
同一芳香物质不同浓度情况下香气迁移鉴别。

（三）实训材料及设备

1. 实训材料

第一组：香草、苦杏、菠萝、柑橘、杨梅、薄荷、玫瑰、茉莉、桂花等香精。

第二组：甲酸、乙酸、丁酸、己酸、乳酸等酸类物质。

第三组：己酸乙酯、乙酸乙酯、乳酸乙酯、丁酸乙酯、戊酸乙酯等酯类物质。

第四组：正丙醇、正丁醇、异丁醇、异戊醇、戊醇等醇类物质。

第五组：甲醛、乙醛、乙缩醛、糠醛、丁二酮等物质。

2. 实训设备

白酒品酒杯、容量瓶 500mL、量筒 10mL。

（四）实训内容及步骤

1. 生产准备（或实训准备）

（1）准备 5 个白酒专用品酒杯（郁金香型，采用无色透明玻璃，满容量50~55mL，最大液面处容量为 15~20mL），按顺序在杯底贴上 1~5 的编号，数字向下。

（2）按照 1mg/kg 的比例配制香草、苦杏、菠萝、柑橘、杨梅、薄荷、玫瑰、茉莉、桂花等物质的水溶液。

（3）按照 0.1% 的浓度配制甲酸、乙酸、丙酸、丁酸、己酸、乳酸水溶液。

（4）在酒精度为 54%vol 的溶液中按照 0.01%~0.1% 的浓度配制己酸乙酯、乙酸乙酯、乳酸乙酯、丁酸乙酯、戊酸乙酯溶液。

（5）在酒精度为 54%vol 的溶液中按照 0.02% 的浓度配制正丙醇、正丁醇、异丁醇、异戊醇、戊醇溶液。

（6）在酒精度为 54%vol 的溶液中按照 0.1%~0.3% 的浓度配制甲醛、乙醛、乙缩醛、糠醛、丁二酮溶液。

2. 操作规程

操作步骤 1：清洗干净品酒杯并控干水分

标准与要求：

（1）品酒杯内外壁无任何污物残留。

（2）品酒杯内外壁无残留的水渍。

操作步骤 2：按照分组把不同芳香物质溶液倒入不同编号的品酒杯

标准与要求：

（1）倒入量为品酒杯的 1/3~1/2。

（2）每杯容量基本一致。

操作步骤 3：嗅闻不同芳香物质溶液并记录其香味特征

标准与要求：

（1）品酒环境要求明亮、清静，自然通风。

（2）环境灯光一律采用白光，严禁采用有色光。

（3）品评后记录各种芳香物质溶液的香味特征。

操作步骤 4：第二组到第五组溶液的鉴别

标准与要求：参照第一组的观察步骤和要求进行。

操作步骤 5：实行项目化考核

标准与要求：

（1）采用盲评方式进行考核。

（2）对五杯酒样进行香气判断。

五、实训考核方法

学生练习完后采用盲评的方式进行项目考核，具体考核表和评分标准如下。

物质香气的鉴别考核表

杯号	1	2	3	4	5
芳香物质名称					
芳香物质香味特征					

评分标准：正确 1 个得 10 分，不正确不得分。

六、课外拓展任务

选取黄水、酒头、酒尾、窖泥、霉糟、曲药、橡胶、软木塞进行嗅闻，区分异常气味（其中霉糟、窖泥、曲药可以用酒精度为 54%vol 的酒精浸提得到浸出液后通过澄清选取上层清液进行嗅闻）。

七、知识链接

人的嗅觉器官是鼻腔。当有香气物质混入空气中，经鼻腔吸入肺部时，经由鼻腔的甲介骨形成复杂的流向，其中一部分到达嗅觉上皮。此部位上有黄色素的嗅斑，呈 7~8 角形星状，其大小 2.7~5.0cm^2。嗅觉上皮有支持细胞、基底细胞和嗅觉细胞，为杆状，一端到达上皮表面，浸入上皮表面的分泌液中；另一端是嗅觉部分，与神经细胞相连，把刺激传达到大脑。嗅觉细胞的表面，由于细胞的代谢作用经常保持电荷。当遇到香气物质时，则表面电荷发生变化，从而产生微电流，刺激神经细胞，使人嗅闻出香气。从嗅闻到气味发生嗅觉的时间为 0.1~0.3s。

（1）人的嗅觉灵敏度较高，但与其他嗅觉发达的动物相比，还相差甚远。

（2）人的嗅觉容易适应，也容易疲劳　在某种气味的场合停留时间过长，对这种气味就不敏感了。当人们的身体不适、精神状态不佳时，嗅觉的灵敏度就会下降。所以，利用嗅觉闻香要在一定身体条件下和环境中才能发挥嗅觉器官的作用。在评酒时，如何避免嗅觉疲劳极为重要。伤风感冒、喝咖啡或嗅闻过浓的气味，对嗅觉的干扰极大。在参加评酒时，首先要休息好，不许带入化妆品之类的芳香物质进入评酒室，以免污染评酒环境。

（3）有嗅盲者不能参加评酒　对香气的鉴别不灵敏的嗅觉称为嗅盲。患有鼻炎的人往往容易产生嗅盲。有嗅盲者不能参加评酒。

任务三　物质滋味的鉴别

一、本任务在课程中的定位

本任务是白酒尝评训练中的基础训练项目，按照国家三级品酒师的考核要求，白酒的尝评需要按照颜色、香气和滋味三方面进行鉴别，从而得出白酒的感官特征，本任务是为了分辨白酒的滋味而进行的专项训练。

二、本任务与国家（或国际）标准的契合点

本任务符合品酒师国家职业技能要求。

三、教学组织及运行

本实训任务按照教师讲解、教师演示、学生训练方式进行，最后通过专项实训考核检验教学效果。

四、实训内容及要求

（一）实训目标

1. 知识目标
（1）熟悉不同物质及同一物质不同浓度溶液的味觉特征。
（2）了解物质溶液配制的步骤。
（3）熟悉同一物质不同浓度溶液的味觉转变。

2. 能力目标

（1）能按规定配制一定浓度的具有不同滋味的物质溶液。

（2）能够采用有效辅助手段鉴别物质的滋味。

（3）能够初步掌握同一物质不同浓度溶液的味觉转变。

（4）能够通过味觉进行物质浓度差的判断。

（5）能够参考标准记录物质的味觉特征。

（二）实训重点及难点

1. 实训重点

（1）同一浓度物质溶液滋味的鉴别。

（2）同一物质不同浓度溶液滋味的转变鉴别。

2. 实训难点

（1）同一物质不同浓度溶液滋味的转变鉴别。

（2）物质浓度差的判断。

（三）实训材料及设备

1. 实训材料

第一组：乙酸、丁酸、己酸、乳酸、苹果酸、柠檬酸等酸类物质。

第二组：己酸乙酯、乙酸乙酯、乳酸乙酯、丁酸乙酯、戊酸乙酯等酯类物质。

第三组：砂糖、食盐、柠檬酸、奎宁、单宁、味精等物质。

第四组：酒精（95%vol）溶液。

2. 实训设备

白酒品酒杯、容量瓶500mL、量筒10mL。

（四）实训内容及步骤

1. 生产准备（或实训准备）

（1）准备5个白酒专用品酒杯（郁金香型，采用无色透明玻璃，满容量50~55mL，最大液面处容量为15~20mL），按顺序在杯底贴上1~5的编号，数字向下。

（2）准备乙酸、乳酸、丁酸、己酸、苹果酸、柠檬酸等酸类物质，每一种分别配成不同浓度（0.1%、0.05%、0.025%、0.0125%、0.00325%）的54%vol的酒精溶液。

（3）准备乙酸乙酯、乳酸乙酯、丁酸乙酯、戊酸乙酯、己酸乙酯等酯类物质，每一种分别配成不同浓度（0.1%、0.05%、0.025%、0.0125%、0.00625%）的54%vol酒精溶液。

（4）准备砂糖、食盐、柠檬酸、奎宁、单宁、味精（均按照 0.75%、0.2%、0.1%、0.015%、0.0005%浓度）配成各自的水溶液和无味的蒸馏水。

（5）准备 30%~55%vol 具有 5%vol 酒精度差别的系列酒精溶液。

2. 操作规程

操作步骤 1：清洗干净品酒杯并控干水分

标准与要求：

（1）品酒杯内外壁无任何污物残留。

（2）品酒杯内外壁无残留的水渍。

操作步骤 2：把准备好的酸类物质溶液对应倒入不同编号的品酒杯

标准与要求：

（1）倒入量为品酒杯的 1/3~1/2。

（2）每杯容量基本一致。

操作步骤 3：尝评不同浓度的酸溶液并记录酸味感觉

标准与要求：

（1）品酒环境要求明亮、清静，自然通风。

（2）环境灯光一律采用白光，严禁采用有色光。

（3）尝评后记录每一种酸类物质在不同浓度下的酸味特征。

操作步骤 4：尝评同一浓度不同酸溶液并记录酸味感觉

标准与要求：

（1）品酒环境要求明亮、清静，自然通风。

（2）环境灯光一律采用白光，严禁采用有色光。

（3）尝评后记录不同酸类物质的酸味特征。

操作步骤 5：第二组到第五组溶液的鉴别

标准与要求：参照第一组的观察步骤和要求进行

操作步骤 6：实行项目化考核

标准与要求：

（1）采用盲评方式进行考核。

（2）对五杯酒样进行浓度差排序或滋味鉴别。

五、实训考核方法

学生练习完后采用盲评的方式进行项目考核，具体考核表和评分标准如下。

物质滋味鉴别考核表

杯号	1	2	3	4	5
物质名称					

评分标准：正确 1 个得 20 分，不正确不得分。

物质浓度差鉴别考核表

杯号	1	2	3	4	5
排序					

评分标准：对照正确序位，每杯酒样答对 20 分，每个序差 5 分，偏离 1 位扣 5 分；偏离 2 位扣 10 分；偏离 3 位扣 15 分，偏离 4 位不得分。请将色度从高→低排序，即最高的写 1，次高的写 2，以此类推，最低的写 5。

六、课外拓展任务

取黄水、酒头、酒尾、窖泥液、糠蒸馏液、毛糟液、霉糟液、底锅水等，分别用 54%vol 酒精配成适当溶液，进行品尝，区别和记下各种味道的特点。

七、知识链接

所谓味觉是呈味物质作用于口腔黏膜和舌面的味蕾，通过味细胞再传入大脑皮层所引起的兴奋感觉，随即分辨出味道来。不同味觉的产生是由味细胞顶端的微绒毛到基底接触神经处在毫秒之内传导信息，使味细胞膜振动发出的低频声子的量子现象。

1. 口腔黏膜和舌面

在口腔黏膜尤其是舌的上表面和两侧分布着许多突出的疙瘩，称为乳头。在乳头里有味觉感受器，又称味蕾。它是由数十个味细胞呈蕾状聚集起来的。这些味蕾在口腔黏膜中还分布在上腭、咽头、颊肉和喉头。

不同的味蕾乳头的形状显示不同的味感。如舌尖的茸状乳头对甜味和咸味敏感，舌两边的叶状乳头对酸味敏感，舌根部的轮状乳头对苦味敏感。有的乳头能感受两种以上味感，有的只能有一种味感。所以口腔内的味感分布并无明显的界限。有人认为，舌尖占味觉 60%，舌边占 30%，舌根占 10% 左右。

从刺激到味觉仅需 1.5~4.0ms 时间，较视觉快一个数量级。咸感最快，苦感最慢。所以在品酒时，有后苦味就是这个道理。

2. 味蕾内味细胞的感觉神经分布

味蕾内味细胞的基部有感觉神经分布。舌前 2/3，味蕾与面神经相通；舌后 1/3，味蕾与舌咽神经相通；软腭、咽部的味蕾与迷走神经相通。

3. 基本味觉及其传达方式

在世界上最早承认的味觉，是甜、咸、酸、苦 4 种，又称基本味觉。鲜味被公认为味觉是后来的事。辣味不属于味觉，是舌面和口腔黏膜受到刺激而产生的痛觉。涩味也不属于味觉，它是由于甜、酸、苦味比例失调所造成的。

基本味觉是通过唾液中的酶进行传达的，如碱性磷酸酶传达甜和咸味，氢离子脱氢酶传达酸味，核糖核酸酶传达苦味。所以，我们在评酒前不能长时间说话、唱歌，应注意休息，以保持足够的唾液分泌，使味觉处于灵敏状态。

4. 味觉容易疲劳，也容易恢复

味觉容易疲劳，尤其是经常饮酒和吸烟及吃刺激性强的食物会加快味觉的钝化。特别是长时间不间断地评酒，更使味觉疲劳以至失去知觉。所以在评酒期间要注意休息，防止味觉疲劳与受刺激的干扰。

味觉也容易恢复。只要评酒不连续进行，且在评酒时坚持用茶水漱口，以及在评酒期间不吃刺激性的食物并配备一定的佐餐食品，都有利于味觉的恢复。

5. 味觉和嗅觉密切相关

人的口腔与鼻腔相通。当我们在吃食物时，会感到有滋味。这是因为，一方面以液体状态刺激味蕾，而另一方面以气体状态刺激嗅细胞形成复杂的滋味的缘故。一般来说，味觉与嗅觉相比，以嗅觉较为灵敏。实际上味感大于香感。这是由鼻腔返回到口腔的味觉在起作用。我们在评酒时，酒从口腔下咽时，便发生呼气动作，使带有气味的分子空气急于向鼻腔推进，因而产生了回味。所以，嗅觉再灵敏也要靠品味与闻香相结合才能做出正确的香气判断。

6. 味蕾的数量随年龄的增长而变化

一般 10 个月的婴儿味觉神经纤维已成熟，能辨别出咸、甜、酸、苦味。味蕾数量在 4~5 岁左右增长到顶点。成人的味蕾约有 9000 个，主要分布在舌尖和舌面两侧的叶状乳头和轮状乳头上。到 75 岁以后，味蕾的变化较大，由一个轮状乳头内的 208 个味蕾减少到 88 个。有人试验，儿童对 0.68% 稀薄糖液就能感觉出来，而老年人竟高出 2 倍，青年男女的味感并无差别，50 岁以上时，男性比女性有明显的衰退。无论是男士或女士，在 60 岁以上时，味蕾衰退均加快，味觉也更加迟钝了。烟酒嗜好者的味觉衰退尤甚。

虽然味觉的灵敏度随年龄的增长而下降，但年长的评酒专家平时所积累的丰富品评技术和经验是极其宝贵的，他们犹如久经沙场、荣获几连冠的体育运动员一样，虽随年龄的增长，不能参加比赛而退役了，但他们可以胜任高级的教练，为国家为人民继续贡献力量。

任务四　白酒的加浆降度

一、本任务在课程中的定位

本任务是白酒勾调前需要进行的一个单元操作，根据目前消费者对白酒酒精度的要求，在白酒产品投放市场前需要把企业勾调的原酒进行降度处理。本任务是按照贮存勾调工职业技能需求进行的专门训练。

二、本任务与国家（或国际）标准的契合点

本任务符合贮存勾调工国家职业技能要求。

三、教学组织及运行

本实训任务按照教师讲解、教师演示、学生实际测量酒精度并执行加浆降度操作，最后通过测定酒精度与标准酒精度的差进行考核。

四、实训内容及要求

（一）实训目标

1. 知识目标
（1）了解酒精（度）计和其他密度计的不同结构。
（2）熟悉酒精计的使用方法。
（3）熟悉酒精度换算的两种方式（简易法和查表法）。
（4）熟悉白酒加浆降度的计算方式。

2. 能力目标
（1）能够按照酒精计的操作规范正确使用酒精计。
（2）能够正确进行酒精度的换算。
（3）能够按照标准计算加浆量和原酒量。
（4）能够按照计算进行白酒的加浆降度。

（二）实训重点及难点

1. 实训重点
（1）酒精度的测定和换算。
（2）白酒的加浆降度计算。

2. 实训难点

白酒的加浆降度。

（三）实训材料及设备

1. 实训材料

酒精（95%vol），矿泉水。

2. 实训设备

量筒500mL、酒精计、温度计、烧杯、容量瓶、品酒杯。

（四）实训内容及步骤

1. 生产准备（或实训准备）

（1）准备5个白酒专用品酒杯（郁金香型，采用无色透明玻璃，满容量50~55mL，最大液面处容量为15~20mL），按顺序在杯底贴上1~5的编号，数字向下。

（2）准备量筒、容量瓶、酒精计（50%~100%vol）、酒精计（30%~70%vol）、温度计。

2. 操作规程

操作步骤1：清洗干净品酒杯并控干水分

标准与要求：

（1）品酒杯内外壁无任何污物残留。

（2）品酒杯内外壁无残留的水渍。

操作步骤2：清洗干净量筒和容量瓶

标准与要求：

（1）量筒和容量瓶内外壁无任何污物残留。

（2）量筒和容量瓶内外壁无残留的水渍。

操作步骤3：酒精度测定和换算

标准与要求：

（1）品酒环境要求明亮、清静，自然通风。

（2）环境灯光一律采用白光，严禁采用有色光。

（3）根据酒精度含量初步选择合适的酒精计。

（4）熟悉酒精计的结构，掌握其使用方法。

（5）熟悉酒精度换算的两种方式及其准确性。

操作步骤4：计算加浆量和原酒量

标准与要求：

（1）熟悉酒精度的两种表示方法（体积分数和质量分数）。

（2）了解质量守恒定律。

（3）了解酒精加浆后的体积不等于高浓度酒精体积和加浆体积之和。

（4）熟悉高度酒加浆降度的计算方法。

操作步骤5：按要求进行高浓度酒精的加浆降度

标准与要求：

（1）按照班级人数划分为6个小组。

（2）按照三级品酒师标准每个组独立加浆得到一个酒精度（一般浓度为30%vol、35%vol、40%vol、45%vol、50%vol、55%vol）。

五、实训考核方法

学生分组降度完成后进行酒精度测定，根据测定值和标准值的差异进行评分。

	降度后酒精度	分值	备注
标准酒精度	误差≤±1°	扣0分	
	误差≤±2°	扣20分	
	误差≤±3°	扣40分	
	误差≥±5°	不得分	

六、知识链接

（一）酒精计的操作方法

1. 酒精计的识别

酒精计有不同的规格，常见的有0~40，10~20，0~50，30~70，50~100，70~90等规格。根据测的相对密度不同应选相应的酒精计。

2. 酒精计的原理

酒精计又称酒精表、酒精比重计，是根据酒精浓度不同，相对密度不同，浮体沉入酒液中排开酒液的体积不同的原理而制造出来测量白酒或者酒精溶液里面酒精含量的。当酒精计放入酒液中时，酒的浓度越高，酒精计下沉也越多，相对密度也越小；反之，酒的浓度越低，酒精计下沉也越少，相对密度也越大。

3. 白酒酒精度测定方法

将酒精计缓缓放入液体中，慢慢松手，使酒精计在自身重量作用下在读数点上下三个分度内浮动，但不能与筒壁、搅拌器接触，插入温度计，稳定1~

3min后才能读数。如果酒精计放入溶液中动作过大，酒精计在溶液中上下漂移范围就大，干管过多地被溶液浸湿而增加了酒精计的重量，使读数增加，造成测量误差。

读数按弯月面下缘读数，观察者的眼睛应稍低于液面，使看到的液面成椭圆形，然后慢慢抬高眼睛位置直至椭圆形变成一条直线为止，读出此直线的分度表上的位置，并估计到最小分度值的1/10。将酒精计示值加上计量部门出具的修正值，得出修正后的示值。酒精计读数前后需分别测量液体的温度，取其平均值作为测量溶液时的液体温度。

根据测得的液体温度和修正后的酒精计示值查《酒精计温度、酒精度换算表》，换算成20℃时的酒精度（%vol）。同一种酒精水溶液要测量三次取平均值。三次测量之差大于0.2分度时再进行测量。

4. 白酒酒精度的换算

方法一：查酒精计温度、酒精度换算表进行换算。

方法二：按照白酒温度每高标准温度（20℃）3℃，酒度降1°，或者白酒温度每低标准温度（20℃）3℃，酒度增1°的方法进行粗略估算。

（二）白酒的加浆降度的计算方法

1. 质量分数和体积分数的相互换算

酒的浓度最常用的表示方法有体积分数和质量分数。所谓体积分数是指100份体积的酒中，有若干份体积的纯酒精，如65%的酒是指100份体积的酒中有65份体积的酒精和35份体积的水。质量分数是指100g酒中所含纯酒精的克数。这是由纯酒精的相对密度为0.78934所造成的体积分数与质量分数的差异。每一个体积分数都有一个唯一的固定的质量分数与之相对应（酒精体积分数，相对密度、质量分数对照表）。两种浓度的换算方法如下：

（1）将质量分数换算成体积分数（即，酒精度）

$$\varphi\,(\%) = \frac{\omega \times d_4^{20}}{0.78934}$$

式中　　φ——体积分数,%

　　　　ω——质量分数,%

　　　　d_4^{20}——样品的相对密度，是指20℃时样品的质量与同体积的纯水在4℃时的质量之比

0.78934——纯酒精在20℃/4℃时的相对密度

【例1-1】有酒精质量分数为51.1527%的酒，其相对密度为0.89764，其体积分数为多少？

解

$$\varphi\ (\%)\ =\frac{\omega\times d_4^{20}}{0.78934}=\frac{57.1527\times0.89764}{0.78934}=65.0\%$$

（2）体积分数换算成质量分数

$$\omega\ (\%)\ =\varphi\times\frac{0.78934}{d_4^{20}}$$

【例1-2】有酒精体积分数为60.0%的酒，其相对密度为0.90915，其质量分数为多少？

解

$$\omega\ (\%)\ =\varphi\times\frac{0.78934}{d_4^{20}}=60.0\times\frac{0.78934}{0.90915}=52.0931\%$$

2. 高度酒和低度酒的相互换算

高度酒和低度酒的相互换算，涉及折算率。折算率，又称互换系数，是根据"酒精体积分数，相对密度、质量分数对照表"的有关数字推算而来，其公式为：

$$折算率=\frac{\varphi_1\times\dfrac{0.78934}{(d_4^{20})_1}}{\varphi_2\times\dfrac{0.78934}{(d_4^{20})_2}}\times100\%=\frac{\omega_1}{\omega_2}\times100\%$$

式中　ω_1——原酒酒精度的质量分数,%

ω_2——调整后酒精度的质量分数,%

（1）将高度酒调整为低度酒

$$调整后酒的质量=原酒的质量\times\frac{\omega_1}{\omega_2}\times100\%=原酒质量\times折算率$$

式中　ω_1——原酒酒精度的质量分数,%

ω_2——调整后酒精度的质量分数,%

【例1-3】65.0%（体积分数）的酒153kg，要把它折合为50.0%（体积分数）的酒是多少千克？

解：查表，65.0%（体积分数）= 57.1527%（质量分数）

50.0%（体积分数）= 42.4252%（质量分数）

$$调整后酒的质量=153\times\frac{57.1527\%}{42.4252\%}\times100\%=206.11\ （kg）$$

（2）将低度酒折算为高度酒

$$折算高度酒的质量=欲折算低度酒的质量\times\frac{\omega_2}{\omega_1}\times100\%$$

式中　ω_1——欲折算低度酒的质量分数,%

ω_2——折算为高度酒的质量分数,%

【例1-4】要把39.0%（体积分数）的酒350kg，折算为65.0%（体积分数）的酒多少千克？

解：查表，39.0%（体积分数）= 32.4139%（质量分数）

65.0%（体积分数）= 57.1527%（质量分数）

$$折算为高度酒的质量 = 350 \times \frac{32.4139\%}{57.1527\%} \times 100\% = 198.50（kg）$$

3. 不同酒精度的勾兑

有高低度数不同的两种原酒，要勾兑成一定数量一定酒精度的酒，需原酒各为多少？可依照下列公式计算：

$$m_1 = \frac{m（\omega - \omega_2）}{\omega_1 - \omega_2}$$

$$m_2 = m - m_1$$

式中　ω_1——较高酒精度的原酒质量分数，%

ω_2——较低酒精度的原酒质量分数，%

m_1——较高酒精度的原酒质量，kg

m_2——较低酒精度的原酒质量，kg

m——勾兑后酒的质量，kg

ω——勾兑后酒的酒精质量分数，%

【例1-5】有72.0%（体积分数）和58.0%（体积分数）两种原酒，要勾兑成100kg 60.0%（体积分数）的酒，各需多少千克？

解：查表，得：

72.0%（体积分数）= 64.5392%（质量分数）

58.0%（体积分数）= 50.1080%（质量分数）

60.0%（体积分数）= 52.0879%（质量分数）

$$m_1 = \frac{m（\omega - \omega_2）}{\omega_1 - \omega_2} = \frac{100 \times（52.0879\% - 50.1080\%）}{（64.5392\% - 50.1080\%）} = 13.72（kg）$$

$$m_2 = m - m_2 = 100 - 13.72 = 86.28（kg）$$

即需72.0%（体积分数）原酒13.72kg，需58.0%（体积分数）原酒86.28kg。

4. 温度、酒精度之间的折算

我国规定酒精计的标准温度为20℃。但在实际测量时，酒精溶液温度不可能正好都在20℃。因此必须在温度、酒精度之间进行折算，把其他温度下测得的酒精溶液浓度换算成20℃时的酒精溶液浓度是多少？

【例1-6】某坛酒在温度为14℃时测得的酒精度为64.08%（体积分数），求该酒在20℃时的酒精浓度是多少？

解：其查表方法如下：

在酒精浓度与温度校正表中酒精溶液温度栏中查到 14℃，再在酒精计示值体积浓度栏中查到 64.0%，两点相交的数值为 66.0，即为该酒在 20℃时的酒精度。

【例 1-7】 某坛酒在温度为 25℃时测得的酒精度为 65.0%（体积分数），求该酒在 20℃时的酒精浓度是多少？

解：其查表方法如下：

在酒精浓度与温度校正表中酒精溶液温度栏中查到 25℃，再在酒精计示值体积浓度栏中查到 65.0%，两点相交的数值 63.3，即为该酒在 20℃时的酒精度。

另外，在实际生产过程中，有时要将实际温度下的酒精浓度换算为 20℃时的酒精浓度，也可在酒精浓度与温度校正表中查取。

【例 1-8】 某坛酒在 18℃时测得的酒精浓度为 40%（体积分数），其 20℃时的酒精浓度为多少？

解：查表得 20℃时的酒精浓度为 40.8%（体积分数）。

【例 1-9】 某坛酒在 22℃时测得的酒精浓度为 40.0%（体积分数），其 20℃时酒精浓度为多少？

解：查得 20℃时的酒精浓度为 39.2%（体积分数）。

在无酒精浓度与温度校正表或不需精确计算时，可用酒精度与温度校正粗略计算方法，其公式为：

$$该酒在20℃时的酒精度（体积分数）=$$

$$实测酒精度（体积分数）+（20℃-实测酒的温度）\times \frac{1}{3}$$

仍以上述例 1-6 和例 1-7 的有关数据为例说明：

【例 1-10】 求该酒在 20℃时的酒精度（体积分数）。

解：酒精度 $=64.0+（20℃-14℃）\times \frac{1}{3}=66.0\%$（体积分数）

【例 1-11】 求该酒在 25℃时的酒精度（体积分数）。

解：酒精度 $=65.0+（20℃-25℃）\times \frac{1}{3}=63.3\%$（体积分数）

5. 白酒加浆定度用水量的计算

不同白酒产品均有不同的标准酒精度，原酒往往酒精度较高，在白酒勾兑时，常需加水降度，使成品酒达到标准酒精度，加水数量的多少要通过计算来确定：

$$加浆量=标准量-原酒量$$

$$=原酒量\times酒度折算率-原酒量$$

$$=原酒量\times（酒度折算率-1）$$

【例 1-12】 原酒 65.0%（体积分数）500kg，要求兑成 50.0%（体积分

数）的酒，求加浆数量是多少？

解：查表，得：

65.0%（体积分数）= 57.1527%（质量分数）

50.0%（体积分数）= 42.4252%（质量分数）

$$加浆数 = 500 \times \left(\frac{57.1527\%}{42.4252\%} - 1 \right) = 173.57 \text{（kg）}$$

【例1-13】要勾兑1000kg 46.0%（体积分数）的成品酒，需多少千克65.0%（体积分数）的原酒？需加多少千克的水？

解：查表，得：

65.0%（体积分数）= 57.1527%（质量分数）

46.0%（体积分数）= 38.7165%（质量分数）

$$需65.0\%（体积分数）原酒质量 = 1000 \times \frac{38.7165\%}{57.1527\%} = 677.42 \text{（kg）}$$

$$加水量 = 1000 - 677.42 = 322.58 \text{（kg）}$$

任务五　酒中异杂味鉴别

一、本任务在课程中的定位

本任务是白酒尝评训练中的基础训练项目，按照国家三级品酒师的考核要求，白酒尝评的最终目的是判断酒的质量差并能实施品评打分，如果酒中存在异杂味往往会导致白酒质量下降，本任务就是引导学生对白酒中常出现的异杂味进行识别，从而为判断白酒质量优劣打好基础。

二、本任务与国家（或国际）标准的契合点

本任务符合品酒师国家职业技能要求。

三、教学组织及运行

本实训任务按照教师讲解、教师演示、学生训练、师生交流等方式进行，最后通过专项实训考核检验教学效果。

四、实训内容及要求

（一）实训目标

1. 知识目标

（1）熟悉酒中异杂味产生的原因。

（2）了解酒中常见的异杂味。

（3）了解异杂味酒的感官特点。

（4）掌握白酒生产管理问题与酒中产生异杂味的关系。

2. 能力目标

（1）能通过品评酒中出现的异杂味类型分析白酒生产管理中出现的问题。

（2）能写出白酒中常见的醛味、涩味、泥味、油哈味、胶味等异杂味的感官特征。

（3）能区分白酒中出现醛味、涩味、泥味、油哈味、胶味等异杂味。

（二）实训重点及难点

1. 实训重点

白酒中醛味、涩味、泥味、油哈味、胶味等异杂味的鉴别。

2. 实训难点

能通过品评酒中出现的异杂味类型分析白酒生产管理中出现的问题。

（三）实训材料及设备

1. 实训材料

具有醛味、涩味、泥味、油哈味、胶味等异杂味的白酒酒样。

2. 实训设备

白酒品酒杯。

（四）实训内容及步骤

1. 生产准备（或实训准备）

（1）准备5个白酒专用品酒杯（郁金香型，采用无色透明玻璃，满容量50～55mL，最大液面处容量为15～20mL），按顺序在杯底贴上1～5的编号，数字向下。

（2）准备含有醛味、涩味、泥味、油哈味、胶味的五种异杂味酒。

2. 操作规程

操作步骤1：清洗干净品酒杯并控干水分

标准与要求：

（1）品酒杯内外壁无任何污物残留。

（2）品酒杯内外壁无残留的水渍。

操作步骤2：把准备好的异杂味酒对应倒入不同编号的品酒杯

标准与要求：

（1）倒入量为品酒杯的1/3～1/2。

（2）每杯容量基本一致。

操作步骤 3：尝评不同异杂味酒并记录其感官特征

标准与要求：

（1）品酒环境要求明亮、清静，自然通风。

（2）环境灯光一律采用白光，严禁采用有色光。

（3）尝评后记录每一种异杂味酒的感官评语。

操作步骤 4：实行项目化考核

标准与要求：

（1）采用盲评方式进行考核。

（2）记录每一杯酒样的感官评语并分辨异杂味类型。

五、实训考核方法

学生练习完后采用盲评的方式进行项目考核，具体考核表和评分标准如下。

酒中异杂味鉴别考核表

杯号	1	2	3	4	5
物质名称					

评分标准：正确 1 个得 20 分，不正确不得分。

六、课外拓展任务

选择具有苦味、甜味、霉味、尘土味、腥味、酸味、咸味、糠味的酒样进行尝评，写出各种酒样的感官评语。

七、知识链接

白酒中的异杂味及形成原因

白酒除有浓郁的酒香外，还有苦、辣、酸、甜、涩、咸、臭等杂味存在，它们对白酒的风味都有直接的影响。白酒的感官质量应是优美协调、醇和爽净的口味；任何杂味的超值都对白酒质量有害无益。在白酒中，有以下 13 类呈味物质对白酒的产品质量有较大的影响，现逐一剖析。

1. 苦味

酒中的苦味，常常是过量的高级醇、琥珀酸和少量的单宁、较多的糠醛和酚类化合物引起的。

主要代表物质：奎宁（0.005%）；无机金属离子（如 Mg、Ca 等盐类）；酪醇、色醇、正丙醇；正丁醇；异丁醇（最苦）；异戊醇；2，3-丁二醇；β-苯乙醇；糠醛；2-乙基缩醛；丙丁烯醛及某些酯类物质。苦味产生的主要原因有：

（1）原辅材料发霉变质；单宁、龙葵碱、脂肪酸和含油质较高的原料产生而来的，因此，要求清蒸原辅材料。

（2）用曲量太大；酵母数量大；配糟蛋白质含量高，在发酵中酪氨酸经酵母菌生化反应产生干酪醇，它不仅苦，而且味长。

（3）生产操作管理不善，配糟被杂菌污染，使酒中苦味成分增加。如果在发酵糟中存在大量青霉菌；发酵期间封桶泥不适当，致使桶内透入大量空气、漏进污水；发酵桶内酒糟缺水升温猛，使细菌大量繁殖，这些都将使酒产生苦味和异味。

（4）蒸馏中，大火大汽，把某些邪杂味馏入酒中使酒有苦味。这是因为大多数苦味物质都是高沸点物质，由于大火大汽，温高压力大，都会将一般压力蒸不出来的苦味物质流入酒中，同时也会引起杂醇油含量增加。

（5）加浆勾调用水中碱土金属盐类、硫酸盐类的含量较多，未经处理或者处理不当，也直接给酒带来苦味。

2. 辣味

辣味，并不属于味觉，它是刺激鼻腔和口腔黏膜的一种痛觉。而酒中的辣味是由于灼痛刺激痛觉神经纤维所致。适当的辣味有使食味紧张、增进食欲的效果。酒中存在微量的辣味也是不可缺少的，但酒中的辣味太大则不好。白酒中的辣味物质主要代表是醛类，如糠醛、乙醛、乙缩醛、丙烯醛、丁烯醛及叔丁醇、叔戊醇、丙酮、甲酸乙酯、乙酸乙酯等物质。辣味产生原因主要有：

（1）辅料（如谷壳）用量太大，并且未经清蒸就用于生产，使酿造中其中的多缩戊糖受热后生成大量的糠醛，使酒产生糠皮味、燥辣味。

（2）发酵温度太高；操作中清洁卫生条件不好，引起糖化不良、配糟感染杂菌，特别是乳酸菌的作用产生甘油醛和丙烯醛而引起的异常发酵，使白酒辣味增加。

（3）发酵速度不平衡，前火猛，吹口来得快而猛，酵母过早衰老而死亡引起发酵不正常，造成酵母酒精发酵不彻底，便产生了较多的乙醛，也使酒的辣味增加。

（4）蒸馏时，火（汽）太小，温度太低，低沸点物质挥发后，反之辣味增大。

（5）未经老熟和勾调的酒辣味大。

3. 酸味

白酒中必须也必然具有一定的酸味成分，并且与其他香味物质共同组成白酒的芳香。但含量要适宜，如果超量，不仅使酒味粗糙，而且影响酒的"回甜"感，后味短。酒中酸味物质主要代表物有：乙酸、乳酸、琥珀酸、苹果酸、柠檬酸、己酸和果酸等。造成白酒中酸味过量的原因主要有：

（1）酿造过程中，卫生条件差，产酸杂菌大量入侵使培菌糖化发酵生成大量酸物质。

（2）配糟中蛋白质过剩；配糟比例太小；淀粉碎裂率低，原料糊化不好；熟粮水分重；出箱温度高；箱老或太嫩；发酵升温太高（38℃以上），后期生酸多；发酵期太长，都将引起酒中酸味过量。

（3）酒曲质量太差；用曲量太大，酵母菌数量大，都使糖化发酵不正常，造成酒中酸味突出。

（4）蒸馏时，不按操作规程摘酒，使尾水流入过多，使高沸点含酸物质对酒质造成影响。

4. 甜味

白酒中的甜味，主要来源于醇类。特别是多元醇，因甜味来自醇基，当物质的羟基增加，其醇的甜味也增加，多元醇都有甜味基团和助甜基团，比一个醇基的醇要甜得多。酒中甜味的主要代表物有：葡萄糖、果糖、半乳糖、蔗糖、麦芽糖、乳糖及己六醇、丙三醇、2，3-丁二醇、丁四醇、戊五醇、双乙酰、氨基酸等。这些物质中，羟基多的物质，甜味就增加。白酒中存在适量的甜味是可以的，若太大就体现不了白酒应有的风格；太少酒无回甜感，尾淡。造成酒中有甜味的主要来源有以下几个方面：

（1）生产中用曲量太少；酵母菌数少，不能有效地将糖质转化为乙醇，发酵终结糖质过剩而馏入酒中。

（2）培菌出箱太老；促进糖化的因素增多；发酵速度不平衡，剩余糖质也馏入酒中。

5. 涩味

涩味，是通过刺激味觉神经而产生的，它可凝固神经蛋白质，使舌头的黏膜蛋白质凝固，产生收敛作用，使味觉感觉到了涩味，口腔、舌面、上腭有不滑润感。白酒中呈涩味的物质，主要是过量的乳酸和单宁、木质素及其分解出的酸类化合物。例如，重金属离子（铁、铜）、甲酸、丙酸及乳酸等物质味涩；甲酸乙酯、乙酸乙酯、乳酸乙酯等物质若超量，味呈苦涩；还有正丁醇、异戊醇、乙醛、糠醛、乙缩醛等物质过量也呈涩味。酒中涩味来源主要有以下几个渠道。

（1）单宁、木质素含量较高的原料、设备设施，未经处理（泡淘）和不清蒸，不清洁，直接进入酒中或经生化反应生成馏入酒中。

（2）用曲量太大；酵母菌数多；卫生条件不好，杂菌感染严重，配糟比例太大。

（3）发酵期太长又管理不善；发酵在有氧（充足的）条件下进行，杂菌分解能力加强。

（4）蒸馏中，大火大汽流酒，并且酒温高。

（5）成品酒与钙类物质接触，而且时间长（如石灰）；用血料涂刷的容器贮酒，使酒在贮存期间把涩味物质溶蚀于酒中。

6. 咸味

白酒中如有呈味的盐类（NaCl），能促进味觉的灵敏，使人觉得酒味浓厚，并产生谷氨酸的酯味感觉。若过量，就会使酒变得粗糙而呈咸味。酒中存在的咸味物质有卤族元素离子、有机碱金属盐类、食盐及硫酸、硝酸呈咸味物质，这些物质稍在酒中超量，就会使酒出现咸味，危害酒的风味。咸味在酒中超量的主要原因有：

（1）由于处理酿造用水草率地添加了 Na^+ 等碱金属离子物质，最终使酒呈咸味。

（2）由于酿造用水硬度太大，携带 Na^+ 等金属阳离子及其盐类物质，未经处理用于酿造。

（3）有些酒厂由于地理条件的限制，酿造用水取自农田内，逢秋收后稻田水未经处理（梯形滤池）就用于酿造，也会造成酒中咸味重；原因在于稻谷收割后，露在稻田面的稻秆及其根部随翻耕而腐烂，稻秆（草）本身有很重的咸味物质。

7. 臭味

白酒中带有臭味，当然是不受欢迎的，但是白酒中都含有臭味成分，只是被刺激的香味物质所掩盖而不突出罢了。一是质量次的白酒及新酒有明显的臭味。二是当某种香味物质过浓和过分突出时，有时也会呈现臭味。臭味是嗅觉反应，某种香气超常就视为臭（气）味；一旦有臭味就很难排除，需由其他物质掩盖。白酒中的臭（气）味有：硫化氢味（如臭鸡蛋、臭豆腐味）、硫醇（乙硫醇，似吃生萝卜后打嗝返回的臭辣味及韭菜、卷心菜腐败味）等物质。白酒中能产生臭味的有硫化氢、硫醇、杂醇油、丁酸、戊酸、己酸、乙硫醚、游离氨、丙烯醛和果胶质等物质。各种物质在酒中，一旦超量，又无法掩盖就会发出某种物质的臭味，这些物质产生和超量主要有以下原因：

（1）酿酒原料蛋白质含量高，经发酵后仍过剩，提供了产生杂醇油及含硫化合物的物质基础，使这些物质馏入酒中，使酒产生臭辣味，严重者难以排除。

（2）配合不当，发酵中酸度上升，造成发酵糟酸度大、乙醛含量高，蒸馏中生成大量硫化氢，使酒的臭味增加。

（3）酿造过程中，卫生条件差，杂菌易污染，使酒糟酸度增大；若酒糟受到腐败菌的污染，就会使酒糟发黏发臭，这是酒中杂臭味形成的重要原因。

（4）大火大汽蒸馏，使一些高沸点物质馏入酒中，如番薯酮等；含硫氨基酸在有机酸的影响下，产生大量硫化氢。

8. 油味

白酒应有的风味与油味是互不相容的。酒中哪怕有微量油味，都将对酒质有严重损害，酒味将呈现出腐败的哈喇味。白酒中存在油味的主要原因在于：

（1）采用了脂肪含量高的原辅材料进行白酒酿造，没有按操作规程处理原料。

（2）原料保管不善。特别是玉米、米糠这些含油脂原料，在温度、湿度高的条件下变质，经糖化发酵，脂肪被分解产生了油腥味。

（3）没有贯彻掐头去尾、断花摘酒的原则，使存在于尾水中的水溶性高级脂肪流入酒中。

（4）用涂油（如桐油）、涂蜡容器贮酒；而且时间又长，使酒将壁内油脂浸于酒中。

（5）操作中不慎将含油物质（如煤油、汽油、柴油等）洒漏在原料、配糟、发酵糟中，蒸馏入酒中，这类物质极难排除，并且影响几酢酒质。

9. 糠味

白酒中的糠味，主要是不重视辅料的选择和处理的结果，使酒中呈现生谷壳味，主要来源于：

（1）辅料没精选，不合乎生产要求。

（2）辅料没有经过清蒸消毒。

（3）糠味常常夹带土味和霉味。

10. 霉味

酒中的霉味，大多来自于辅料及原料霉变造成的。主要是，每当梅雨季节期间，由于潮湿，引起霉菌在衣物上生长繁殖后，其霉菌菌丝、孢子经腾抖而飞扬所散发出的气味，如青霉菌、毛霉菌的繁殖结果。酒中产生霉味，有以下几个原因：

（1）原辅材料保管不善，或漏雨或反潮而发生霉变；加上操作不严，灭菌不彻底，把有害霉菌带入制曲生产和发酵糟内，经蒸馏霉味直接进入酒中。像原辅材料发霉发臭、淋雨反潮或者以此引发的火灾更应注意。

（2）发酵管理不严。出现发酵封桶泥、窖泥缺水干裂漏气漏水入发酵桶内，发酵糟烧色及发酵盖糟、桶壁四周发酵糟发霉（有害霉菌大量繁殖），造成酒中不仅苦涩味加重，而且霉味加大。

（3）发酵温度太高，大量耐高温细菌同时繁殖，不仅造成出酒率下降，而且会使酒带霉味。

11. 腥味

白酒中的腥味往往是铁物质造成的，常称之为金属味，是舌部和口腔共同产生的一种带涩味感的生理反应。酒中的腥味来源于锡、铁等金属离子，产生原因主要有：

（1）盛酒容器用血料涂篓或封口，贮存时间长，使血腥味溶蚀到酒中。

（2）用未经处理的水加浆勾调白酒，直接把外界腥臭味带入酒中。

12. 焦糊味

白酒中的焦糊味，来自于生产操作不细心，不负责任、粗心大意的结果。其味就是物质烧焦的糊味，例如，酿酒时因底锅水少造成被烧干后，锅中的糠、糟及沉积物烧焦所发出的浓糊焦味。酒中存在焦糊味的主要原因有：

（1）酿造中，直接烧干底锅水，烧灼焦糊味直接串入酒糟，再随蒸气进入酒中。

（2）地甑、甑箅、底锅没有洗净，经高温将残留废物烧烤、蒸焦产生的糊味。

13. 其他杂味

（1）使用劣质橡胶管输送白酒时，酒将会带有橡胶味。

（2）黄水滴窖不尽，使发酵糟中含有大量黄水，使酒中呈现黄水味。

（3）蒸馏时，上甑不均和摘酒不当，酒中带梢子味。

任务六　原酒质量差鉴别

一、本任务在课程中的定位

按照国家三级品酒师的考核要求，白酒尝评的最终目的是判断酒的质量差并能按照标准实施品评打分，本任务是在熟悉原酒质量等级标准的情况下以浓香型原酒为例进行感官品评，从而写出原酒的感官特点并判断其质量等级。

二、本任务与国家（或国际）标准的契合点

本任务符合品酒师国家职业技能要求。

三、教学组织及运行

本实训任务按照教师讲解、学生训练、师生交流等方式进行，最后通过专

项实训考核检验教学效果。

四、实训内容及要求

（一）实训目标

1. 知识目标
（1）熟悉浓香型白酒生产工艺。
（2）了解白酒中风味物质产生的机理。
（3）熟悉浓香型各等级白酒的感官评价标准和理化标准。
（4）了解浓香型白酒产生质量差的原因。
（5）了解浓香型白酒的品评方式和品评要点。
2. 能力目标
（1）能把握浓香型各等级白酒的感官特点。
（2）能按照标准计分法对原酒进行感官品评并打分。
（3）能参照感官品评标准写出原酒的感官特征。

（二）实训重点及难点

1. 实训重点
（1）浓香型各等级酒的感官评价标准。
（2）浓香型白酒的品评要点。
2. 实训难点
浓香型白酒的品评要点。

（三）实训材料及设备

1. 实训材料
浓香型原酒。
2. 实训设备
白酒品酒杯。

（四）实训内容及步骤

1. 生产准备（或实训准备）
（1）准备5个白酒专用品酒杯（郁金香型，采用无色透明玻璃，满容量50~55mL，最大液面处容量为15~20mL），按顺序在杯底贴上1~5的编号，数字向下。
（2）准备浓香型原酒（1~5级）。

2. 操作规程

操作步骤1：清洗干净品酒杯并控干水分

标准与要求：

（1）品酒杯内外壁无任何污物残留。

（2）品酒杯内外壁无残留的水渍。

操作步骤2：把准备好的浓香型原酒（1～5级）对应倒入不同编号的品酒杯

标准与要求：

（1）倒入量为品酒杯的 1/3～1/2。

（2）每杯容量基本一致。

操作步骤3：尝评浓香型原酒（1～5级）并记录其感官特征

标准与要求：

（1）品酒环境要求明亮、清静，自然通风。

（2）环境灯光一律采用白光，严禁采用有色光。

（3）尝评后记录每一级浓香型原酒的感官特征。

操作步骤4：师生交流

标准与要求：

（1）随机抽取学生点评各级酒样。

（2）老师点评酒样并纠正学生品评中的错误。

（3）老师纠偏后学生继续按照正确的方式和思路尝评酒样。

操作步骤5：实行项目化考核

标准与要求：

（1）采用盲评方式进行考核。

（2）记录每一杯酒样的感官特征并进行质差排序。

五、实训考核方法

学生练习完后采用盲评的方式进行项目考核，具体考核表和评分标准如下。

原酒质量差考核表

杯号	1	2	3	4	5
排序					

评分标准：对照正确序位，每杯酒样答对20分，每个序差5分，偏离1位扣5分；偏离2位扣10分；偏离3位扣15分，偏离4位不得分。请将色度从高→低排序，即最高的写1，次高的写2，依次类推，最低的写5。

六、课外拓展任务

选择酱香型、清香型原酒（1~5级），按照浓香型原酒（1~5级）的判断方法进行质量差排序。

七、知识链接

（一）浓香型原酒的感官标准

项目	优级	一级	二级
色泽	无色、清亮透明、无悬浮物、无沉淀		
香气	具有浓郁的己酸乙酯为主体的复合香气	具有较浓郁的己酸乙酯为主体的复合香气	具有己酸乙酯为主体的复合香气
口味	绵甜爽净，香味谐调，余味悠长	较绵甜爽净，香味谐调，余味悠长	入口纯正，后味较净
风格	具有本品突出的风格	具有本品明显的风格	具有本品固有的风格

（二）浓香型原酒的品评术语

1. 色泽

无色，晶亮透明，清亮透明，清澈透明，无色透明，无悬浮物，无沉淀，微黄透明，稍黄、浅黄、较黄、灰白色、乳白色，微混、稍混、有悬浮物、有沉淀、有明显悬浮物等。

2. 香气

窖香浓郁、较浓郁，具有以己酸乙酯为主体的纯正谐调的复合香气，窖香不足，窖香较小，窖香纯正，窖香较纯正，有窖香，窖香不明显，窖香欠纯正，窖香带酱香，窖香带陈味，窖香带焦煳气味，窖香带异香，窖香带泥臭味，窖香带其他香等。

3. 口味

绵甜醇厚，醇和，香醇甘润，甘洌，醇和味甜，醇甜爽净，净爽，醇甜柔和，绵甜爽净，香味谐调，香醇甜净，醇甜，绵软，绵甜，入口绵，柔顺，平淡，淡薄，香味较谐调，入口平顺，入口冲，冲辣，糙辣，刺喉，有焦味，稍涩、涩、微苦涩、苦涩，稍苦，后苦，稍酸，酸味大，口感不快，欠净，稍杂，有异味，有杂醇油味，酒梢子味，邪杂味较大，回味悠长，回味较长，尾净味长，尾子干净，回味欠净，后味淡，后味短，余味长，余味较长，生料味，霉味等。

4. 风格

风格突出，典型，风格明显，风格尚好，具有浓香风格，风格尚可，风格一般，固有风格，典型性差，偏格，错格等。

（三）浓香型原酒色、香、味及风格的评分表

色泽			香气	
项目	分数		项目	分数
无色透明	+10		具备固定香型的香气特点	+25
浑浊	−4		放香不足	−2
沉淀	−2		香气不纯	−2
悬浮物	−2		香气不足	−2
带色（除微黄外）	−2		带有异香	−3
			有不愉快气味	−5
			有杂醇油气味	−5
			有其他臭味	−7

滋味			风格	
项目	分数		项目	分数
具有本香型的口味特点	+50		具有本品特有风格	+15
欠绵软	−2		风格不突出	−5
欠固甜	−2		偏格	−5
淡薄	−2		错格	−5
冲辣	−3			
后味短	−2			
后味淡	−2			
后味苦（对小曲酒放宽）	−3			
涩味	−5			
焦煳味	−3			
辅料味	−5			
梢子味	−5			
杂醇油味	−5			
糠腥味	−5			
其他邪杂味	−6			

任务七 香型酒的鉴别

一、本任务在课程中的定位

白酒生产工艺的不同导致白酒的感官特征有明显差异，白酒行业根据白酒生产工艺的不同把白酒划分为不同香型。按照国家品酒师职业资格标准，作为专业的评酒员需要掌握不同香型白酒的感官特征，本任务就是通过对不同香型白酒的品评，写出各香型酒感官特点，从而能分辨不同香型白酒。

二、本任务与国家（或国际）标准的契合点

本任务符合品酒师国家职业技能要求。

三、教学组织及运行

本实训任务按照教师讲解、学生训练、师生交流等方式进行，最后通过专项实训考核检验教学效果。

四、实训内容及要求

（一）实训目标

1. 知识目标
（1）了解十二种香型白酒的生产工艺。
（2）了解十二种香型白酒的感官评价标准和理化标准。
（3）了解十二种香型白酒的品评要点。
（4）了解十二种香白酒的品评方式和品评要点。

2. 能力目标
（1）掌握十二种香型白酒的感官标准。
（2）掌握十二种香型白酒的品评要点。
（3）能参照各香型白酒的品评要点对白酒进行感官品评并记录感官特征。

（二）实训重点及难点

1. 实训重点
（1）香型酒的鉴别。
（2）各香型酒的品评要点。

2. 实训难点

各香型酒的品评要点。

（三）实训材料及设备

1. 实训材料

浓香型、酱香型、清香型（大曲清香、麸曲清香、小曲清香三者选一）、兼香型、米香型白酒。

2. 实训设备

白酒品酒杯。

（四）实训内容及步骤

1. 生产准备（或实训准备）

（1）准备5个白酒专用品酒杯（郁金香型，采用无色透明玻璃，满容量50~55mL，最大液面处容量为15~20mL），按顺序在杯底贴上1~5的编号，数字向下。

（2）准备浓香型、酱香型、清香型（大曲清香、麸曲清香、小曲清香三者选一）、兼香型、米香型白酒。

2. 操作规程

操作步骤1：清洗干净品酒杯并控干水分

标准与要求：

（1）品酒杯内外壁无任何污物残留。

（2）品酒杯内外壁无残留的水渍。

操作步骤2：把准备好的五种香型白酒对应倒入不同编号的品酒杯

标准与要求：

（1）倒入量为品酒杯的1/3~1/2。

（2）每杯容量基本一致。

操作步骤3：尝评五种香型白酒并记录其感官特征

标准与要求：

（1）品酒环境要求明亮、清静，自然通风。

（2）环境灯光一律采用白光，严禁采用有色光。

（3）尝评后记录五种香型白酒的感官特征。

操作步骤4：师生交流

标准与要求：

（1）随机抽取学生点评各香型酒样。

（2）老师点评酒样并纠正学生品评中的错误。

（3）老师纠偏后学生继续按照正确的方式和思路尝评酒样。

操作步骤 5：实行项目化考核

标准与要求：

（1）采用盲评方式进行考核。

（2）记录每一杯酒样的感官特征并判断香型。

（3）根据香型判断写出各香型酒的感官评语、发酵设备和糖化发酵剂类型。

五、实训考核方法

学生练习完后采用盲评的方式进行项目考核，具体考核表和评分标准如下。

香型酒鉴别考核表

杯号	1	2	3	4	5
香型					
感官评语					
发酵设备					
糖化发酵剂					

评分标准：香型判断正确 1 个得 5 分，不正确不得分；感官评语、发酵设备、糖化发酵剂三项由教师打分，共 100 分。

六、课外拓展任务

选择药香型、老白干香型、豉香型、凤香型、馥郁香型、芝麻香型、特型按照上述方法进行感官品评。

七、知识链接

十二香型白酒的标准评语及品评要点

1. 酱香型

微黄透明，酱香突出，幽雅细腻，酒体丰满醇厚，回味悠长，空杯留香持久，风格典型。

代表酒：贵州茅台酒、四川郎酒、湖南武陵酒。

香味特征：

（1）茅台酒香型的主要代表物质尚未定论，现有 4-乙基愈创木酚说、吡嗪及加热香气说，呋喃类和吡喃类说，十种特征成分说等多种说法。

（2）传统说法，把茅台酒的香味成分分成三大类：酱香酒、醇甜酒、窖底香酒。

（3）根据目前对茅台酒香味成分的剖析，可以认为酱香型酒具有以下特征：酸含量高，己酸乙酯含量低，醛酮类含量大，含氮化合物为各香型白酒之最，正丙醇、庚醇、辛醇含量也相对高。

品评要点：

（1）色泽　微黄透明。

（2）香气　酱香突出，酱香、焦香、煳香的复合香气，酱香>焦香>煳香。

（3）酒的酸度高，是形成酒体醇厚、丰满、口味细腻幽雅的重要原因。

（4）空杯留香持久，香气幽雅舒适。

2. 浓香型

无色透明，窖香浓郁，具有以己酸乙酯为主体的纯正、协调的复合香气，绵甜甘洌，香味谐调，尾净余长，风格典型。

代表酒：泸州老窖特曲、四川宜宾五粮液、剑南春、全兴大曲、沱牌大曲、洋河大曲、古井贡酒、双沟大曲、宋河粮液。

香味特征：

（1）己酸乙酯为主体香，它的最高含量以不超过 $280mg/100mL$ 为准，一般的浓香型优质酒均可达到这个指标。

（2）乳酸乙酯与己酸乙酯的比值，以小于 1 为好。

（3）丁酸乙酯与己酸乙酯比值，以 0.1 左右为好。

（4）乙酸乙酯与己酸乙酯的比值，以小于 1 为好。

品评要点：

（1）色泽　无色透明（允许微黄），无沉淀物。

（2）依据香气浓郁大小的特点分出流派和质量差。凡香气大，体现窖香浓郁突出，且浓中带陈的特点为川派，而以口味醇、绵甜、净、爽为显著特点的为江淮派。

（3）品评酒的甘爽程度，是区别不同酒质量差的重要依据。

（4）绵甜的优质浓香酒的主要特点，也是区分酒质的关键所在，体现为甜得自然舒畅、酒体醇厚。稍差的酒不是绵甜，只是醇甜或甜味不突出，这种酒体显单薄、味短、陈味不够。

（5）品评后味长短、干净程度，也是区分酒质的要点。

（6）香味谐调，是区分白酒质量差，也是区分酿造、发酵酒和固态配制酒的主要依据。酿造酒中己酸乙酯等香味成分是生物途径合成的，是一种复合香气，自然感强，故香味谐调，且能持久。而外添加己酸乙酯等香精、香料的酒，往往是香大于味，酒体显单薄，入口后香和味很快消失，香与味均短，自然感差。如香精纯度差、添加比例不当，更是严重影响酒质，其香气给人一种厌恶感，闷香，入口后刺激性强。当然，如果香精、酒精纯度高、质量好，通过精心勾调，也能使酒的香和味趋于协调。

（7）浓香型白酒中最易品出的不良口味是泥臭味、涩味等，这主要是与新窖泥和工艺操作不当、发酵不正常有关。这种味偏重会严重影响酒质。

3. 清香型

清澈透明，清香纯正，具有以乙酸乙酯为主体的清雅谐调的复合香气，口感柔和，自然谐调，余味爽净，风格典型。

代表酒：

大曲清香：山西汾酒、河南宝丰酒、武汉黄鹤楼酒。

麸曲清香：北京二锅头、牛栏山二锅头。

小曲清香：重庆江津老白干。

香味特征：

（1）乙酸乙酯为主体香，它的含量占总酯50%以上。

（2）乙酸乙酯与乳酸乙酯匹配合理，一般在1：0.6左右。

（3）乙缩醛含量占总醛的15.3%，与爽口感有关，导致虽然酒精度高，但是刺激性小。

（4）酯大于酸，一般酸酯比为（1：4.5）~5。

品评要点：

（1）色泽　无色透明。

（2）主体香气为乙酸乙酯为主、乳酸乙酯为辅的清雅、纯正的复合香气，无其他杂香。

（3）由于酒精度较高，入口后有明显的辣感，且较持久，如水与酒精分子缔合度好，则刺激性减小。

（4）口味特别净，质量好的清香型白酒没有任何邪杂味。

（5）尝第二口后，辣感明显减弱，甜味突出，饮后有余香。

（6）酒体突出清、爽、绵、甜、净的风格特征。

三种清香型酒品评比较：

（1）主要闻其香气舒适度。

（2）大曲清香、麸曲清香、小曲清香共同点　无色透明，清香纯正，醇和，甜净，爽口。

（3）个性　清香香气大，舒适度，醇厚度为：大清＞麸清＞小清。

（4）入口刺激性　小清＜麸清＜大清。

（5）麸清　闻香有麸皮味明显，糟香较明显。

(6) 小清　糟香明显，有粮香，回甜突出，新臭味。

4. 老白干香型

清澈透明，醇香清雅，具有以乳酸乙酯和乙酸乙酯为主体的复合香气，醇厚丰满，甘爽挺拔，丰满柔顺，诸味谐调，回味悠长，风格典型。

代表酒：衡水老白干。

香味特征：

(1) 乳酸乙酯与乙酸乙酯为主体香气。

(2) 乳酸乙酯含量大于乙酸乙酯，一般乳乙比为 1.34 : 1。

(3) 乳酸、戊酸、异戊酸含量均高于汾酒 1~5 倍。

(4) 正丙醇、异戊醇、异丁醇含量均高于汾酒和凤型酒。

(5) 甲醇含量低于国标近 5 倍以上。

品评要点：

(1) 闻香有醇香与酯香复合的香气，细闻有类似大枣的香气。

(2) 入口有挺阔感，酒体醇厚丰满。

(3) 口味甘冽，有后味，口味干净。

(4) 典型风格突出，与清香型汾酒风格有很大不同。

5. 米香型

清澈透明，蜜香清雅，入口绵甜，落口爽净，回味怡畅，风格典型。

代表酒：桂林三花酒、全州湘山酒。

香味特征：

(1) 香味主体成分是乳酸乙酯和乙酸乙酯及适量的 β-苯乙醇。新标准中 β-苯乙醇 $\geqslant$ 30mg/L。

(2) 高级醇含量高于酯含量。其中，高级醇总量 200mg/100mL，异戊醇最高达 160mg/100mL，酯总量约为 150mg/100mL。

(3) 乳酸乙酯含量高于乙酸乙酯，两者比例为 (2~3) : 1。

(4) 乳酸含量最高，占总酸 90%。

(5) 醛含量低。

品评要点：

(1) 以乳酸乙酯和乙酸乙酯及适量的 β-苯乙醇为主体的复合香气。

(2) 口味显甜，有发闷的感觉。

(3) 后味稍短，但爽净。优质酒后味怡畅。

(4) 口味柔和，刺激性小。

6. 豉香型

玉洁冰清，豉香独特，醇厚甘润，余味爽净，风格典型。

代表酒：广东石湾玉冰烧酒。

香味特征：

（1）酸、酯含量低。

（2）高级醇含量高。

（3）β-苯乙醇含量为白酒之冠。

（4）含有高沸点的二元酸酯，是该酒的独特成分，如庚二酸二乙酯、壬二酸二乙酯、辛二酸二乙酯。这些成分来源于浸肉工艺。

（5）该类酒国家标准中规定：β-苯乙醇 $\geqslant$ 50mg/L，二元酸酯总量 $\geqslant$ 1.0mg/L。

品评要点：

（1）闻香，突出豉香，有特别明显的油脂香气。

（2）酒精度低，入口醇和，余味净爽，后味长。

7. 兼香型

酱浓谐调，芳香幽雅、舒适，细腻丰满，回甜爽净，余味悠长，风格典型。

酱中带浓：

代表酒：湖北白云边酒。

香味特征：

（1）庚酸含量高，平均在 200mg/L。

（2）庚酸乙酯含量高，多数样品在 200mg/L 左右。

（3）含有较高的乙酸异戊酯。

（4）丁酸、异戊酸含量较高。

（5）该类酒国家行业标准中规定：正丙醇含量范围 0.25~1.00g/L、己酸乙酯含量范围在 0.60~1.80g/L、固形物 $\leqslant$ 0.70g/L。

品评要点：

（1）闻香以酱香为主，略带浓香。

（2）入口后浓香较突出。

（3）口味较细腻，后味较长。

浓中带酱：

兼香型：清亮透明（微黄）、浓香带酱香、诸味协调、口味细腻、余味爽净。

代表酒：黑龙江玉泉酒。

香味特征：

中国玉泉酒有八大特征：己酸乙酯高于"白云边酒"一倍，己酸大于乙酸（而白云边是乙酸大于己酸），乳酸、丁二酸、戊酸含量高，正丙醇含量低（为白云边酒的1/2），己醇含量高（达 40mg/100mL），糠醛含量高（高出白云边酒 30%，高出浓香型 10 倍，与茅台酒接近），β-苯乙醇含量高（高出白云边 23%，与茅台酒接近），丁二酸乙酯含量是白云边酒的 40 倍。

品评要点：

（1）闻香以浓香为主，带有明显酱香。

（2）入口绵甜爽净，以浓味为主。

（3）浓、酱协调，后味带有酱味。

（4）口味柔顺、细腻。

8. 芝麻香型

酒香幽雅，入口丰满醇厚，纯净回甜，余味悠长，芝麻香风格突出，风格典型。

代表酒：山东景芝白干和江苏梅兰春。

香味特征：

（1）吡嗪化合物含量在 $1100\sim1500\mu g/L$，低于茅台酒及其他酱香型酒。

（2）检出五种呋喃化合物，其含量低于酱香型茅台酒，却高于浓香型白酒。

（3）己酸乙酯含量平均值 174mg/L。

（4）β-苯乙醇、苯甲醇及丙酸乙酯含量低于酱香型白酒。有人认为，这三种物质跟酱香浓郁有关。景芝白干含量低正是造成清雅风格之所在。

（5）景芝白干含有一定量的丁二酸二丁酯，平均值为 4mg/L。

（6）该类酒国家行业标准中规定：乙酸乙酯 $\geqslant 0.4g/L$、己酸乙酯在 $0.10\sim 0.80g/L$、3-甲硫基丙醇 $\geqslant 0.50mg/L$。

品评要点：

（1）闻香以芝麻香的复合香气为主。

（2）入口后焦煳香味突出，细品有类似芝麻香气，后味有轻微的焦香。

（3）口味醇厚。

9. 特型

浓清酱兼而有之，具有幽雅舒适，诸香谐调，柔绵醇和，香味悠长，回甜的特点，风格典型。

代表酒：江西四特酒。

香味特征：

（1）富含奇数碳脂肪酸乙酯（主要包括丙酸乙酯、戊酸乙酯、庚酸乙酯、壬酸乙酯），其总量为白酒之冠。

（2）富含正丙醇，与茅台、董酒相似。

（3）高级脂肪酸乙酯总量超过其他白酒近一倍，相应的脂肪酸含量也较高。

（4）乳酸乙酯含量高，居各种酯类之首，其次是乙酸乙酯，己酸乙酯居第三。

品评要点：

（1）清香带浓香是主体香，细闻有焦煳香。

（2）入口类似庚酸乙酯，香味突出。

（3）口味柔和，绵甜、稍有糟香。

10．药香型

香气典雅，浓郁甘美，略带药香，谐调，醇和爽口，后味悠长，风格典型。

代表酒：贵州董酒。

香味特征：

（1）兼有小曲酒和大曲酒的风格。使大曲酒的浓郁芬芳和小曲酒的醇和绵爽的特点融为一体。

（2）大曲与小曲中均配有品种繁多的中草药，使成品酒中有令人愉悦的药香。

（3）除药香外，董酒的香气主要来源于香醅，使董酒具有持久的窖底香，回味中略带爽口的微酸味。

品评要点：

（1）香气浓郁，酒香、药香协调、舒适。

（2）酒的酸度高、后味长。

（3）董酒是大、小曲并用的典型，而且加入多种中药材。故既有大曲酒的浓郁芳香、醇厚味长，又有小曲酒的柔绵、醇和的特点，且带有舒适的药香、窖香及爽口的酸味。

11．凤型

醇香秀雅，甘润挺爽，诸味谐调，尾净悠长，风格典型。

代表酒：陕西西凤酒。

香味特征：

（1）有乙酸乙酯为主、己酸乙酯为辅及适量的β-苯乙醇的复合香气。

（2）有明显的以异戊醇为代表的醇类香气。异戊醇含量高于清香型，是浓香型的两倍。

（3）乙酸乙酯：己酸乙酯＝4：1左右。

（4）本身特征香气成分：酒海溶出物，丙酸羟胺、乙酸羟胺等。

12．馥郁香型

清亮透明，芳香秀雅，绵柔甘冽，醇厚细腻，后味怡畅，香味馥郁，酒体净爽。

代表酒：酒鬼酒

香味特征：

（1）在总酯中，己酸乙酯与乙酸乙酯含量突出，二者成平行的量比关系。

（2）乙酸乙酯：己酸乙酯 = （1~1.4）：1。

（3）四大酯的比例关系：乙酸乙酯：己酸乙酯：乳酸乙酯：丁酸乙酯 = 1.14：1：0.57：0.19。

（4）丁酸乙酯较高，己酸乙酯：丁酸乙酯 = （5~8）：1（浓香型酒的己酸乙酯：丁酸乙酯 = 10：1）。

（5）有机酸含量高，高达 200mg/100mL 以上，大大高于浓香型、清香型、四川小曲清香，尤以乙酸、己酸突出，占总酸的 70% 左右，乳酸含 19%，丁酸为 7%。

（6）高级醇含量适中，高级醇含量在 110~140mg/100mL，高于浓香和清香，低于四川小曲清香，高级醇含量最多的异戊醇含量为 40mg/100mL，正丙醇、正丁醇、异丁醇含量也较高。

品评要点：

（1）色泽透明，清亮。

（2）明确馥郁香型的内涵：两香为兼，多香为馥郁。

（3）酒体风格体现和谐平衡，形成馥郁香气。

（4）在味感上不同时段能够感觉出不同的香气，即在一口之中，能品到三种香，即"前浓、中清、后酱"。

（5）香气舒适、优雅度。

（6）酒体醇和、丰满、圆润，体现了高度酒不烈、低度酒不淡的口味。

（7）回味爽净度。

任务八　酒体风味设计

一、本任务在课程中的定位

按照贮存勾调工职业技能要求，白酒尝评是为白酒的勾调提供支撑。而白酒勾调工序的第一步就是酒体风味设计。本任务主要是为企业研发白酒产品和市场销售而进行的一项针对性的实训。

二、本任务与国家（或国际）标准的契合点

本任务符合品酒师和贮存勾调工国家职业技能要求。

三、教学组织及运行

本实训任务按照教师讲解、制订酒体风味设计调查问卷、学生开展酒体风味设计调查，师生共同完成酒体风味设计调查分析并做出初步决断等方式进行，最后通过问卷设计的合理性以及调查结果的可靠性等进行项目考核。

四、实训内容及要求

（一）实训目标

1. 知识目标
（1）了解酒体风味设计的原理、步骤和方法。
（2）掌握白酒的感官品评方法和各标准感官评价语言。
2. 能力目标
（1）能进行白酒销售市场调查。
（2）能根据市场的白酒分析其典型性及特征风味物质。
（3）能进行白酒消费者喜好调查分析。

（二）实训重点及难点

1. 实训重点
（1）制订合理的酒体风味设计调查问卷。
（2）实施有效的酒体风味设计市场调查。
2. 实训难点
实施有效的酒体风味设计市场调查。

（三）实训材料及设备

酒体风味调查问卷、笔。

（四）实训内容及步骤

1. 生产准备（或实训准备）
（1）准备酒体风味设计调查问卷。
（2）设定目标市场和目标人群。
2. 操作规程
操作步骤 1：制订酒体风味设计调查问卷。
标准与要求：
（1）具有针对性和合理性。

（2）问题简洁明了，易于回答。

操作步骤2：进入目标市场开展调查

标准与要求：

（1）目标市场定位准确。

（2）目标人群定位合理。

（3）做好耐心细致的解释工作。

操作步骤3：酒体风味设计市场调查分析

标准与要求：

（1）保持客观、公正的态度。

（2）剔除严重不合理问卷。

操作步骤4：结果讨论

标准与要求：

（1）对分析结果进行客观讨论并得出酒体风味设计方案。

（2）按照酒体风味设计要求衡量方案的可操作性。

五、实训考核方法

根据学生调查分析结束后所形成的方案的合理性进行评价考核。

六、知识链接

酒体风味设计的程序

1. 酒体风味设计前的调查

（1）市场调查　了解国内外市场对酒的品种、规格、数量、质量的要求。

（2）技术调查　调查有关产品的生产技术现状与发展趋势，预测未来酿酒行业可能出现的新情况，为制订新的产品的酒体风味设计方案准备第一手资料。

（3）分析原因　通过对本厂产品进行感官和理化分析，找出与畅销产品在质量上的差距，明确影响产品质量的主要原因。

（4）做出决策　根据本厂的生产设备、技术力量、工艺特点、产品质量等实际情况，参照国际国内优质酒的特色和消费者饮用习惯的变化情况进行新产品的构思。

2. 酒体风味设计方案的来源与筛选

（1）消费者。

（2）企业职工。

（3）专业科研人员。

调查工作结束后，将众多的方案进行对比，通过细致的分析筛选，得到几个比较合理的方案。然后，在此基础上进行新的酒体风味设计。

3. 酒体风味设计的决策

决策的任务是对不同方案进行经济技术论证和比较，最后决定其取舍。就是对某个方案的取舍，要从技术要求的高低、生产的难易程度、产品成本的大小、是否适销对路、价格是否合理等多方面考虑。

衡量一个方案是否合理，主要的标准应是看它是否有实用价值。一般有五种途径可使产品价值提高。

（1）功能一定，成本降低。

（2）成本一定，功能提高。

（3）增加一定量的成本，使功能大大提高。

（4）既降低成本，又提高功能。

（5）功能稍有下降，成本大幅度下降。

4. 酒体风味设计方案的内容

（1）产品的结构形式，也就是产品品种的等级标准的划分：①要搞清楚本企业的产品的特色是符合哪些地区的要求；②要清楚同一产品直接竞争对手的状况。

（2）主要理化参数，即新产品的理化指标的绝对含量。理化指标是将各种微量香味成分的含量及各种微量香味成分之间的比例关系划分为多个范畴：己酸乙酯>乳酸乙酯>乙酸乙酯，这样的酒感官特征是浓香好、味醇甜、典型性强；己酸乙酯<乙酸乙酯<乳酸乙酯，这种酒感官指标是闷甜，香味短；乙醛>乙缩醛，感官味燥。

（3）生产条件，就是在现有的生产条件和将要引进的新技术和生产设备下，一定要有承担新酒体风味设计方案中规定的各种技术和质量标准的能力。

5. 新产品标样的试制和鉴定

（1）组合基础酒　是按将要生产的基础酒的各项指标进行综合平衡。其具体要求是：按照酒体风味设计方案中的理化和感官定性和微量香味成分的含量和相互比例关系的参数制订合格酒的验收标准和组合基础酒的标准。

（2）制订调味酒的生产方法　确定新酒体风味设计方案中应制备的各类型调味酒的工艺。

（3）鉴定　按照酒体风味设计方案试制出的样品确定后，还须从技术上、经济上做出全面评价，确定是否批量生产。

（4）酒体风味设计的应用

6. 酒体风味设计人员的素质要求

（1）具有良好的理论素养和实践经验。

（2）健康的身体、良好的心理因素和灵敏的感觉器官。

（3）具有开拓创新精神和研究能力。

任务九 白酒的勾兑和调味

一、本任务在课程中的定位

按照国家三级品酒师的考核要求，白酒的尝评训练是确保能按照标准对白酒风味及质量实施鉴别，同时分析白酒中存在的问题以及提出具体的解决办法。以上这些方法和手段最终是为了生产出符合消费者喜欢的产品。本任务的训练就是根据在白酒尝评中发现的问题找出对应的方法，旨在通过组合和调味两个手段弥补基酒的缺陷，最终生产出符合消费者喜好的产品。

二、本任务与国家（或国际）标准的契合点

本任务符合贮存勾调工国家职业技能要求。

三、教学组织及运行

本实训任务按照教师讲解白酒勾调步骤、提供酒样（基酒、搭酒、带酒和调味酒），教师提出产品标准，学生尝评基酒、搭酒、带酒和调味酒并写出感官评语，学生根据感官评语提出勾调方案，学生实施勾调并提交符合标准产品，师生交流等方式进行，最后通过大众暗评酒样考核检验教学效果。

四、实训内容及要求

（一）实训目标

1. 知识目标

（1）熟悉白酒生产工艺。

（2）了解白酒中风味物质产生的机理。

（3）了解白酒的感官评价标准和理化标准。

（4）了解产生白酒质差的原因。

（5）掌握白酒的品评方式和品评要点。

（6）熟悉调味酒的生产工艺和感官特点。

2. 能力目标

（1）能正确尝评酒样并写出准确的感官评语。

（2）能根据酒样的特点设计合理的勾调方案。

（3）能正确实施勾调并把握每一次添加对酒样产生的影响。

（二）实训重点及难点

1. 实训重点

（1）能准确把握酒样的特点。

（2）能根据酒样特点和产品标准设计合理的勾调方案。

（3）能正确实施勾调并把握每一次添加对酒样产生的影响。

2. 实训难点

（1）能根据酒样特点和产品标准设计合理的勾调方案。

（2）能正确实施勾调并把握每一次添加对酒样产生的影响。

（三）实训材料及设备

1. 实训材料

大综酒、带酒、搭酒、调味酒。

2. 实训设备

色谱分析仪、白酒品酒杯、微量注射器、量筒、勾调瓶、酒精计、温度计。

（四）实训内容及步骤

1. 生产准备（或实训准备）

（1）准备 5 个白酒专用品酒杯（郁金香型，采用无色透明玻璃，满容量 50~55mL，最大液面处容量为 15~20mL），按顺序在杯底贴上 1~5 的编号，数字向下。

（2）准备大综酒、带酒、搭酒、调味酒。

（3）准备微量注射器（10μL）、量筒（10mL、500mL 各一个）、勾调瓶（300~500mL）、酒精计（50~100%vol）、温度计。

（4）准备酒精计，温度、浓度换算表和酒精体积分数、质量分数、密度对照表。

2. 操作规程

操作步骤 1：清洗干净品酒杯并控干水分

标准与要求：

（1）品酒杯内外壁无任何污物残留。

（2）品酒杯内外壁无残留的水渍。

操作步骤2：品评大综酒、带酒、搭酒、调味酒并写出感官评语

标准与要求：

（1）按照原酒的尝评方法感官品评大综酒、带酒、搭酒、调味酒。

（2）写出上述每样酒的感官评语，把握其特点。

（3）对照成品酒的标准分析大综酒、带酒、搭酒的优缺点。

操作步骤3：酒体风味设计

标准与要求：

（1）调研目标市场，了解市场需求。

（2）调研企业技术力量，确定产品风格和档次。

（3）从经济和技术等方面设计产品类型。

操作步骤4：实施勾兑

标准与要求：

（1）设计大综酒和带酒、搭酒的添加方式和不同添加比例。

（2）品评每种组合酒的特点。

（3）根据成品酒质量和风格要求确定最佳组合。

操作步骤5：实行调味

标准与要求：

（1）分析组合酒样的特点。

（2）明确组合酒与成品酒的差异。

（3）根据组合酒与成品酒的差异选择合适的调味酒。

（4）设计调味酒的添加方式和添加比例。

（5）按照设计添加调味酒并进行感官尝评。

（6）确定达到成品酒要求的添加方式和添加比例。

（7）通过成本核算确定最佳添加方式和添加比例。

五、实训考核方法

学生分组实施白酒的勾调，记录学生的组合和调味比例，对各组的勾调样品采用盲评方式由学生进行质量排序，根据总体排名情况进行勾调评分。

六、课外拓展任务

以食用酒精作为基酒，尝试新型白酒的勾调。

七、知识链接

勾兑中的各种奇特现象

（1）好酒和差酒之间勾兑后，会使酒变好　其原因是：差酒中有一种或数种微量香味成分含量偏多，也有可能偏少，但当它与比较好的酒勾兑时，偏多的微量香味成分得到稀释，偏少的可能得到补充，所以勾兑后的酒质就会变好。例如有一种酒乳酸乙酯含量偏多，为 200mg/100mL，而己酸乙酯含量不足，只有 80mg/100mL，己酸乙酯和乳酸乙酯的比例严重失调，因而香差味涩。当它与较好的酒，如乳酸乙酯含量为 150mg/100mL、己酸乙酯含量为 250mg/100mL 的酒相勾兑后，则调整了乳酸乙酯和己酸乙酯的含量及己酸乙酯和乳酸乙酯的比例，结果变成好酒。假设勾兑时，差酒的用量为 150kg，好酒的用量为 250kg，混合均匀后，酒中上述两种微量成分的含量则变化为：

$$乳酸乙酯含量 = \frac{200 \times 150 + 150 \times 250}{150 + 250} = 168.75 \ （mg/100mL）$$

$$己酸乙酯含量 = \frac{80 \times 150 + 250 \times 250}{150 + 250} = 186.25 \ （mg/100mL）$$

（2）差酒与差酒勾兑，有时也会变成好酒　这是因为一种差酒所含的某种或数种微量香味成分含量偏多，而另外一种或数种微量香味成分含量却偏少；另一种差酒与上述差酒微量香味成分含量的情况恰好相反，于是一经勾兑，互相得到了补充，差酒就会变好。例如一种酒丁酸乙酯含量偏高，而总酸含量不足，酒呈泥腥味和辣味；而另一种酒则总酸含量偏高，丁酸乙酯含量偏少，窖香不突出，呈酸味。把这两种酒进行勾兑后，正好取长补短，成为较全面的好酒。

一般来说，带涩味与带酸味；带酸味与带辣味的酒组合可以使酒变好。实践总结可得：甜与酸、甜与苦可以抵消；甜与咸、酸与咸可以中和；酸与苦反增苦；苦与咸可中和；香可压邪，酸可助香等。

（3）好酒和好酒勾兑，有时反而变差　在相同香型酒之间进行勾兑不易发生这种情况，而在不同香型的酒之间进行勾兑时就容易发生这种情况。因为各种香型的酒都有不同的主体香味成分，而且差异很大。如浓香型酒的主体香味成分是己酸乙酯和适量的丁酸乙酯，其他的醇、酯、酸、醛、酚只起烘托作用；酱香型酒的主体香味成分是酚类物质，以多种氨基酸、高沸点醛酮为衬托，其他酸、酯、醇类为助香成分；清香型酒的主体香味成分是乙酸乙酯，以乳酸乙酯为搭配协调，其他为助香成分。这几种酒虽然都是好酒，甚至是名酒，由于香味性质不一致，如果勾兑在一起，原来各自协调平衡的微量香味成分含量及量比关系均受到破坏，就可能使香味变淡或出现杂味，甚至改变香型，比不上原来单一酒的口味好，从而使两种好酒变为差酒。

勾兑时各种酒的配比关系 勾兑时应注意研究和应用以下各种酒的配比关系：

（1）各种糟酒之间的混合比例 各种糟酒各有特点，如粮糟酒甜味重，香味淡；红糟酒香味较好但不长，醇甜差，酒味燥辣。因此各种糟酒具有不同的香和味，将它们按适当的比例混合，才能使酒质全面，酒体完美。优质酒勾兑时，各种糟酒的比例，一般是双轮底酒占 10%，粮糟酒占 65%，红糟酒占 20%，丢糟黄水酒占 5%。各厂可根据具体情况，通过小样勾兑来确定各种糟酒配合的最适比例。

（2）老酒和一般酒的比例 一般说来，贮存一年以上的酒称老酒，它具有醇、甜、清爽、陈味好的特点，但香味不浓。而一般酒贮存期相对较短，香味较浓，但口味糙辣、欠醇和，因此在勾兑组合基础酒时，一般都要添加一定数量的老酒。其比例多少恰当，应注意摸索，逐步掌握。老酒和一般酒的组合比例为：陈酒 20%，一般酒（贮存 6 个月以上的合格酒）80%。由于每个酒厂的生产方法、酒质要求都不完全相同，在选择新酒与老酒之间的比例时以及新酒与老酒的贮存期都有不同的要求，如四川五粮液酒厂，则全部采用贮存 1 年以上的酒进行勾兑。是否需要贮存更长时间的酒，如 3 年、5 年等，应根据各厂具体情况而定。

（3）老窖酒和新窖酒的配比 一般老窖酒香气浓郁、口味较正，新窖酒寡淡、味短，如果用老窖酒带新窖酒，既可以提高产量，又可以稳定质量。所以在勾兑时，新窖合格酒的比例占 20%~30%。相反，在勾兑一般中档曲酒时，也应注意配以部分相同等级的老窖酒，这样才能保证酒质的全面和稳定。

（4）不同季节所产酒的配比 一年中由于气温的变化，粮糟入窖温度差异较大，发酵条件不同，产出的酒质也就不一致，尤其是热季和冬季所产之酒，各有各的特点和缺陷。夏季产的酒香大、味杂，冬季产的酒窖香差、绵甜度较好。

以四川为例，7、8、9、10 月（淡季）所产的酒为一类，其余月份产的酒为一类，这两类酒在勾兑时应适当搭配。在组合基础酒时，淡季产的酒占 35%，旺季产的酒占 65%。

（5）不同发酵期所产的酒的配比 发酵期的长短与酒质有着密切的关系。发酵期较长（60~90d）的酒，香浓味醇厚，但前香不突出；发酵期短（30~40d）的酒，挥发性香味物质较多，闻香较好。若按适宜的比例混合，可提高酒的香气和喷头，使酒质更加全面。勾兑时，一般可在发酵期长的酒中配以

5%～10%发酵期短的酒。

（6）全面运用各种酒的配比关系　只注意老酒和新酒、底糟黄水酒之间，新窖酒和老窖酒、不同季节所产酒之间的配比关系是不够的。例如粮糟酒过多，香味淡，甜味重；而红糟酒过多，酒味暴辣，醇甜差，香味虽好但不长，回味也短，酒味不协调，必然要多用带酒香调味酒，即使解决了，酒味也不稳定。所以在勾兑中常发生味不协调而找不到原因，多是没有很好注意运用各种酒的配比关系之故。

项目六 白酒贮存与包装实训

项目目标

本项目实训重点是将新生产的原酒进行分级贮存和陈酿，使酒体发生一系列物理变化和化学反应，达到基酒质量要求，经组合调味，包装成品进入销售渠道。其实质是在白酒分级贮存、白酒老熟机理、白酒包装材料和工艺流程等基本知识的基础下，让学生能对白酒进行分类定级、贮存管理，能识别白酒包装材料的优劣，能对白酒包装线进行操作与维护。

（一）总体目标

根据职业教育立德树人的人才培养模式改革要求，坚持马克思主义指导，坚持中国特色社会主义办学方向，全面贯彻党的教育方针，以习近平教育思想为指导，全面坚持贯彻全员、全方位、全过程育人，强化学生职业道德和职业精神培养的培养目标指导下。按照培养全面发展的中国特色社会主义合格建设者和可靠接班人的规格，根据高职高专职业教育的特点和内涵，项目以培养白酒贮存与包装职业技术能力为目标，按照白酒行业对白酒贮存与包装职业岗位的任职要求，参照白酒贮存勾调工和白酒包装工职业标准对知识和技能进行重构，构建项目化训练内容，为学生参加贮存勾调工、白酒包装工等职业资格鉴定起重要支撑作用。通过学习，也培养学生具有：安全生产、品质保证、客户至上的精神，使学生形成良好的职业素养。

（二）能力目标

（1）该课程学习原酒贮存过程中白酒发生的物理变化和化学变化，原酒的验收定级，并坛入库，酒库安全生产制度，白酒老熟机理和老熟的方法，使学生能进行设备的保养、操作，检查设备是否完好。

（2）能根据勾调方案折算所用物料，能根据原酒不同风格及质量进行等级标识，准确分级并坛，能用感官对原酒质量进行鉴别。

（3）掌握白酒贮存理化反应的理论知识，能对原酒和调味酒进行分类贮存，能在各工序间及时协调、解决生产中出现的意外问题，正确填写原始记录，能进行各种贮酒容器容量的计算。

（4）能根据酒库原酒酒质、损耗等变化发现贮存过程中存在的问题；能针对问题查找原因，提出改进措施，完成分析报告。

（5）通过学习白酒包装材料设备和工艺流程，熟悉包装工艺流程和操作技术；了解白酒包装基本元素、设计理念及包装鉴赏知识。能分析包装原辅料质量，能对包装中出现的异常情况和残次品进行鉴别，及时发现问题，提出有效改进措施。

（三）知识目标

（1）了解并掌握白酒贮藏与包装的基本原理及白酒的老熟机理。

（2）认识白酒贮藏与包装的主要设备及工作原理。

（3）学会白酒贮藏和包装的操作并能进行日常维护。

（4）理解白酒包装的基本设计原理和理念。

（四）素质目标

（1）通过该课程的学习，培养学生严谨负责、认真细心的工作态度和吃苦耐劳的精神。

（2）提高团结协作、沟通交流的人际交往能力。

（3）建立品牌质量意识、企业文化理念。

任务一　鉴别不同容器贮存的白酒

一、本任务在课程中的定位

本任务是白酒贮存训练中的基础训练项目，按照白酒贮存勾调工的考核要求，不同容器贮存的白酒需要从气相色谱、理化分析和感官评价三方面进行鉴别，从而得出用不同容器贮存对白酒的影响，本任务是为了鉴别不同贮存容器贮存的白酒而进行的训练。

二、本任务与国家（或国际）标准的契合点

本项目符合白酒贮存勾调工职业技能要求。

三、教学组织及运行

本实训任务按照教师讲解、教师演示、学生训练方式进行，最后通过专项实训考核检验教学效果。

四、实训内容及要求

（一）实训目标

1. 知识目标
（1）了解气相色谱仪和理化分析仪器。
（2）掌握白酒气相色谱分析、理化分析和感官评价的具体步骤。
（3）知道不同容器贮存对白酒影响的原因。
2. 能力目标
（1）能使用气相色谱仪和理化分析仪器。
（2）能够采用气相色谱分析、理化分析和感官评价对白酒进行鉴别。
（3）能够初步鉴别不同容器贮存的白酒。

（二）实训重点及难点

1. 实训重点
不同容器贮存的白酒鉴别。
2. 实训难点
气相色谱仪的使用。

（三）实训材料及设备

1. 实训材料
第一组：采用陶坛和不锈钢罐分别贮存 1 年以上的白酒。
第二组：色谱纯的乙醇、乙酸正戊酯、乙酸乙酯、己酸乙酯、丁酸乙酯、乳酸乙酯。
第三组：邻苯二甲酸氢钾、氢氧化钠、酚酞。
2. 实训设备
气相色谱仪、酒精计、温度计、通用滴定管、容量瓶、电子天平、品酒杯。

（四）实训内容及步骤

1. 生产准备
（1）准备陶坛和不锈钢罐分别贮存 1 年以上的白酒。

（2）准备乙酸正戊酯、乙酸乙酯、己酸乙酯、丁酸乙酯、乳酸乙酯，用乙醇溶解配制成浓度均为 2% 的标准溶液。

（3）准备用邻苯二甲酸氢钾标定过的 0.1mol/L 氢氧化钠溶液。

（4）准备 2 个白酒专用品酒杯（郁金香型，采用无色透明玻璃，满容量 50~55mL，最大液面处容量为 15~20mL）：1 个装陶坛贮存 1 年以上的白酒，1 个装不锈钢贮存 1 年以上的白酒。

2. 操作规程

（1）气相色谱分析（内标法）

操作步骤 1：选择合适的色谱条件

①采用毛细管柱。

②载气（氮气）流速为 150mL/min，氢气流速为 40mL/min，空气流速为 400mL/min。

③检测器温度为 150℃，注样器温度为 150℃，柱温为 60℃。

标准与要求：载气、氢气、空气的流速、检测温度等色谱条件随仪器而异，应通过试验选择最佳操作条件，以内标峰与样品中其他组分峰获得完全分离为准。

操作步骤 2：校正因子（f 值）的测定

①吸取乙酸乙酯溶液 1.00mL，移入 100mL 容量瓶中，加入乙酸正戊酯溶液 1.00mL，用乙醇溶液稀释至刻度，上述溶液中乙酸乙酯和乙酸正戊酯的浓度均为 0.02%（体积分数）。

②待色谱仪基线稳定后，用微量注射器进样。

③记录乙酸乙酯和乙酸正戊酯峰的保留时间及其峰面积（或峰高），用其比值计算出乙酸乙酯的相对校正因子。

④校正因子按以下公式计算：

$$f = \frac{A_1}{A_2} \times \frac{d_2}{d_1}$$

式中　f——乙酸乙酯的相对校正因子

　　　A_1——标样 f 值测定时内标（乙酸正戊酯）的峰面积（或峰高）

　　　A_2——标样 f 值测定时乙酸乙酯的峰面积（或峰高）

　　　d_1——乙酸乙酯的相对密度

　　　d_2——内标物（乙酸正戊酯）的相对密度

标准与要求：

①进样量随仪器的灵敏度而定。

②乙酸乙酯的相对密度为 0.9020，乙酸正戊酯的相对密度为 0.8756。

操作步骤 3：酒样的测定

①吸取酒样 10.0mL 于 10mL 容量瓶中，加入乙酸正戊酯溶液 0.10mL，混匀。

②在与 f 值测定相同的条件下进样，记录并测定乙酸乙酯与内标峰面积（或峰高），求出峰面积（或峰高）之比，计算出样品中乙酸乙酯的含量。

标准与要求：

①吸取酒样与乙酸正戊酯时，体积一定要精确。

②根据 f 值测定时的色谱图中的保留时间确定乙酸乙酯峰的位置。

操作步骤 4：结果计算

酒样中的乙酸乙酯含量按下式计算。

$$X_1 = f \times \frac{A_3}{A_4} \times I \times 10^{-3}$$

式中 X_1——样品中乙酸乙酯的质量浓度，g/L

$\quad\quad f$——乙酸乙酯的相对校正因子

$\quad\quad A_3$——样品中乙酸乙酯的峰面积（或峰高）

$\quad\quad A_4$——添加于酒样中内标的峰面积（或峰高）

$\quad\quad I$——内标物的质量浓度（添加在酒样中），mg/L

标准与要求：所得结果应表示至两位小数。

操作步骤 5：测量己酸乙酯、丁酸乙酯和乳酸乙酯的方法与乙酸乙酯相同，将上述步骤中的乙酸乙酯换成己酸乙酯、丁酸乙酯和乳酸乙酯，其他条件不变，即可测出酒样中相应酯类的含量。

（2）酒精度测定（酒精计法）

操作步骤 1：酒样酒精度和温度的测定

①将酒样注入洁净、干燥的 100mL 量筒中，静置数分钟。

②待酒中气泡消失后，放入洁净、擦干的酒精计，再轻轻按一下，同时插入温度计，平衡约 5min，水平观测，同时记录酒精度与温度。

标准与要求：

①测定过程中，酒精计和温度计不应接触量筒壁。

②读数时，视线与弯月面相切处平齐，再读取刻度值。

操作步骤 2：酒样酒精度的确定

标准与要求：

①根据测得的酒精计示值和温度，换算成 20℃时酒样的酒精度。

②所得结果应表示至一位小数。

（3）总酸测定

操作步骤 1：酒样总酸的测定

吸取酒样 50.0mL 于 250mL 锥形瓶中，加入酚酞指示剂 2 滴；以氢氧化钠标准滴定溶液滴定至微红色，即为其终点。

标准与要求：所用氢氧化钠溶液先用邻苯二甲酸氢钾进行标定

操作步骤2：酒样总酸含量的计算

酒样中的总酸含量按下式计算：

$$X = \frac{c \times V \times 60}{50.0}$$

式中　X——酒样中总酸的质量浓度（以乙酸计），g/L

c——氢氧化钠标准滴定溶液的实际浓度，mol/L

V——测定时消耗氢氧化钠标准滴定溶液的体积，mL

60——乙酸的摩尔质量，g/mol［M（CH_3COOH）= 60］

50.0——吸取样品的体积，mL

标准与要求：所得结果应表示至两位小数。

（4）感官评价

操作步骤1：清洗干净品酒杯并控干水分

标准与要求：

①品酒杯内外壁无任何污物残留。

②品酒杯内外壁无残留的水渍。

操作步骤2：把不同容器贮存1年以上的白酒倒入不同编号的品酒杯

标准与要求：

①倒入量为品酒杯的1/3~1/2。

②每杯容量基本一致。

操作步骤3：对不同容器贮存1年以上的白酒进行鉴别

标准与要求：

①在明亮处观察，记录其色泽、清亮程度、沉淀及悬浮物情况。

②轻轻摇动酒杯，然后用鼻进行嗅闻，记录其香气特征。

③喝入少量样品（约2mL）于口中，以味觉器官仔细品尝，记下口味特征。

④通过品评样品的香气、口味并综合分析，判断是否具有该产品的风格特点，并记录其典型性程度。

⑤通过感官品评鉴别出不同容器贮存1年以上的白酒。

五、实训考核方法

学生练习完后采用实际操作的方式进行项目考核，具体考核表和评分标准如下。

鉴别不同容器贮存的白酒考核表

杯号	1	2
乙酸乙酯/（g/L）		
己酸乙酯/（g/L）		
丁酸乙酯/（g/L）		
乳酸乙酯/（g/L）		
酒精度/（%vol，20℃）		
总酸/（g/L）		
感官评价		
总评		

评分标准：①气相色谱分析 40 分，乙酸乙酯、己酸乙酯、丁酸乙酯、乳酸乙酯测定结果分别占 10 分；②理化分析 20 分，酒精度和总酸测定结果各占 10 分；③感官评价 20 分；④总评结果正确得 20 分，不正确 0 分。

六、课外拓展任务

参考 GB/T 10345—2007《白酒分析方法》，按照本项目步骤，进一步了解酒样中的固形物、醇类、酸类和醛类的测定方法。

七、知识链接

四类白酒贮存容器的对比

1. 陶土容器

种类：传统容器，小口为坛，大口为缸。

特点：透气性好，含多种金属氧化物；生产成本低；促进酒体老熟。

缺点：易破碎，机械强度和抗震力弱；容易渗漏；占地面积大；密封性差，酒精容易挥发。

2. 血料容器

用荆条或竹条编成的筐，或木箱、水泥池内壁糊以猪血料制成的容器。

猪血料：猪血加石灰调制而成，半透性膜。

特点：半透膜，30%vol 以上就能防渗漏，造价低，不容易损坏。荆条编制的大血料容器称为酒海，装 5t；水泥池有 10~25t。

3. 金属容器

从陶土容器过渡到金属容器。

第一步是铝制容器：易腐蚀，金属氧化物易导致酒体浑浊，酒产生涩味。

第二步不锈钢罐：不锈钢大罐造价高，酒的老熟不如陶坛容器。

4. 水泥池容器

材料：采用钢筋混凝土制成水泥池，内涂防腐材料，贮存量较大。

内涂材质如下：

（1）桑皮纸猪血内贴面　桑皮纸、猪血、生石灰、水调成黏液粘在一起成一贴，贴在池四壁。

（2）陶瓷板贴面　池内壁贴陶瓷板、瓷砖或玻璃，用环氧树脂勾缝后再用猪血涂料勾缝。

（3）环氧树脂或过氯乙烯涂料。

任务二　原酒分级入库

一、本任务在课程中的定位

本任务是白酒贮存训练中的基础训练项目，按照白酒贮存勾调工的考核要求，白酒需要按照感官为主、理化为辅进行鉴定分级，从而得出原酒分级入库的依据，本任务是为了原酒分级入库而进行的专项训练。

二、本任务与国家（或国际）标准的契合点

本任务符合白酒贮存勾调工职业技能要求。

三、教学组织及运行

本实训任务按照教师讲解、教师演示、学生训练方式进行，最后通过专项实训考核检验教学效果。

四、实训内容及要求

（一）实训目标

1. 知识目标

（1）掌握原酒入库的具体步骤。

（2）掌握原酒验收标准的步骤。

（3）了解原酒分级入库。

2. 能力目标

（1）能按规定进行原酒入库。

（2）能够参考原酒验收标准。

（3）能够初步掌握原酒分级入库的方法。

（二）实训重点及难点

1. 实训重点

原酒入库流程。

2. 实训难点

原酒分级入库的方法。

（三）实训材料及设备

1. 实训材料

第一组：调味酒、优级酒、普通酒各 10kg。

第二组：邻苯二甲酸氢钾、氢氧化钠、酚酞。

第三组：氢氧化钠、95%乙醇、硫酸、酚酞。

第四组：A4 白纸 100 张、小刀、直尺、铅笔。

2. 实训设备

3 个带盖不锈钢桶（容量 50kg），3 个白酒品酒杯，酒精计，通用滴定管，全玻璃蒸馏器，容量瓶，温度计，电子秤。

（四）实训内容及步骤

1. 生产准备（或实训准备）

（1）准备 3 个带盖不锈钢桶，分别装入调味酒 10kg、优级酒 10kg、普通酒 10kg，并编上桶号 1、2、3。

（2）3 个白酒专用品酒杯（郁金香型，采用无色透明玻璃，满容量 50~55mL，最大液面处容量为 15~20mL），按顺序在杯底贴上 1~3 的编号，数字向下。

（3）准备用邻苯二甲酸氢钾标定过的 0.1mol/L 氢氧化钠溶液。

（4）准备 95%乙醇溶液 600mL，用蒸馏水稀释至 1000mL，配制成 40%的乙醇溶液。

（5）准备 0.1mol/L 硫酸溶液。

2. 操作规程

（1）原酒中总酯和总酸的测定

操作步骤 1：总酯和总酸的测定

①吸取原酒 50.0mL 于 250mL 回流瓶中，加 2 滴酚酞指示剂，以氢氧化钠标准滴定溶液滴定至粉红色，记录消耗氢氧化钠标准滴定溶液的毫升数。

②再准确加入氢氧化钠标准滴定溶液 25.00mL，装上冷凝管，于沸水浴上回流 30min，取下，冷却。然后，用硫酸标准滴定溶液进行滴定，使微红色刚好完全消失为其终点，记录消耗硫酸标准滴定溶液的体积。

标准与要求：

①总酸含量也可按 GB/T 10345—2007 计算。

②总酯测定时，须同时吸取乙醇溶液 50mL，按上述方法同样操作做空白试验，记录消耗硫酸标准滴定溶液的体积。

操作步骤 2：原酒中总酸含量的计算

标准与要求：参照任务一中总酸的计算。

操作步骤 3：原酒中总酯含量的计算

原酒中的总酯含量按下式计算：

$$X = \frac{c \times (V_0 - V_1) \times 88}{50.0}$$

式中　X——原酒中总酯的质量浓度（以乙酸乙酯计），g/L

　　　c——硫酸标准滴定溶液的实际浓度，mol/L

　　　V_0——空白试验样品消耗硫酸标准滴定溶液的体积，mL

　　　V_1——原酒消耗硫酸标准滴定溶液的体积，mL

　　　88——乙酸乙酯的摩尔质量，g/mol

　50.0——吸取原酒的体积，mL

标准与要求：所得结果应表示为两位小数。

（2）原酒酒精度的测定

操作步骤：原酒酒精度的测定

标准与要求：参照任务一中酒精度的计算。

（3）原酒品评定级

操作步骤 1：清洗干净品酒杯并控干水分

标准与要求：

①品酒杯内外壁无任何污物残留。

②品酒杯内外壁无残留的水渍。

操作步骤 2：把桶号为 1、2、3 的原酒分别倒入对应编号的品酒杯。

标准与要求：

①倒入量为品酒杯的 1/3~1/2。

②每杯容量基本一致。

操作步骤 3：对调味酒、优级酒、普通酒进行鉴别

标准与要求：

①在明亮处观察，记录其色泽、清亮程度、沉淀及悬浮物情况。

②轻轻摇动酒杯，然后用鼻进行闻嗅，记录其香气特征。

③喝入少量样品（约 2mL）于口中，以味觉器官仔细品尝，记下口味特征。

④通过品评样品的香气、口味并综合分析，判断是否具有该产品的风格特点，并记录其典型性程度。

⑤通过感官品评评定出调味酒、优级酒、普通酒。

（4）原酒质量的测定

操作步骤：原酒质量的测定

①用电子秤称量原酒和容器的总质量 m_0。

②原酒入库后，称量容器的质量 m_1。

标准与要求：原酒质量测定结果为 $m = m_0 - m_1$。

（5）原酒验收入库

操作步骤1：原酒入库准备

标准与要求：打扫干净产地，清洗干净贮酒容器和酒泵。

操作步骤2：填写原酒入库单

标准与要求：

①制作原酒入库单，原酒入库单一般格式如下。

入库时间：	质量/kg：
酒度（20℃）：	等级/（名称）：
总酯/（g/L）：	生产班组：
总酸/（g/L）：	管理人员：

②将原酒测量出来的酒精度、总酯、总酸、质量、等级以及其他基本信息填写上去。

③小心填写，尽量避免涂改。

操作步骤3：原酒入库

标准与要求：

①将各等级的原酒按各自特点或要求分别入坛或罐。

②将各等级原酒的入库单贴在贮酒容器明显的位置，并做好记录。

五、实训考核方法

学生练习完后采用实际操作的方式进行项目考核，具体考核表和评分标准如下。

原酒分级入库考核表

桶号	1	2	3
酒精度（20℃）			
总酯/（g/L）			
总酸/（g/L）			
质量/kg			
感官品评			
等级（名称）			

评分标准：①酒精度（20℃）测定结果 10 分；②总酯测定结果 20 分；③总酸测定结果 20 分；④感官品评 30 分；⑤等级（名称）结果正确得 20 分，不正确 0 分。

六、课外拓展任务

学习不同的白酒定级分类方法：①按色香味格：调味、特级、优级、普级或特级、一级、二级、三级……；②按馏分段落：酒头、前、中、后段，尾酒、尾水；③按发酵轮次：一、二、三；④按窖内层次：上层、中层、下层，面糟、中层干糟、底层湿糟；⑤按窖龄：老窖、新窖、中龄窖。

七、知识链接

由于各香型、各厂家的工艺不同，要求不同，半成品酒入库分级也各不相同，多粮酒分级入库为六个档次。

1. 酒头

双轮底酒头与糟子酒酒头分摘，每甑取 1kg 左右，酒精度在 65%vol 左右，贮存于陶坛，一年后备用。酒头中含有大量的芳香物质，低沸点成分多，主要是一些醛类、酸类和一些酯类，所以刚蒸出来的酒头既香，怪杂味又重，经长期贮存，酒头中的醛类、酸类和其他杂质发生了变化，一部分挥发，一部分氧化还原，使酒头成为一种很好的调味酒，它可以提高基础酒的前香和喷香。

2. 双轮底酒

占产量 10%，这里又分为特殊调味酒（多轮次发酵）和一般调味酒。酒精度 73 度以上，己酸乙酯 5g/L 以上，个别达 10g/L 以上，这类酒酸、酯含量高，浓香、糟香、窖底香突出，口味醇厚但燥辣。双轮底糟蒸馏时通过细致的量质摘酒，可以摘出不同风格的优质调味酒，如浓香调味酒、醇香调味酒、醇甜调味酒、浓爽调味酒等。这些酒通过一定的贮存期，在调味过程中，能克服基础酒中的许多缺陷，可使成品酒窖香浓郁、醇厚绵甜、丰满细腻、余香幽长，要根据基础酒的具体情况，恰当使用。

3. 一级酒

占产量的30%，酒精度70度以上，己酸乙酯在2.8g/L左右，由于是前馏分酒，乙酸乙酯略偏高，乳酸乙酯偏低，口感是香正、味浓，并且有香、甜、爽、净的特点，作为高档酒的基酒备用。

4. 二级酒

占产量的60%，酒精度60度以上，己酸乙酯在1.5g/L左右，总酸及乳酸乙酯偏高，口感醇厚，味净、微涩，作为带酒或新型白酒的勾调。

5. 稳花酒

在摘二级酒的同时，可摘部分稳花酒，酒精度在45度左右，酸度、乳酸乙酯偏高，高沸点成分丰富，口感醇厚，味较净。贮存一年后，作为调味酒备用，主要是调酒的后味，这档酒并不是每班次都摘，根据勾调需要，随时安排。

6. 酒尾

选用双轮底酒醅蒸出来的酒尾作为调味酒用，酒精度18度左右，贮存一年后备用，而一般的用于新型白酒的勾调或回蒸，酒尾中含有较多的高沸点香味物质，如有机酸及酯类含量较高，杂醇油和高级脂肪酸含量高，可提高基础酒的后味，使酒质回味长而且浓厚。

每个酒厂对原酒的验收有自己的企业标准，现将北方某酒厂原酒验收标准作为参考。

原酒感官要求

项目 等级	酒头	一等	二等	酒尾一	酒尾二	黄水丢糟
色	无色，清澈透明，无悬浮物，无杂质（允许微黄）					
香	闻香冲、浓郁、入口香、放香好、香味较协调	闻香正、浓郁、入口香、较甜、放香好	闻香正、浓郁、入口香、较甜、放香长	闻香正、较浓郁	闻香较淡、入口较香	闻香较好
味	较冲、较涩口、后味长、较净	较涩口、较冲、香味协调、余味长、后味净	涩口、较冲、香味协调、余味长、后味净	香味协调、较涩口、放香长、后味净	余未较短淡、后味净	入口酸味重、香味较淡、微有黄水味、后味较净
格		具有本产品风格	具有本产品风格	具有本产品风格	具有本产品风格	

原酒理化指标

项目等级	单位	酒头	一等	二等	酒尾一	酒尾二	黄水丢糟
酒精度	%	≥66	≥72	≥68	≥66	≥59	≥52
总酯	%	≥5.6	≥4.8	≥4.1	≥3.2	≥2.8	≥3.6
总酸	%	≥0.9	≥0.5	≥0.5	≥0.5	≥0.7	≥2.3

任务三　验收白酒包装材料

一、本任务在课程中的定位

本任务是白酒包装训练中的基础训练项目，按照白酒包装工的考核要求，白酒包装材料需要从外观、尺寸、质量三方面进行验收，从而得到符合包装白酒的包装材料，本任务是为了验收白酒包装材料而进行的专项训练。

二、本任务与国家（或国际）标准的契合点

本任务符合白酒包装工职业技能要求。

三、教学组织及运行

本实训任务按照教师讲解、教师演示、学生训练方式进行，最后通过专项实训考核检验教学效果。

四、实训内容及要求

（一）实训目标

1. 知识目标
（1）了解白酒包装容器、封口材料、商标及外包装材料。
（2）掌握白酒包装材料验收的步骤。
（3）熟悉白酒包装材料的验收标准。

2. 能力目标
（1）能充分认识各种白酒包装材料。
（2）能够初步掌握白酒包装材料验收流程。
（3）能够参考白酒包装材料的验收标准。

（二）实训重点及难点

1. 实训重点
白酒包装材料的验收流程。
2. 实训难点
白酒包装材料验收标准。

（三）实训材料及设备

1. 实训材料
第一组：常用的玻璃标准酒瓶为 125mL、250mL、500mL，异形瓶。
第二组：冠盖、扭断盖、封口套和封口标。
第三组：商标的正副标、浆糊、刷子。
第四组：带内衬和衬卡的纸箱、封口胶。
2. 实训设备
白酒勾调与灌装车间。

（四）实训内容及步骤

1. 生产准备（或实训准备）
（1）准备不同规格的标准酒瓶和异形瓶。
（2）准备冠盖、扭断盖、封口套和封口标。
（3）准备商标的正副标、浆糊。
（4）准备带内衬和衬卡的纸箱、封口胶。
（5）准备白酒勾调与灌装车间内的包装线。
2. 操作规程
操作步骤 1：酒瓶的验收：认真观察酒瓶的外观与质量
标准与要求：
（1）观察酒瓶外观，确认为标准瓶还是异形瓶。
（2）确认酒瓶的容量。
（3）观察酒瓶为冠形瓶头还是螺纹瓶头。
（4）观察酒瓶是否质地均一、透明；有无结石、气泡、条纹等明显缺陷。
（5）酒瓶瓶身及瓶底是否厚薄不匀、平整，有无裂纹。
（6）综合以上因素，对照白酒包装需要，确定酒瓶是否通过验收。
操作步骤 2：瓶盖的验收：认真观察瓶盖的外观与质量
标准与要求：
（1）观察瓶盖外观，确认是冠盖、扭断盖还是封口套或封口标。

（2）观察瓶盖内外是否光滑。

（3）观察瓶盖是否清洁无尘。

（4）观察瓶盖有无破损、歪斜等明显缺陷。

（5）综合以上因素，对照白酒包装需要，确定瓶盖是否通过验收。

操作步骤3：商标和浆糊的验收

标准与要求：

（1）观察商标外观是否干净、整洁，文字、图案是否清晰。

（2）确认是否为本次生产所需商标。

（3）观察浆糊是否为黏稠状、黏性良好。

（4）综合以上因素，对照白酒包装需要，确定商标和浆糊是否通过验收。

操作步骤4：外包装材料的验收

标准与要求：

（1）观察外包装纸箱是否干净、完好，文字、图案是否清晰。

（2）检查内衬和衬卡是否合适。

（3）对照本次生产要求，检查是否有其他赠品。

（4）综合以上因素，对照白酒包装需要，确定外包装材料是否通过验收。

操作步骤5：实行项目化考核

标准与要求：对白酒包装材料验收进行考核。

五、实训考核方法

学生练习完后采用实际操作的方式进行项目考核，具体考核表和评分标准如下。

验收白酒包装材料考核表

验收步骤	验收评定	验收结果
酒瓶的验收		
瓶盖的验收		
商标和浆糊的验收		
外包装材料的验收		

评分标准：酒瓶的验收、瓶盖的验收、商标和浆糊的验收、外包装材料的验收各占25分，其中验收评定占20分，验收结果占5分。

六、课外拓展任务

白酒包装容器除了本任务介绍的玻璃瓶以外，还需学习其他包装容器，如金属容器和陶制容器。白酒外包装材料方面除了常见的纸箱包装以外，还需学习木质包装、个性礼盒包装。

七、知识链接

（一）包装前准备

（1）核算人员根据包装通知单领料，负责领用当天包装材料，仔细核对领用包装材料的品种、数量、规格是否符合要求，如发现差错应及时更正。

（2）当班人员根据当天的生产安排，将工作场地清理好，留出包装材料堆场。

（3）检查设备是否齐全并是否在预定的位置，电源是否正确连接，开关是否正常工作。

（4）当班人员更换工作服并做个人卫生清洗，准备进行包装。

（二）包装材料

包装材料包括包装容器、封口材料、商标及外包装材料四方面。

一定要注意不能采用有损酒质或有害人体健康的材料。包装容器材料必须符合"食品卫生法"的有关规定；应贮放于清洁卫生、防潮、防尘、防污染的库内。容器应具有能经受正常生产和运管过程中的机械冲击和化学腐蚀的性能。包装容器必须符合有关标准，经有关部门检验合格后方可使用。

1. 容器

白酒的包装容器按材料不同通常有瓶类容器、金属容器、陶质容器及血料容器等类型。严禁使用被有毒物质或异味成分污染过的回收旧瓶。

（1）常用的玻璃标准酒瓶

①常用的玻璃标准酒瓶的规格。

②质量要求：除前面提到的要求外，须有较好的热稳定性；质地均一、透明；无结石、气泡、条纹等明显缺陷；瓶身及瓶底无厚薄不匀或裂纹等现象，瓶底须平整。

（2）异形瓶　异形瓶为玻璃瓶或瓷瓶，要求设计容积准确并留有余地；外形美观或有观赏价值；放置时能稳定。应便于清洗、灌装、贴标、携带和倒酒；瓶口直径不小于28mm，不大于36mm。特别是瓷瓶不能有漏酒现象；瓶口要能与瓶盖紧密吻合；还应便于包装机械化和自动化，便于装箱；在运输过程中不易破损。

2. 瓶酒封口材料

瓶酒的封口，首先要使消费者有据可信，不能随意更换或启动封口的原包装。要求封口非常严密，不能有挥发或渗漏现象，但又易于开启，开启后仍有较好的再封性。目前，用于白酒瓶封口的材料，主要有如下几种。

（1）冠盖　冠盖又称压盖或牙口盖，国际上称为王冠盖（Crown Cap）。通常用于冠形瓶头的封口。采用马口铁冲压呈圆形冠状，边缘有21个折痕，盖内有滴塑层或垫片。

（2）扭断盖　又称防盗盖。用于螺口瓶的封口。先用铝箔冲压成套状瓶盖，再用俗称为锁口机的滚压式封口机封口，铝套上有压线连接点，压线有一道、两道或多道，即多孔安全箍环。在压线未扭断时表示原封，启封时反扭封套，使压线断裂，即为扭断盖。铝套的长度因瓶颈而异，但铝箔的韧度要符合规定，并有一定的光洁度。盖内涂有泡塑、防酸漆等材料。

（3）蘑菇式塞　外形呈蘑菇状，塑料塞头与盖组成盖塞一体，或用套卡或盖扣紧盖塞。塑料塞上有螺纹或轮纹，以增强密封性能。若塞上封加封口套，则利于严密并易于开启。

（4）封口套和封口标　封口套是封盖和封塞上加套，并套住瓶颈，以提高密封度和美观。封口套通常为塑料套或铝箔套。封口标是封口上的顶标、骑马标、全圈标等的统称，大多用纸印刷而成。也有采用辅助封口的丝绸带、吊牌等，起保持原封和装潢的作用。

3. 商标和浆糊

商标必须向国家有关部门申请注册后专用，可得到法律的保护。按实际需要，可采用单标、双标或三标，即正标、副标、颈标。正标上印有注册商标的图像、标名、酒名，原则上标名应与酒名一致。正副标上均可注明产地、厂名、等级、装量、原料、制法、酒精度及出厂日期及代号、产品标准代号、批号等。副标上通常为文字的说明，不宜冗长，字不要太小。

商标要注重一目了然，给消费者以美好而独特的深刻印象。为此，商标的色彩不宜太多，图案应明快，不宜复杂而零乱；文字要清晰。商标纸应选用耐湿、耐碱性纸张。

浆糊通常采用糊精液、酪素液或醋酸聚乙烯酯乳液等；若自制浆糊，可用马铃薯淀粉1kg，加2~2.5kg水调成浆状，在不停地搅动下加入液态碱130mL。再按使用情况加温水调节其黏稠度。

4. 外包装材料

通常为纸箱，装量为0.5kg的瓶酒，每箱装12、20、24瓶。瓶与瓶之间用内衬和衬卡相隔，一般卡为"井"字形。也可使用横卡、直卡、圆卡或波浪卡，有的纸箱或纸盒还设颈卡。纸箱的规格及设卡状况按瓶形而定。

（三）包装形式和注意事项

1. 形式

按包装容器的大小、容器类别、运输和销售方式，包装的形式有多种。通常大包装采用桶、坛及槽车等容器；小包装一般使用玻璃瓶或瓷瓶，瓶子又有标准形及异形之分。瓶酒的外包装为纸箱、木箱或塑料箱，若远途运输，则将酒箱装入集装箱或拖盘后发运。

2. 注意事项

（1）包装形式应依酒的特点、酒质和档次而异，决不要一等产品三等包装，也不要三等产品一等包装。包装形式要取决于酒体。

（2）要符合"科学、牢固、防漏、经济、美观、适销"的要求。

（3）运输包装应注明重量、体积、生产单位、件号、目的地等识别标志。并有"向上""小心轻放""防湿"等指示标志。

任务四　洗瓶

一、本任务在课程中的定位

本任务是白酒包装前需要进行的一个单元操作，根据食品安全卫生的要求，在白酒灌装前需要把酒瓶进行清洗。本任务是按照白酒包装工职业技能需求进行的专门训练。

二、本任务与国家（或国际）标准的契合点

本任务符合白酒包装工职业技能要求。

三、教学组织及运行

本实训任务按照教师讲解、教师演示、学生实际洗瓶工序操作，最后通过洗瓶检验进行考核。

四、实训内容及要求

（一）实训目标

1. 知识目标

（1）了解洗瓶所需水质要求。

（2）熟悉捡瓶的方法。

（3）熟悉洗瓶的工序。

（4）熟悉洗瓶工序的质量要求。

2．能力目标

（1）能够按照洗瓶要求检验水质。

（2）能够掌握捡瓶的方法。

（3）能够掌握洗瓶的工序。

（4）能够按照洗瓶工序的质量要求检验洗瓶效果。

（二）实训重点及难点

1．实训重点

（1）洗瓶水质检验。

（2）捡瓶的方法。

（3）洗瓶的工序。

2．实训难点

洗瓶工序的质量要求。

（三）实训材料及设备

1．实训材料

500mL 酒瓶若干。

2．实训设备

白酒勾调与灌装车间。

（四）实训内容及步骤

1．生产准备（或实训准备）

（1）准备白酒勾调与灌装车间。

（2）准备 500mL 酒瓶若干。

（3）开始前检验水质是否正常，包装线能否运行。

2．操作规程

操作步骤 1：洗瓶的水质检验

标准与要求：

（1）水质是否清澈透明、无悬浮物、无沉淀、无杂质、无异味。

（2）做好水质监控记录。

操作步骤 2：捡瓶，观察酒瓶是否符合要求，保持合适的上瓶速度

标准与要求：

（1）开箱（袋）前检查供货厂家的酒瓶包装物是否完好，符合标样要求。

（2）上瓶前初选酒瓶，逐瓶检查外观、完好度，用敲瓶器轻敲酒瓶，剔除不合格瓶。

（3）上瓶速度符合生产所需，无堆积，做到匀速、连续生产。

（4）操作中不碰撞酒瓶，并剔除破损、色差、字迹脱落、脏污等外观缺陷酒瓶，情况异常时应立即报告。

（5）随时清理生产场地杂物、积水，防止积水浸湿包装物，对酒瓶造成污染。

操作步骤3：洗瓶

标准与要求：

（1）冲洗过程中不定时检查水压、水质及水眼的工作状况，确保酒瓶逐瓶冲洗到位。

（2）洗瓶速度与灌酒机速度均衡，无怠工或酒瓶挤压，瓶内余水不超过3滴/30s。

（3）洗瓶过程中，如有倒瓶、破瓶应立即停机，将机内倒瓶、破瓶、玻渣全部清除后，方可继续洗瓶。

（4）严格剔除破损、脏污等不合格酒瓶。

五、实训考核方法

学生完成洗瓶工序练习后进行实际操作，根据学生实际操作情况和评分标准进行评分。

洗瓶考核表

序号	项目	要求	合格判定	评分
1	洗瓶水质	清澈透明、无悬浮物、无沉淀、无杂质、无异味（循环水无明显杂质）		
2	酒瓶规格	不混用各厂家酒瓶，检查是否包装完好、有无产品合格证，并与生产品种、等级、规格相符		
3	酒瓶外观	瓶身无炸裂纹、无破裂、无严重变形，瓶内干净无杂质		
4	洗瓶质量	洗瓶后瓶内余水不超过3滴/30s，酒瓶内外壁清洁		

评分标准：洗瓶水质占10分，酒瓶规格占10分，酒瓶外观占10分，洗瓶质量占70分。

六、知识链接

（一）洗　　瓶

1. 手工洗瓶

（1）新瓶洗涤　先用热水浸泡，瓶温与水温之差不得超过35℃，以免瓶子爆裂。浸泡一定时间后，经两道清水池刷瓶，再用清水冲洗后，将瓶子倒置于瓶架上沥干。

（2）旧瓶洗涤　先将油瓶、杂色瓶、异形瓶及破口瓶等不合格的酒瓶检出。将合格瓶浸于水池中，缓慢通蒸汽使水温升至35℃左右。再按瓶子的污垢程度，在池内加入3%以下的烧碱，并逐渐将水温升至65~70℃。然后采用清水喷洗或浸泡的方式洗去碱水，并用毛刷刷洗或喷洗瓶中残留的碱液。最后用清水喷洗后，放于瓶架上沥干。自瓶中滴下的水，与酚酞指示液应呈无显色反应。

旧瓶洗涤液的配方较多，但均要求其高效、低泡、无毒。按洗涤用水的硬度、瓶的污染类型，以及洗去商标、去除油垢等要求，通常选用下列常用的一些单一或混合洗涤液，以混合洗涤液效果为好。

①3%的烧碱溶液，要求烧碱中 NaOH 的含量不低于60%。

②3%NaOH、0.2%葡萄糖酸钠混合液。

③3%KOH、0.3%葡萄糖酸钠、0.02%连二亚硫酸钠混合液。

④1%~2%的碱性洗涤剂，其溶质的组成为：NaOH 85%，聚磷酸盐 10%，硅酸钠 4%，三乙醇与环氧丙烷缩合物 1%。

⑤配制 7t 洗涤液，内含 NaOH 0.1%，橄榄油 1.7kg，洗衣粉 7kg，平平加 2kg，二甲基硅油 30mL。

⑥配制 50t 洗涤液，内含 NaOH 3%~5%，工业洗衣粉 3kg，平平加 0.3kg，三聚磷酸钠 1kg，磷酸三钠 1kg，皂化值为 51 的皂用泡花碱（硅酸钠）3kg。

2. 机械洗瓶

机械洗瓶有机械刷洗和高压喷洗两种方式。机械刷洗是将经碱液浸泡后的瓶子，利用刷子刷洗瓶子的内外壁，去除污物及商标。目前国内常用的白酒洗瓶机大多采用高压喷洗法。洗瓶机使用前须冲洗干净，及时更换碱液，保证浓度符合要求。反冲喷水管须刷干净，以保证喷冲压力。机械洗瓶的操作过程如下。

（1）浸泡　瓶子通过进瓶装置进入洗瓶机，先经 25℃水喷淋预热，再经 50℃热水喷淋预热后，进入装有 70℃碱液的槽中浸泡。

（2）碱液喷洗　用上述 70℃碱液高压喷洗瓶子的内壁后，再喷洗瓶子外壁，使污物及商标脱落。

（3）热水、温水喷洗 先用 50℃ 的高压水喷洗瓶的内部，再喷洗瓶的外壁，然后用 25℃ 高压温水喷洗瓶子内外部。

（4）清水淋洗 用 15～20℃ 清水淋洗瓶子内外壁后，沥水。为保证瓶内无水，可用无菌压缩空气除去瓶内积水。

在洗瓶过程中，喷洗用的碱水可循环使用。但应及时将破碎瓶子、商标及污泥等滤除，以免堵塞喷嘴。

3. 洗瓶机异常故障及检修

如下表所示。

洗瓶机异常故障及检修

故障	分析	排除方法
清洗不净	浸泡时间不够	延长浸泡时间
	洗液浓度不够	检查洗液浓度并调整
	洗液温度不够	检查洗液温度并调整
	冲洗压力不够	调整水阀或更换水泵
	洗液配方不合理	根据瓶子情况调整洗液配方
	喷水嘴未对齐	调整喷嘴位置
破瓶率高	进瓶子太快，以至堆积碰撞	调整进瓶链条带速
	出瓶子太慢，以至堆积碰撞	调整出瓶链条带速
	喷水嘴压力过高，瓶子与机器碰撞	调整水阀，降低水压
	瓶子厚薄不均匀，易碎	提出质量异议，改用合格瓶子
	浸泡水温度过高，热胀冷缩造成	调整浸泡水温

（二）验　瓶

要求瓶子高度、规格、色泽均一致；瓶口不得有破裂的痕迹；瓶内的破损碎屑须清除，不能有任何污物存在。验瓶有以下两种方式。

1. 人工验瓶

瓶子的运行速度为每分钟 80～100 瓶/min。验瓶的灯光要明亮而不刺眼。利用灯光照射，检查瓶口、瓶身和瓶底，将不符合要求的瓶子一律挑出。验瓶者要精神集中，并应定时轮换。

2. 光学检验仪验瓶

瓶子运行速度为 100～800 瓶/min，污瓶可自动从传送带上被排除。

任务五 灌装

一、本任务在课程中的定位

按照白酒包装工的考核要求，灌装是白酒包装的关键步骤，如果白酒灌装工序做不好，轻者会使白酒质量下降，重者会使产品出现卫生安全问题，导致出现不合格的产品。本任务就是对学生灌装工序进行训练，从而为包装出合格的产品打下基础。

二、本任务与国家（或国际）标准的契合点

本任务符合白酒包装工职业技能要求。

三、教学组织及运行

本实训任务按照教师讲解、教师演示、学生训练、师生交流等方式进行，最后通过专项实训考核检验教学效果。

四、实训内容及要求

（一）实训目标

1. 知识目标
（1）熟悉白酒正常酒质。
（2）掌握白酒酒精度的测定方法。
（3）了解白酒灌装前放酒流程。
（4）掌握白酒灌装机的原理和使用方法。

2. 能力目标
（1）能通过感官品评白酒酒质。
（2）能测定白酒酒精度。
（3）能掌握放酒流程和换产品的步骤。
（4）能使用白酒灌装机。

（二）实训重点及难点

1. 实训重点
感官品评白酒酒质、放酒流程和换产品的步骤。

2. 实训难点

白酒灌装机的原理和使用方法。

（三）实训材料及设备

1. 实训材料

白酒酒样、酒瓶。

2. 实训设备

不锈钢酒盅、酒精计、温度计、白酒勾调与灌装车间、灌装机。

（四）实训内容及步骤

1. 生产准备（或实训准备）

（1）准备充足的白酒酒样。

（2）准备白酒勾调与灌装车间。

（3）清洗不锈钢酒盅、贮酒罐、放酒管道、灌装机，并接好废液排放管道。

（4）检查风机、空气压缩机、灌装机是否正常运行。

2. 操作规程

操作步骤1：白酒酒质检验

标准与要求：

（1）确认白酒酒样与生产计划单酒种、等级、度数一致。

（2）用不锈钢酒盅将白酒酒样摇匀后，舀出一盅观察酒质是否有异味、悬浮物、浑浊或沉淀。

（3）测定酒桶中白酒酒样的酒精度和温度，按《鉴别不同容器贮存的白酒》任务中方法和步骤计算出酒样的酒精度。

操作步骤2：清洗机器设备（酒管道、过滤器、灌装机）

标准与要求：

（1）从贮酒罐放酒经管道、过滤器达到灌装机进行清洗。

（2）所消耗的酒一律作杂酒处理（打回酒库），单独存放，标明状态。

（3）对灌装机异常情况产生的异味酒作油污酒并及时报废处理。

操作步骤3：灌装：启动灌装机，并开启供酒阀，进行白酒灌装

标准与要求：

（1）灌酒过程中，酒瓶歪斜、不到位时应停机调整到位，不允许运转调机。

（2）每瓶容量控制不超过下限+5mL 或上限+10mL。

（3）每瓶酒精度不超出酒精度下限−0.3%vol 或上限+0.4%vol。

（4）按照公司标准规定抽样及检验。

五、实训考核方法

学生练习完后采用实际操作的方式进行项目考核，具体考核表和评分标准如下。

灌装考核表

序号	项目		要求	合格判定	评分
1	白酒酒质检验	等级	与生产计划单酒种、等级、酒精度、桶号相符合，无混等、混度现象		
		清洁度	无异味、无悬浮物、无浑浊或沉淀		
		酒精度	不超出酒精度上限−0.3%vol 或下限+0.4%vol		
2	清洗机器设备	清洁度	所出废酒无异味、无悬浮物、无浑浊或沉淀		
		废酒处理	所消耗的酒作杂酒处理；对灌装机异常情况产生的异味酒作油污酒作报废处理		
3	白酒灌装	净含量	容量控制不超过下限+5mL 或上限+10mL		
		酒精度测量	不超出酒精度下限−0.3%vol 或上限+0.4%vol		

评分标准：白酒酒质检验 30 分：等级、清洁度、酒精度各 10 分；清洗机器设备 30 分：清洁度 20 分，废酒处理 10 分；白酒灌装 40 分：净含量 20 分，酒精度测定 20 分。

六、课外拓展任务

学习白酒灌装机原理及其保养。

七、知识链接

1. 白酒灌装

白酒经砂滤棒或硅藻土过滤机过滤后进行勾兑、调味，或先勾兑、调味，后过滤，再泵入灌装车间贮酒罐进行灌装。

洗净、沥干的白酒瓶子只能灌装白酒，不得盛放其他物品或作其他用途，以免误入灌装线而造成质量事故。

灌酒操作人员在灌酒前或搬运其他物品之后，必须洗手。

各种类型的灌酒机及压盖机，经调试合格后才能正式使用。这些设备须注意保养，并保持清洁卫生。

目前，国内对白酒等不含二氧化碳的饮料酒的灌装，多采用低真空灌酒方式的30头或45头等灌酒机。灌酒机主要包括传动系统及低真空灌酒系统两部分。低真空源多选用叶氏抽气机。

（1）传动系统　洗净的瓶子经传送带传送，由不等距螺旋通过拨瓶轮进入托瓶转动圆盘。主电机经无级变速、涡轮减速器，通过齿轮带动转动圆盘，并使托瓶套筒在导轨上升降。当瓶子上升时，与灌酒阀接触进行真空灌酒，瓶子下降后进入传送带输向压盖机。为避免运转故障，在上述传动系统设多点保护装置。

（2）真空灌酒　灌酒系统主要包括酒罐、真空室、导液管、灌酒阀等，材质多为不锈钢。酒液由输酒管进入灌酒机的酒罐，酒液高度由液位调节阀（浮球）来控制。酒罐与真空室由真空指示管连接，并插入酒罐的酒液中。真空室由管道与抽气机连接，进气管由旁通阀调节运转时真空室的真空度，抽气机将真空室内的气体不断地向外排出。

当托瓶圆盘的升降机构上升时，瓶口与灌酒阀密封，这时瓶内的空气由酒阀的导气管吸入真空室，并由抽气机排出，使瓶内形成压力降，当达到一定的低真空度时，酒罐内的酒液由输酒管进入瓶内。待酒液接触导气管的管口时，将吸气口封闭而停止灌酒，多余的酒液由导气管吸入真空室，因而瓶内的酒液位置可与导气管口持平。真空室内的液位指示管又会将由导气管吸入的酒液回流到酒罐中。当传动机构配合到瓶子恰好灌酒完毕后，瓶口与酒阀脱开，酒阀内的酒液排出，形成新的液位。瓶酒由圆盘输出口排出。如上进行循环运作。

洗净后的酒瓶须及时用完，以免受到污染。

2. 灌装机的维护和保养

（1）严格按照使用说明书的要求操作。

（2）清洗

①灌装系统清洗：打开下液缸放水自来水接进液管对下缸清洗；上、中液缸和吸液管也要定期拆卸清洗；装液阀用高压水枪进行外部清洗。

②外部清洗：用清水冲洗机器表面（不能冲洗电机），彻底清除污物及碎玻璃，并用压缩空气吹干。

（3）按规定在相关部位加注润滑油和润滑脂，尽量做好车间的通风和排水，工作完毕要认真对设备进行清洗，要安装好设备的防护罩板，保护传动机构并注意人身安全。

（4）每周整机全面清洗。

（5）每月检查一次套筒、滚子、链条松紧情况，进行调整。

（6）减速箱每半年换一次油。

（7）在生产旺季，连续工作一段时间（约三个月）后，可更换磨损的 O 形圈及密封垫，设备使用 1~2 年需进行一次大修。

（8）设备若停用一段时间，除清洗净外，机件表面应加油脂防锈，用塑料布将设备罩起。

3. 检验酒质

（1）将当天要灌装的酒用酒精计检验酒精度是否符合要求。

（2）用量筒检验瓶装量是否符合要求。

（3）检验酒质是否清澈透明，有无杂质。

4. 灌装机异常及检修

故障	分析	排除方法
不正常灌装	液阀未打开，灌装阀与容器口之间的距离偏大	区分个别现象和普遍现象，进而调整个别阀的垫圈或降低灌装缸，保证灌装阀与容器口间的合理距离
	回气管堵塞	清理回气管
灌装液位低于标准值	灌装缸液位太低	将灌装缸液面调整到指定位置
	回气管不通畅	清理回气管
	灌装阀密封圈与容器口密封不良	更换老化、变形的密封圈；更换灌装阀弹簧；调修或更换瓶托弹簧；对靠气缸气压提升的瓶托，检修气缸或提高气缸气压
灌装液位高于标准值	灌装缸的真空度低	调高真空度
	回气管不通畅	清理回气管
	灌装阀的位置偏高	区分个别现象和普遍现象，进而调整个别阀的垫圈或提升灌装缸，保证灌装阀与容器口的合理距离
灌装阀滴液现象	灌装缸真空度低	调高真空度
	灌装阀密封不好	更换密封垫；调修或更换弹簧

任务六 压盖

一、本任务在课程中的定位

按照白酒包装工的考核要求，压盖是白酒包装的基本工序，瓶盖影响产品的外观，关系到产品的密封性和防伪性，直接影响消费对产品的审美以及信任度。本任务就是对学生压盖工序进行训练，从而为包装出美观以及让消费者信任的产品打下良好的基础。

二、本任务与国家（或国际）标准的契合点

本任务符合白酒包装工职业技能要求。

三、教学组织及运行

本实训任务按照教师讲解、学生训练、师生交流等方式进行，最后通过专项实训考核检验教学效果。

四、实训内容及要求

（一）实训目标

1. 知识目标
（1）熟悉瓶盖外观要求。
（2）熟悉瓶盖压盖工序。
（3）了解压盖机的基本原理。
（4）懂得瓶盖封盖质量检验。

2. 能力目标
（1）能结合白酒瓶盖标准对瓶盖进行检验。
（2）能进行瓶盖压盖工序。
（3）能参照白酒瓶盖封盖质量检验标准对压盖工序进行检验。

（二）实训重点及难点

1. 实训重点
（1）瓶盖检验标准。
（2）瓶盖压盖工序。

2. 实训难点

白酒瓶盖封盖质量检验标准。

（三）实训材料及设备

1. 实训材料

已灌装白酒的酒瓶、瓶盖。

2. 实训设备

白酒勾调与灌装车间、压盖机。

（四）实训内容及步骤

1. 生产准备（或实训准备）

（1）准备已灌装白酒的酒瓶若干。

（2）准备瓶盖若干。

2. 操作规程

操作步骤 1：检验瓶盖

标准与要求：

（1）瓶盖与酒瓶相符。

（2）瓶盖无破损、划痕、文字和图案清晰、干净清洁。

（3）瓶盖上标识与酒的类别、等级、规格相符。

操作步骤 2：给酒瓶上盖

标准与要求：

（1）上盖速度与包装线传送带运作速度一致。

（2）上盖动作轻盈，瓶盖刚好盖在酒瓶正上方。

（3）若发现已灌装白酒的酒瓶或瓶中酒有明显缺陷，需将酒瓶拿下包装线，另行处理。

操作步骤 3：开启压盖机，给上了盖的酒瓶进行压盖

标准与要求：

（1）压盖机匀速，不造成酒瓶挤压而摔倒。

（2）随时检查压盖机封口质量，剔除歪盖、破盖、断点盖，重新上盖、压盖。

（3）压盖后，常规倒置，不发生液体渗漏，能正常开启。

（4）压盖后，瓶盖无破裂、歪斜、断点、回旋、抽筒、露边，凸字不变形、掉漆，正常力扯不脱。

五、实训考核方法

学生练习完后采用实际操作的方式进行项目考核，具体考核表和评分标准

如下。

压盖考核表

序号	项目		要求	合格判定	评分
1	瓶盖检验	瓶盖规格	瓶盖与酒瓶相符；瓶盖上标识与酒的类别、等级、规格相符		
		瓶盖外观	瓶盖无破损、划痕；文字和图案清晰、干净清洁		
2	上盖	操作	上盖速度与包装线传送带运作速度一致；上盖动作轻盈，瓶盖刚好盖在酒瓶正上方		
		灌装异常处理	若发现已灌装白酒的酒瓶或瓶中酒有明显缺陷，需将酒瓶拿下包装线，另行处理		
3	压盖	操作	压盖机速度匀速，不造成酒瓶挤压而摔倒；随时检查压盖机封口质量，剔除歪盖、破盖、断点盖，重新上盖、压盖		
		压盖后	常规倒置，不发生液体渗漏，能正常开启；瓶盖无破裂、歪斜、断点、回旋、抽筒、露边，凸字不变形、掉漆，正常力扯不脱		

评分标准：瓶盖检验20分：瓶盖规格和瓶盖外观各10分；上盖30分：操作20分，异常处理10分；压盖50分：操作30分，压盖后20分。

六、课外拓展任务

学习不同瓶盖所采用的压盖方法。

七、知识链接

1. 上盖操作

（1）将封盖用的内塞、外盖清洁干净，放入专用容器内待用。

（2）将已经装好酒的检验过合格的酒瓶，如有内塞的先盖上内塞，然后盖上外盖，旋紧、旋正，锁丝必须均匀，封边封好，不得有烂盖、松盖、打不开、扭不断及漏酒的现象，如出现不正常现象应查明原因，重新锁口。

（3）加盖时检验酒质是否清澈透明，有无杂质，是否符合工艺要求。

2. 压盖机操作

（1）检查压盖机电源是否接好，电器配置是否正确。

（2）开启压盖机。

（3）检验酒质和瓶盖是否符合工艺要求，并在合格酒瓶上加盖。

（4）压盖

①半自动压盖：将已加盖的瓶子放在旋转压头和托瓶盘之间；踏下脚踏板，通过拉杆（链条）、转臂使压轮与压头一起下降，压头紧压罐头瓶并带动它旋转；手扳把手通过偏心作用使滚轮径向接触瓶盖完成头道、二道封口工序；放开把手，滚轮在弹簧力作用下离开瓶盖复位；松开脚踏板、压头上升复位，完成一次封口工作循环。

②全自动压盖：将已加盖的瓶子放在输送带上，当瓶子通过压盖机时自动完成压盖操作。

（5）检查压盖后的瓶子是否符合工艺要求。

3. 其他封口

在灌装、封口前，要避免酒瓶碰撞，以免损坏瓶边、瓶口而影响封口质量。

陶瓷酒瓶多采用人工封口。中、小型白酒厂冠形瓶头的封口，大多采用手压式或脚踏式压盖机，该机也可用作大型瓶装线的辅助性压盖设备。

使用大型压盖机压盖时，瓶盖预先经压缩空气吹除细小的尘埃，再送入压盖机的瓶盖贮斗，瓶盖沿着滑道流入压盖机。压盖机的盖模弹簧压力，需按瓶盖的内垫厚度和马口铁盖的厚薄调整。要求压盖严密端正。

4. 压盖机异常及检修

故障	分析	排除方法
玻璃瓶压封后有呀瓶现象	封口压头中的缩口套损伤，表面粗糙度被破坏	修整或更换缩口套
	退瓶压缩弹簧失灵	修整或更换弹簧
	瓶盖压偏	调整封口压头与玻璃瓶定位的理论中心线，使二者重合；调整拨瓶导板，避免瓶身歪斜
	瓶口外形尺寸不合格	选择合格的玻璃瓶
	瓶盖不合格	选择合格的瓶盖
玻璃瓶压封时产生碎瓶现象	封口压头与瓶口间距离偏小	适当调高封口压头
	玻璃瓶瓶身过高或瓶身垂直度严重超差	剔除不合格容器
	星形拨盘与主机回转系统不同步	调整星形拨盘

续表

故障	分析	排除方法
聚酯瓶塑料盖拧封不严	瓶口与瓶盖间螺纹配合精度不好	用排除法确定不合格的瓶或瓶盖，予以更换
	拧口封头与瓶口的轴向中心线不重合，由于歪斜造成封口不严	调整瓶口的控位卡拨；调整瓶身定位装置
	拧封力矩不够	调整控制拧封力矩的碟形弹簧或磁钢力

任务七　照光

一、本任务在课程中的定位

按照白酒包装工的考核要求，照光是白酒包装的基本检验工序，用于检验瓶装酒的内在质量和外在质量，减少不合格产品的产出。本任务就是对学生照光工序进行训练，从而为包装出内在质量过关，外在质量过硬的产品打下良好的基础。

二、本任务与国家（或国际）标准的契合点

本任务符合白酒包装工职业技能要求。

三、教学组织及运行

本实训任务按照教师讲解、学生训练、师生交流等方式进行，最后通过专项实训考核检验教学效果。

四、实训内容及要求

（一）实训目标

1. 知识目标
（1）了解照光检验瓶装酒的方法。
（2）了解照光检验瓶装酒的标准。
（3）熟悉照光工序的步骤。
2. 能力目标
（1）掌握照光检验的标准。
（2）掌握照光工序的步骤。

（3）能参照照光检验标准进行照光工序操作。

（二）实训重点及难点

1. 实训重点
（1）照光工序的操作。
（2）照光检验的标准。
2. 实训难点
照光检验的标准。

（三）实训材料及设备

1. 实训材料
已灌装白酒并上盖的瓶装白酒若干瓶。
2. 实训设备
白酒勾调与灌装车间、照光操作台。

（四）实训内容及步骤

1. 生产准备（或实训准备）
（1）准备已灌装白酒并上盖的瓶装白酒若干瓶。
（2）准备勾调与灌装车间、照光操作台。
2. 操作规程
操作步骤1：开启照光操作设备
标准与要求：
（1）照光灯正常亮起。
（2）灯光功率合适、照光稳定。
操作步骤2：瓶装酒内在酒液质量检验
标准与要求：
（1）双手各拿一瓶并排平行在足够的光源（荧光灯）下进行目测。
（2）倒立80°左右，从下往上至酒瓶底为止，照光时间约为4s/瓶。
（3）瓶内酒应无玻璃碴、蚊虫以及肉眼能够看见的杂物及悬浮物。
（4）陶瓷瓶或不透明酒瓶灌装照光检验，灌装前瓶子应在足够的光源（矿灯）下进行目测，确保酒瓶干净无杂物，灌装后用相同方法目测，杜绝蚊虫及杂物缺陷存在。
操作步骤3：瓶装酒外在质量检验
标准与要求：
（1）瓶身烤花、喷漆、磨砂、烫金无脱落掉色。

（2）内外表面光洁、平整、清晰，色泽无明显差异。

五、实训考核方法

学生练习完后采用实际操作的方式进行项目考核，具体考核表和评分标准如下。

照光考核表

序号	项目	要求	合格判定	评分
1	内在质量检验	瓶内酒应无玻璃碴、蚊虫以及肉眼能够看见的杂物及悬浮物		
2	外在质量检验	瓶身烤花、喷漆、磨砂、烫金无脱落掉色，内外表面光洁、平整、清晰，色泽无明显差异		

评分标准：内在质量检验60分，外在质量检验40分。

六、课外拓展任务

学习酒厂的多道照光工序。

七、知识链接

1. 三道照光工序

一道照光：压内塞的瓶酒送至检验台，先把瓶酒倒立后放检验台，在足够的光源（荧光灯）下进行目测，从下往上至酒液面为止，照光时间为5s/瓶，剔除不合格品隔离并返回到打酒工序。

二道照光：与一道照光方法相同。

三道照光：玻璃瓶通过二道照光压盖后的瓶酒双手各拿一瓶并排平行在足够的光源（荧光灯）下进行目测，（倒立80°左右）从下往上至酒瓶底为止，照光时间约为4s/瓶。通过三道照光的酒应无玻渣、蚊虫以及肉眼能够看见的杂物及悬浮物；贴商标瓶酒三道照光应在贴商标后完成。

2. 太阳光照对各种瓶装酒的影响

酒类长久地暴晒在阳光下，不仅会使酒类的口味变差，而且会对酒类产生有害物质，影响饮用或收藏。

（1）白酒 白酒在恒温、恒湿、无光照的环境中才能更好地自然老熟，因此白酒往往选择深窖储藏，最好是地下100m以下的地窖，最有利于白酒储存。

（2）啤酒 紫外线和化学物质之间的反应作用于啤酒，会产生一些类似于臭鼬的化学物质。所以常常会有人打开啤酒闻到一股的臭鼬味，那便是受光照而变质的啤酒。

（3）葡萄酒　玻璃瓶装的葡萄酒非常容易受到阳光的影响，因此传统的酒窖通常都没有窗户，如果将葡萄酒放置在太阳下，紫外线会摧毁瓶中的葡萄酒。葡萄酒应该一直存储在一个黑暗的地窖中或者至少不直接接触阳光。

如果没有合适的遮挡阳光的地方储存酒类，那么最好选择深色，例如棕色与绿色酒瓶的酒类，啤酒和葡萄酒往往使用此种酒瓶，但白酒多为透明玻璃，对阳光没有很好的抵御能力。

任务八　贴标

一、本任务在课程中的定位

按照白酒包装工的考核要求，贴标是白酒包装的基本工序，用于瓶装酒外壁商标的粘贴，增加产品说明，明确产品的各项信息。本任务就是对学生贴标工序进行训练，从而为包装出信息明确、美观的产品打下良好的基础。

二、本任务与国家（或国际）标准的契合点

本任务的开设符合白酒包装工职业技能要求。

三、教学组织及运行

本实训任务按照教师讲解、学生训练、师生交流等方式进行，最后通过专项实训考核检验教学效果。

四、实训内容及要求

（一）实训目标

1. 知识目标
（1）了解商标的要求。
（2）了解正副标的不同。
（3）了解贴标浆糊的要求。
（4）熟悉贴标工序。

2. 能力目标
（1）能辨别正副标。
（2）能判断商标的好坏、真伪。
（3）能判断浆糊是否合适贴标。
（4）能熟练进行贴标工序。

（二）实训重点及难点

1. 实训重点
（1）判断商标的好坏、真伪。
（2）能熟练进行贴标工序。
2. 实训难点
贴标浆糊的要求。

（三）实训材料及设备

1. 实训材料
正副标、浆糊、刷子、干净的毛巾。
2. 实训设备
白酒勾调与灌装车间。

（四）实训内容及步骤

1. 生产准备（或实训准备）
（1）准备正副标、浆糊、刷子、干净的毛巾，摆放在贴标操作台上。
（2）准备白酒勾调与灌装车间，并调节好传送带速度。
2. 操作规程
操作步骤1：检验商标
标准与要求：
（1）使用前检查标签图像、文字、标识印刷无误、无残缺、无褶皱、无色差、清晰。
（2）与所包装的酒种、等级、规格相符合。
操作步骤2：贴商标
标准与要求：
（1）先将商标置于贴标板上，将浆糊均匀、适当地抹在商标的两侧边缘。
（2）先贴正标后贴副标于规定部位，确认正确后展开贴紧。
操作步骤3：贴标检验
标准与要求：
（1）商标位置正确，端正、牢固、无皱裂、无飞角、瓶颈无歪斜、脱落。
（2）浆糊适量，均匀涂抹，不露出商标边缘，瓶酒清洁完好无浆糊溢出。

五、实训考核方法

学生练习完后采用实际操作的方式进行项目考核，具体考核表和评分标准如下。

贴标考核表

序号	项目	要求	合格判定	评分
1	商标检验	标签图像、文字、标识印刷无误、无残缺、无褶皱、无色差、清晰		
		标签正反面清洁、干燥，无霉变、脏污、吸潮或淋湿		
		同酒种、等级、规格相符合，与标样一致		
2	贴标检验	贴标后，无脱落、气泡、飞角、严重褶皱		
		标签位置正确，瓶贴歪斜距垂直距离≤2mm，瓶贴错位≤2mm，颈花接头相错≤2mm		
		外溢浆糊擦拭干净，无明显残留		

评分标准：商标检验 40 分，贴标检验 60 分。

六、课外拓展任务

学习机械贴标操作。

七、知识链接

贴标工序

一般中、小型白酒厂多利用人工贴标，大厂采用机械贴标，或人工、机械贴标两法并用。

1. 贴标要求

瓶装酒标志须符合《食品卫生法》及 GB 7718—2011《食品安全国家标准 预包装食品标签通则》的规定。

按规定位置紧贴瓶壁，要求整齐、不脱落、不歪斜、无褶皱。若使用人工贴标，则先将很多商标纸折成如人字形的特殊形状，并置于盘中上面铺有一层纱布的浆糊上，使商标纸左右两面的边缘粘上浆糊。贴标时，将瓶子斜置于特制的小木架上，贴上标签纸后，最好用软布将其抚平压实。

2. 浆糊

通常采用糊精液、酪素液或醋酸聚乙烯酯乳液等；若自制浆糊，可用马铃薯淀粉 1kg，加 2~2.5kg 水调成浆状，在不停地搅动下加入液态碱 130mL。再按使用情况加温水调节其黏稠度。

3．机械贴标

贴标机的工艺流程为：供浆糊系统→取标板抹浆→标纸盒取标→夹标转鼓→转瓶台贴标→压标→滚标装置。供浆糊系统可用电控固定频率开闭气阀，在气缸上下动作下，浆糊沿管道上升溢于浆糊辊上。每个取标板和托瓶按不同动作需要，在槽形凸轮作用下做不同角度的摆动。主电机为电磁调速电机。自动装置设有连锁安全装置，在某一故障消除前，不能随便开车。

任务九　装箱

一、本任务在课程中的定位

按照白酒包装工的考核要求，装箱是白酒包装中最后的一道工序，用于将已灌装、压盖、贴标等工序已完成的瓶装酒进行打包成箱，方便贮存和运输。本任务就是对学生装箱工序进行训练，从而得到最终的包装成箱的产品。

二、本任务与国家（或国际）标准的契合点

本任务符合白酒包装工职业技能要求。

三、教学组织及运行

本实训任务按照教师讲解、学生训练、师生交流等方式进行，最后通过专项实训考核检验教学效果。

四、实训内容及要求

（一）实训目标

1．知识目标

（1）了解纸箱完整性。

（2）了解装箱规范性。

（3）熟悉封箱工序。

2．能力目标

（1）能正确判断纸箱是否完整。

（2）能根据包装要求完成装箱和封箱操作。

（二）实训重点及难点

1. 实训重点

（1）装箱操作。

（2）封箱操作。

2. 实训难点

（1）纸箱完整性。

（2）装箱规范性。

（三）实训材料及设备

1. 实训材料

瓶装酒、纸箱（含内隔板、底板、盖板）、封口胶。

2. 实训设备

白酒勾调与灌装车间、封箱机。

（四）实训内容及步骤

1. 生产准备（或实训准备）

（1）准备瓶装酒若干。

（2）准备纸箱，将底板和内隔板正确安装到纸箱内，盖板统一放置于封箱机前。

（3）准备封箱机，将封口胶装至封箱机内。

（4）准备白酒勾调与灌装车间和酒库。

2. 操作规程

操作步骤1：检验纸箱

标准与要求：

（1）检查纸箱文字、图案、标识、酒精度是否完好清晰。

（2）纸箱标识与批次所生产酒种、等级、规格相符。

（3）剔除不合格品和破损、脏污、霉变等纸箱。

操作步骤2：装箱

标准与要求：

（1）装箱时应保护好商标，不出现飞翘、褶皱现象。

（2）配套物品齐备，放置正确，无漏装、错装现象。

（3）装箱完成后，不缺瓶、少盒，无混批装箱的现象。

操作步骤3：封箱

标准与要求：

（1）封箱带图像或文字无误、无残缺、清晰，与生产品种相符。

（2）粘胶带长短度适量，粘贴牢固，无飞翘、无歪斜。

（3）封箱完成后，纸箱完整，无缺损。

五、实训考核方法

学生练习完后采用实际操作的方式进行项目考核，具体考核表和评分标准如下。

装箱考核表

序号	项目	要求	合格判定	评分
1	纸箱检验	纸箱图像、文字、标识、条码印刷无误、无残缺、无色差、清晰		
		纸箱无破损、褶皱、严重磨花、严重变形、起层		
		同酒种、等级、规格相符合，与标样一致		
2	装箱操作	装箱时应保护好商标，不出现飞翘、褶皱现象		
		配套物品齐备，放置正确，无漏装、错装现象		
		装箱完成后，不缺瓶、少盒，无混批装箱的现象		
3	封箱操作	封箱带图像或文字无误、无残缺、清晰，与生产品种相符		
		粘胶带长短度适量，粘贴牢固，无飞翘、无歪斜		
		封箱完成后，纸箱完整，无缺损		

评分标准：纸箱检验 20 分，装箱操作 50 分，封箱操作 30 分。

六、课外拓展任务

外包装材料除了纸箱以外，还有哪些？

七、知识链接

装箱工序

1. 包装材料选择

通常为纸箱，装量为 0.5kg 的瓶酒，每箱装 12、20 或 24 瓶。瓶与瓶之间用内衬和衬卡相捅、一般卡为"井"字形。也可使用横卡、直卡、圆卡或波浪卡。有的纸箱或纸盒还设颈卡。纸箱的规格及设卡状况按瓶形而定。

瓶装酒外包装的木箱、纸箱或塑料箱上，应注有厂名、产地、酒名、净重、毛重、瓶数、包装尺寸、瓶装规格，并有"小心轻放""不可倒置""防湿""向上""防热"等指示标志。周转箱应定期清洗，不得将泥垢杂物带入车间。

中、小型厂多采用人工装箱。装箱操作要求轻拿、轻放，商标需端正整洁，隔板纸要完整，能真正起到防震、防碰撞的作用。装箱后需经质量检验员检查合格，并每箱放入产品质量合格证书，再用手提式捆箱机捆箱。捆箱前先用胶水及牛皮纸条封住箱缝。捆箱材料为腰带及腰扣。铁腰带的规格为宽12～16mm、厚0.3～0.5mm；塑料腰带为宽15.5～16mm、厚0.6～1mm。腰扣为标准型扣。

2. 封箱机操作规程

（1）检查封箱机电源及电器配置是否正确。

（2）开启封箱机。

（3）当包装箱到达工作台时，检查包装箱是否完好，合格证等是否放好。

（4）封箱。

①半自动封箱机：用于将已送出的带头沿送带插入热合台底面的凹槽内，使之触微动开关，由机械作用使之拉紧，然后封箱机自动将包装带热合完成封箱。

②全自动封箱机：将检查合格的包装箱放在输送带上，包装箱经过封箱机后自动完成封箱动作。

（5）最后检查封好的包装箱有无其他质量问题，若没有则将包装箱入库。

3. 工作程序及注意事项

（1）内盒不得使用霉烂、变形严重及报废盒片，盒盖必须扣整齐、严实。

（2）合格证必须写明当天的包装日期、产品名称、规格、批号、班次、检验员、装箱员；合格证日期必须和商标上的日期一致；当天合格证必须当天用完，不允许将剩余的第二天再用，如有特殊情况，特殊处理，不得有漏放或多放的现象。

（3）内隔板、底板、盖板不得有漏放或多放的现象。

（4）箱子不能打反，箱内所装产品必须和箱子名称一致，严重变形及烂箱不能使用。

（5）入箱时应仔细核对装箱数量、商标是否完好，是否有卷标现象，入箱时右手手指轻轻按住颈花接合处，确保颈花粘贴整齐。

（6）胶套必须烫好、烫实、烫平，不得有漏烫现象。

（7）浆糊不得超出商标、颈花贴标以外，不得糊到商标，颈花上面及瓶子上，浆糊必须涂抹均匀。

（8）使用白纸的产品，装箱时白纸必须卷紧商标，不得有卷标或不卷白纸及多卷的现象。使用网套的产品，网套必须套正，不得有卷标或不套网套的现象。

（9）打包带必须打紧，打正，不得有松带、歪斜的现象；打包扣必须夹紧、夹平，不得有漏打现象。

（10）粘胶带必须粘平、粘正、粘紧。

4. 封箱机的维护和保养

（1）每天工作结束后，必须及时退出轨道和储带箱内的捆扎带，以避免捆扎带长期滞留在箱体里造成弯曲变形，致使下次捆扎时送带不畅。

（2）在捆扎过程中，塑料带因与机件摩擦面产生很多带屑，如长期积留在切刀、张紧器头和送带轨道表面上，会影响正常的捆扎粘接，必须及时清除。

（3）除参照产品说明书规定的需润滑部件和机件外，严禁在送带轮和塑料带上加油，以免打滑。

（4）机器发生故障时，切忌用手拽捆扎带。

参考文献

[1] 辜义洪. 白酒勾兑与品评技术 [M]. 北京：中国轻工业出版社，2015.

[2] 梁宗余. 白酒酿造技术 [M]. 北京：中国轻工业出版社，2015.

[3] 余乾伟. 传统白酒酿造技术（第二版）[M]. 北京：中国轻工业出版社，2017.

[4] 沈怡方. 白酒生产技术全书 [M]. 北京：中国轻工业出版社，2007.

[5] 赖登燡. 白酒生产实用技术 [M]. 北京：化学工业出版社，2012.

[6] 杨明宇. 白酒酿造新工艺与各工种技能要求及生产技术疑难解析800问 [M]. 北京：化学工业出版社. 2006.

[7] 赖高准. 白酒理化分析检测 [M]. 北京：中国轻工业出版社，2009.

[8] 孙清荣，王方坤. 食品分析与检测 [M]. 北京：中国轻工业出版社，2009.

[9] 全国食品发酵标准化中心. 白酒标准汇编 [M]. 北京：中国标准出版社，2013.

[10] 王福荣. 酿酒分析与检测 [M]. 北京：化学工业出版社，2012.

[11] 李大和. 白酒酿造工（上. 中. 下）[M]. 北京：中国轻工业出版社，2014.

[12] 侯建平，纪铁鹏. 食品微生物 [M]. 北京：科学出版社，2009.

[13] 张敬慧. 酿酒微生物 [M]. 北京：中国轻工业出版社，2015.

[14] 杨玉红. 食品微生物学 [M]. 北京：中国质检出版社，2017.

[15] 叶磊，谢辉. 微生物检测技术（第二版）[M]. 北京：化学工业出版社，2019.